ALGÈBRE

OUVRAGES DE M. GRÉVY

Arithmétique élémentaire : cl. de 6e et 5e A et B. . 16 fr. »
Arithmétique et Algèbre conformes aux *nouveaux
Programmes* : cl. de 4e et de 3e. . . . . 18 fr. »
Algèbre conforme aux *nouveaux Programmes* : cl. de
2e et 1re A, A′ et B. . . . . 14 fr. »
Géométrie plane conforme aux *nouveaux Programmes* :
cl. de 4e et de 3e. . . . . 13 fr. »
*Traité de Géométrie, conforme aux *nouveaux Programmes* :
   Géométrie plane : classes de Seconde A, A′, B.. . 13 fr. »
   Géométrie dans l'espace : cl. de Première A, A′, B. (sous presse).
   Compléments : cl. de Mathématiques. . . (en préparation).
Traité d'Arithmétique : cl. de Math. A et B.. . . 13 fr. 50
Traité d'Algèbre : cl. de Math. A et B.. . . . . 30 fr. »
Géométrie plane : cl. de 2e C et D. . . . . . . 16 fr. »
Géométrie dans l'espace : cl. de 1re C et D. . . . 13 fr. 50
Compléments de Géométrie : cl. de Math. A et B. . 13 fr. 50
Trigonométrie : cl. de 1re C et D et Math. A et B. . 13 fr. »

Arithmétique : cl. de 5e B et 4e B. . . . . 11 fr. 75
Algèbre : cl. de 3e B à 1re C et D.. . . . . . . 15 fr. 50
Géométrie élémentaire : 1er Cycle B (cl. de 5e B à 3e B). 15 fr. 50
Géométrie, 12e édition. . . . . 16 fr. »

Éléments d'Arithmétique : cl. de 4e A et 3e A.. . . 10 fr. 25
Éléments d'Algèbre : cl. de 3e A, 2e et 1re A et B. . 11 fr. 75
Éléments de Géométrie :
   Tome I : 1er Cycle A (cl. de 4e A et 3e A). . . 11 fr. 75
   Tome II : 2e Cycle A et B (cl. de 2e et 1re A et B). 8 fr. 50

Géométrie théorique et pratique. . . . . 16 fr. »
Leçons de Géométrie, à l'usage de l'enseignement se-
condaire des jeunes filles : cl. de 2e et 1re. . . . 5 fr. 20

Les livres marqués d'un astérisque sont brochés et du format
22 × 14cm ; les autres sont cartonnés et du format 18 × 12cm.
Pour les livres de M. Grévy correspondant aux anciens programmes, et qui ne sont pas réimprimés couramment, consulter le
Catalogue.

A. GRÉVY

PROFESSEUR AU LYCÉE SAINT-LOUIS

ALGÈBRE

A L'USAGE DES

CLASSES DE SECONDE et PREMIÈRE A, A' et B

DOUZIÈME ÉDITION

conforme aux programmes du 3 juin 1925.

PARIS

LIBRAIRIE VUIBERT

BOULEVARD SAINT-GERMAIN, 63

1927

PROGRAMME OFFICIEL

Classes de Seconde A, A′ et B.

Problèmes et interrogations sur le programme de la classe précédente.

Résolution et discussion d'une équation du premier degré à une inconnue. Inégalité du premier degré.

Coordonnées. — Étude et représentation graphique de la fonction $y = ax + b$.

Résolution et discussion d'un système de deux équations du premier degré à deux inconnues.

Utilisation des représentations graphiques pour la résolution du problème précédent et la résolution d'inégalités du premier degré à une ou deux inconnues.

Problèmes : mise en équations ; discussion des résultats.

Classes de Première A, A′ et B.

Équation du second degré à une inconnue. Existence des racines (on ne parlera pas des imaginaires).

Relations entre les coefficients et les racines. Signe des racines.

Étude du trinome du second degré. Inégalité du second degré.

Problèmes du second degré.

Variation du trinome du second degré ; représentation graphique.

Variation de la fonction $\dfrac{ax + b}{a'x + b'}$; représentation graphique.

Progressions arithmétiques et progressions géométriques.

Intérêts composés.

Usage des tables de logarithmes à quatre ou cinq décimales.

Les parties du texte imprimées en petits caractères peuvent être négligées à une première lecture. Elles ne sont pas nécessaires pour comprendre les parties imprimées en caractères ordinaires, qui correspondent strictement au programme.

Les *Exercices* correspondant aux matières imprimées en petits caractères sont précédés d'un astérisque.

ALGÈBRE

REVISION
DES NOTIONS DE CALCUL ALGÉBRIQUE

Nombres positifs et nombres négatifs.

1. Définitions. — On appelle NOMBRE POSITIF *l'ensemble d'un nombre arithmétique et du signe* + *placé avant celui-ci*, NOMBRE NÉGATIF *l'ensemble d'un nombre arithmétique et du signe* — *placé avant celui-ci.*

Le nombre arithmétique qui figure dans un nombre positif ou dans un nombre négatif est appelé sa *valeur absolue.*

Deux nombres qui ont le même signe et la même valeur absolue sont dits *égaux*; on dit encore qu'ils ont même *valeur algébrique.*

Deux nombres qui ont même valeur absolue et des signes différents sont dits *opposés.*

Ainsi + 3 est un nombre positif, sa valeur absolue est 3; — 5 est un nombre négatif, sa valeur absolue est 5; les nombres + $\frac{1}{2}$ et — $\frac{1}{2}$ sont opposés.

On confond souvent les nombres positifs avec leurs valeurs absolues.

Si la valeur absolue d'un nombre est zéro, il est dit *nul* et on peut le considérer comme positif ou comme négatif.

2. Somme. — 1° *La somme de deux nombres de même signe a et b est un nombre de même signe, dont la valeur absolue est la somme des valeurs absolues de a et b.*

2° La somme des deux nombres a et b de signes différents et n'ayant pas même valeur absolue est un nombre du signe de celui des nombres a et b qui a la plus grande valeur absolue ; sa valeur absolue est la différence des valeurs absolues des nombres a et b.

3° La somme des deux nombres a et b opposés est zéro.

4° Si l'un des nombres a, b est 0, la somme est égale à l'autre nombre.

Conservant les notations déjà employées, nous désignerons par $a + b$ la somme des nombres a et b ; on aura

$$(+3) + (+5) = (+8),$$
$$(+5) + (-2) = (+3),$$
$$(-4) + (+3) = (-1),$$
$$\left(+\frac{1}{2}\right) + \left(-\frac{1}{2}\right) = 0.$$

De la définition même, il résulte que *la somme de deux nombres est indépendante de l'ordre dans lequel on ajoute ces nombres.*

3. *On appelle somme de plusieurs nombres a, b, c, ... le nombre obtenu en faisant la somme des nombres a et b, ajoutant à cette somme le troisième nombre c, etc., jusqu'à ce que l'on ait ajouté tous les nombres.*

La somme de plusieurs nombres jouit des mêmes propriétés que celle des nombres arithmétiques ; elle est indépendante de l'ordre dans lequel on les ajoute ; elle ne change pas si on y remplace quelques-uns d'entre eux par leur *somme partielle effectuée.* En particulier, on peut, pour calculer cette somme, ajouter, d'une part, tous les nombres positifs, d'autre part, tous les nombres négatifs et ajouter ensuite les deux sommes partielles ainsi trouvées.

Ainsi, pour calculer la somme

$$(+3) + (-5) + (-2) + (+4) + (-1),$$

on fera les sommes partielles

$$(+3) + (+4) = (+7),$$
$$(-5) + (-2) + (-1) = (-8).$$

La somme cherchée sera alors

$$(+7) + (-8) = (-1).$$

4. Théorème. — *La valeur absolue d'une somme algébrique est au plus égale à la somme des valeurs absolues de ses termes.*

L'égalité n'a lieu que si tous les termes ont le même signe.

5. Différence. — *On appelle* DIFFÉRENCE *de deux nombres rangés dans un ordre déterminé le nombre qu'il faut ajouter au second pour former une somme égale au premier.*

L'opération qui consiste à trouver la différence est la *soustraction ; c'est retrancher ou soustraire le second nombre du premier.*

Cette opération, qui n'est pas toujours possible en arithmétique, l'est toujours quand elle s'applique à des nombres positifs et négatifs, ainsi que cela résulte du théorème suivant:

La différence de deux nombres est égale à la somme du premier nombre et du nombre opposé au second nombre.

6. Théorème I. — *Pour retrancher une somme d'une autre somme, on peut retrancher successivement toutes les parties de la seconde somme de la première.*

Ainsi la différence

$$(+3) - [(+4) + (-5)]$$

est égale à

$$[(+3) - (+4)] - (-5)$$

ou $\quad (+3) + (-4) - (-5) = (-1) - (-5)$
$$= (-1) + (+5) = +4.$$

7. Théorème II. — *Pour ajouter une différence, on peut ajouter le premier nombre et retrancher le second.*

Ainsi, la somme

$$(+3) + [(+6) - (-2)]$$

peut être calculée en formant d'abord la différence

$$(+6) - (-2) = (+6) + (+2) = (+8),$$

puis en ajoutant ce résultat à $(+3)$, ce qui donne $(+11)$.

On peut aussi utiliser le théorème énoncé en formant d'abord la somme

$$(+3) + (+6) = (+9),$$

et en en retranchant (-2) :

$$(+9) - (-2) = (+9) + (+2) = (+11).$$

8. Théorème III. — *Pour retrancher une différence, on peut retrancher le premier nombre et ajouter le second.*

Ainsi, pour calculer la différence

$$(-5) - [(-3) - (+4)],$$

on peut calculer d'abord la différence

$$(-3) - (+4) = (-3) + (-4) = (-7)$$

et la retrancher ensuite de (-5) :

$$(-5) - (-7) = (-5) + (+7) = (+2).$$

On peut aussi utiliser le théorème énoncé, en formant d'abord la différence

$$(-5) - (-3) = (-5) + (+3) = (-2),$$

puis en lui ajoutant $(+4)$, ce qui donne $(+2)$.

9. Théorème IV. — *Pour calculer une expression formée de parenthèses séparées par les signes d'addition ou de soustraction, chaque parenthèse renfermant des nombres positifs et négatifs séparés eux-mêmes par les signes d'addition ou de soustraction, on peut écrire tous les nombres les uns à la suite des autres en conservant les signes qui les précèdent dans les parenthèses ou en changeant ces signes, suivant qu'ils appartiennent à une parenthèse qu'il faut ajouter ou à une parenthèse qu'il faut retrancher.*

10. Inégalités. — On dit qu'un nombre a est *plus grand* qu'un nombre b, quand la différence $a - b$ est positive ; la différence $b - a$ est alors *négative*, ce que l'on exprime en disant que b est *plus petit* que a ; on écrit

$$a > b, \qquad b < a ;$$

on dit aussi *supérieur à* ou *inférieur à* au lieu de plus grand que ou plus petit que.

Il résulte de ces définitions que :

1° *Tout nombre positif est supérieur à 0 et à tout nombre négatif.*

En effet, si $(+14)$ est positif et (-6) négatif, $-(-6)$ étant alors positif, la différence $(+14)-(-6)$ est la somme de deux nombres positifs $(+14)$ et $(+6)$; elle est donc positive.

2° *Tout nombre négatif est plus petit que 0 et que tout nombre positif.*

Cela résulte de ce qui précède.

3° *De deux nombres positifs, le plus grand est celui qui a la plus grande valeur absolue.*

On sait, en effet, que la différence $(+7)-(+3)$, égale à la somme $(+7)+(-3)$, a le signe du nombre qui a la plus grande valeur absolue, c'est-à-dire le signe du nombre positif $(+7)$.

4° *De deux nombres négatifs, le plus grand est celui qui a la plus petite valeur absolue.*

La différence $(-4)-(-9)$ des nombres (-4) et (-9) est la somme $(-4)+(+9)$. (-4) étant négatif et $(+9)$ positif ; cette somme est donc positive car la valeur absolue de $(+9)$ ou de (-9) est supérieure à celle de (-4), et alors (-4) est plus grand que (-9).

11. Produit de deux nombres. — *On appelle produit de deux nombres a et b un nombre positif, si a et b ont même signe ; négatif, si a et b ont des signes différents, aucun d'eux n'étant nul. Sa valeur absolue est le produit des valeurs absolues des nombres a et b.*

Si l'un des nombres a, b est zéro, le produit est zéro.

Ainsi, on a, en conservant les notations de l'arithmétique,

$$(+3)\times(+2)=(+6),$$
$$(-5)\times(-6)=(+30),$$
$$(+3)\times(-5)=(-15),$$
$$(-4)\times(+7)=(-28).$$

12. Théorème. — *Le produit d'un nombre résultant de l'addition ou de la soustraction de plusieurs autres par un facteur est égal au nombre obtenu en substituant, dans le premier, à chacune des parties son produit par le facteur.*

Ainsi, pour former le produit

$$[(+2) - (+3) + (-5)] \times (+4),$$

on peut d'abord effectuer les opérations indiquées relativement aux nombres placés dans le crochet

$$(+2) - (+3) + (-5) = (-6)$$

et multiplier le résultat par $(+4)$, ce qui donne (-24).

On peut aussi utiliser le théorème énoncé et écrire

$$(+2) . (+4) - (+3) . (+4) + (-5) . (+4),$$

ou, effectuant chaque produit,

$$(+8) - (+12) + (-20) = -24.$$

13. Produit de plusieurs facteurs. — *On appelle produit de plusieurs facteurs a, b, ... l rangés dans un ordre déterminé le nombre obtenu en faisant le produit des deux premiers, multipliant ce produit par le troisième, et continuant ainsi jusqu'à ce que l'on ait employé tous les facteurs.*

Le produit de plusieurs nombres positifs ou négatifs jouit des mêmes propriétés que le produit de facteurs arithmétiques.

Théorèmes. — I. *Le produit de plusieurs facteurs est indépendant de l'ordre dans lequel on les multiplie.*

Sa valeur absolue est le produit des valeurs absolues des facteurs ; il est positif, s'il n'y figure aucun facteur négatif et s'il y en figure un nombre pair ; il est négatif, s'il y figure un nombre impair de facteurs négatifs.

II. *Dans un produit de facteurs, on peut remplacer plusieurs facteurs par leur produit effectué.*

III. *Pour multiplier un produit de facteurs par un nombre, on peut remplacer dans ce produit l'un des facteurs par son produit par le nombre.*

IV. *Le produit de deux produits de facteurs est un produit formé de tous les facteurs des deux produits.*

14. Puissance d'un nombre. — *On appelle puissance d'un nombre positif ou négatif le produit de plusieurs facteurs égaux à ce nombre.*

Le nombre des facteurs est *l'exposant.*

La notation est la même qu'en arithmétique.

1° *Une puissance d'exposant pair est un nombre positif.*

C'est, en effet, un produit d'un nombre pair de facteurs de même signe.

2° *Une puissance d'exposant impair a le signe du nombre élevé à cette puissance.*

C'est, en effet, un produit d'un nombre impair de facteurs positifs ou négatifs suivant que le nombre donné est positif ou négatif.

Dans tous les cas, la valeur absolue de la puissance d'un nombre est la puissance de la valeur absolue du nombre.

Ainsi

$$(+3)^4 = +81,$$
$$(-3)^4 = +81,$$
$$(+2)^3 = +8,$$
$$(-2)^3 = -8,$$

Les théorèmes démontrés en arithmétique relativement aux puissances et à la notation des exposants subsistent pour les nombres positifs et négatifs.

15. Racines des nombres positifs ou négatifs. — *On appelle racine d'indice n d'un nombre a, un nombre b, s'il existe, dont la puissance d'exposant n soit égale à a.*

1° Une puissance d'exposant pair étant toujours positive, on en conclut qu'*un nombre négatif n'a pas de racine d'indice pair.*

2° *Un nombre positif a deux racines d'indice pair ; ces racines ont même valeur absolue et des signes différents.*

Soit à trouver la racine carrée de $(+25)$; la valeur absolue de cette racine étant la racine carrée de 25 sera 5 ; les seuls nombres répondant à la question sont donc $(+5)$ et (-5), dont les carrés sont bien $(+25)$.

3° *Un nombre quelconque a une racine d'indice impair, qui a le même signe que le nombre.*

Soit à trouver la racine cubique de $(+8)$; le cube d'un nombre ayant le signe de ce nombre, la racine cubique sera positive et sa valeur absolue sera 2, racine cubique arithmétique de 8.

De même la racine cubique de -27 est -3.

16. Quotient de deux nombres. — *On appelle quotient d'un nombre a par un nombre b un troisième nombre c dont le produit par b égale a.*

Trouver ce quotient, c'est faire la division de a par b.

Ce quotient existe et est unique, si le diviseur b n'est pas nul ; il est positif, si a et b ont même signe, négatif, si a et b ont des signes différents ; sa valeur absolue est le quotient de la valeur absolue de a par celle de b.

Les propriétés de la division des nombres positifs et négatifs sont celles de la division arithmétique.

I. *Le quotient d'un produit de plusieurs facteurs par un nombre s'obtient en remplaçant dans le produit un de ces facteurs par son quotient par le nombre.*

II. *Pour trouver le quotient d'un nombre A par un produit $a \cdot b \cdot c$, on peut chercher le quotient q de A par a, puis le quotient q' de q par b, et enfin le quotient q'' de q' par c.*

Il en résulte que le théorème relatif à la division des puissances d'un nombre est applicable aux puissances des nombres positifs ou négatifs.

17. Fractions. — On peut représenter le quotient de deux nombres a et b par une notation analogue à celle des fractions arithmétiques : $\dfrac{a}{b}$; toutes les propriétés des fractions arithmétiques sont applicables aux fractions dont les termes sont des nombres positifs ou négatifs.

Applications.

18. *Un* VECTEUR *est une portion de droite parcourue dans un sens déterminé.*

Si le vecteur est parcouru de A vers B, on le représente par la notation $\overline{AB}$; s'il est parcouru de B vers A, on le représente par la notation $\overline{BA}$.

Il peut y avoir intérêt à considérer le cas où les points A et B sont confondus; on dit que le vecteur est *nul*.

Si l'on choisit sur une droite un sens positif, un vecteur pourra être représenté par un nombre positif, si ce vecteur est parcouru dans le sens positif, par un nombre négatif, si ce vecteur est parcouru dans le sens négatif; ainsi, en prenant comme sens positif le sens de gauche à droite, le vecteur $\overline{AB}$ sera représenté par $+3$ et le vecteur $\overline{BA}$ par -3, si la longueur AB est mesurée par le nombre 3.

Considérons alors plusieurs vecteurs représentés par les nombres $+3$, -5, $+4$ et imaginons qu'un mobile partant d'un point A parcoure successivement ces vecteurs; ce mobile se déplace d'abord vers la droite, arrive en B à la distance 3^m, revient vers la gauche et parcourt une longueur de 5^m; il dépasse donc le point A pour arriver en C à 2^m à gauche de A; il se dirige alors vers la droite, repasse en A et s'arrête en D ayant parcouru 4^m; il est donc finalement à 2^m à droite de A.

Pour rappeler les différents chemins parcourus par le mobile, nous dirons que le vecteur $\overline{AD}$ qui sépare le point de départ du point d'arrivée est la *somme* des vecteurs $\overline{AB}$, $\overline{BC}$, $\overline{CD}$ parcourus successivement.

Si l'on remarque que tout vecteur parcouru de gauche à droite est représenté par un nombre positif, que tout vecteur parcouru de droite à gauche est représenté par un nombre négatif, on vérifie aisément que la *somme de plusieurs vecteurs est représentée par la somme des nombres qui les représentent.*

On peut remarquer d'ailleurs que la longueur totale parcourue est la somme arithmétique des longueurs des vecteurs; elle est ainsi mesurée par la somme des valeurs absolues des nombres qui représentent ces vecteurs et ceci met en évidence le théorème relatif à la valeur absolue d'une somme (4).

Il est à peine besoin de faire observer que l'on peut définir la différence de deux vecteurs et la ramener à celle de deux nombres.

19. Abscisse. — Un point M situé sur une droite est déterminé par le vecteur $\overline{OM}$, qui a pour origine un point fixe O pris sur la droite ; le nombre qui mesure ce vecteur, quand on a choisi sur la droite un sens positif, est appelé l'*abscisse* du point M.

Si deux points M et M' ont pour abcisses a, a', le vecteur $\overline{MM'}$, qui est la différence des vecteurs $\overline{OM'}$, $\overline{OM}$, est représenté par un nombre qui est la différence des nombres a', a, qui représentent les vecteurs $\overline{OM'}$, $\overline{OM}$.

La mesure d'un vecteur est la différence entre les abscisses de l'extrémité et de l'origine.

Ainsi l'abscisse de l'origine étant -3, celle de l'extrémité $+5$, le vecteur a pour mesure $(+5) - (-3)$ ou $+8$; il est positif et a pour longueur 8.

Une conséquence immédiate de cette relation est la suivante : si sur un *axe*, c'est-à-dire sur une droite sur laquelle a été fait choix d'un sens positif, on marque des points M_1, M_2, ... ; un vecteur $\overline{M_1M_2}$ sera dirigé dans le sens positif ou dans le sens négatif suivant que l'abscisse de l'extrémité M_2 sera plus grande ou plus petite que celle de l'origine M_1 (10) ; autrement dit, les abscisses sont de plus en plus grandes quand on se dirige dans le sens positif.

20. Changement d'origine. — Si x est l'abscisse d'un point M relativement à une origine O prise sur un axe, si x' est son abscisse relativement à une origine O' et si O' a pour abscisse x_0 relativement à O, la relation établie précédemment et qui se traduit par

$$\overline{OM} = \overline{OO'} + \overline{O'M}$$

donne
$$x = x_0 + x'.$$

21. Détermination d'un point pris sur une droite par le rapport de ses distances à deux points fixes de cette droite.

Soient A et B deux points fixes pris sur une droite indéfinie ; on a vu, en géométrie, que lorsqu'un point mobile M parcourt l'intervalle AB, le rapport $\dfrac{\mathrm{MA}}{\mathrm{MB}}$ de ses distances aux points A et B prend toutes les valeurs possibles ; ce rapport prend une seconde fois toutes les valeurs possibles, quand M se déplace en dehors de AB, de sorte que la connaissance du rapport des longueurs MA, MB permet seulement d'affirmer que le point M occupe une des deux positions que nous avons appelées *conjuguées*.

Au lieu de considérer le rapport des longueurs, considérons le rapport des vecteurs $\overline{\mathrm{MA}}$, $\overline{\mathrm{MB}}$; quel que soit le sens positif choisi, si M est entre A et B, ces vecteurs sont de sens opposés, leur rapport est négatif ; si M n'est pas entre A et B, ces vecteurs sont de même sens et leur rapport est positif. Il en résulte que, connaissant le rapport $\lambda = \dfrac{\overline{\mathrm{MA}}}{\overline{\mathrm{MB}}}$, on pourra déterminer exactement le point M ; il suffira de chercher par la géométrie les points dont le rapport $\dfrac{\mathrm{MA}}{\mathrm{MB}}$ a pour valeur la valeur absolue de λ ; si λ est positif, M sera celui des deux points trouvés qui n'est pas entre A et B ; si λ est négatif, M sera le point qui est entre A et B.

22. Calcul de l'abscisse d'un point déterminé par le rapport λ. — Soient a, b les abscisses de deux points fixes A et B par rapport à l'origine O, λ le rapport des vecteurs $\overline{\mathrm{MA}}$, $\overline{\mathrm{MB}}$ et x l'abscisse inconnue du point M ; on a

$$\overline{\mathrm{MA}} = \overline{\mathrm{OA}} - \overline{\mathrm{OM}}, \qquad \overline{\mathrm{MB}} = \overline{\mathrm{OB}} - \overline{\mathrm{OM}},$$

$$\frac{\overline{MA}}{\overline{MB}} = \lambda = \frac{\overline{OA} - \overline{OM}}{\overline{OB} - \overline{OM}} = \frac{a - x}{b - x}.$$

$a - x$ est alors le produit

$$(b - x)\lambda \qquad \text{ou} \qquad b\lambda - \lambda x ;$$

a est la somme $\qquad b\lambda - \lambda x + x$,

et $a - b\lambda$ est égal à $\qquad x(1 - \lambda)$;

x est donc

$$\frac{a - b\lambda}{1 - \lambda}.$$

Par exemple, le milieu de AB partage AB dans le rapport — 1, son abscisse est

$$\frac{a + b}{2}.$$

23. Mouvement uniforme. — On dit que le mouvement d'un mobile sur une droite est *uniforme* quand ce mobile parcourt des *espaces proportionnels aux temps employés à les parcourir et se meut toujours dans le même sens*.

De cette définition, il résulte que les espaces parcourus dans des temps égaux sont égaux et, en particulier, l'espace parcouru pendant l'unité de temps est toujours le même ; cet espace est appelé la *vitesse* du mouvement ; le nombre qui mesure la vitesse dépend de l'unité de longueur et de l'unité de temps : si l'on prend pour unité de longueur le *mètre*, et pour unité de temps la *seconde*, la vitesse v est le nombre de mètres parcourus pendant une seconde. Le nombre qui mesure la vitesse peut aussi être considéré à un autre point de vue : désignons par e, e' les espaces parcourus pendant les temps t, t' ; on a

$$\frac{e}{e'} = \frac{t}{t'},$$

ou, si cette relation a lieu entre nombres,

$$\frac{e}{t} = \frac{e'}{t'} = \frac{v}{1}.$$

Le nombre v apparaît donc ici comme le rapport constant entre le nombre qui mesure l'espace parcouru et le temps employé à le parcourir.

On en conclut que le nombre e qui mesure l'espace est le produit des nombres qui mesurent la vitesse et le temps :

$$e = vt.$$

Ainsi un piéton fait 5^{km} à l'heure ; il parcourt 20^{km} en 4 heures.

24. Problème. — *Trouver la position d'un mobile qui parcourt une droite d'un mouvement uniforme, avec une vitesse donnée et dans un sens déterminé, connaissant sa position à un instant donné.*

Soit O la position du mobile à l'instant donné ; désignons par t le temps qui s'est écoulé depuis cet instant, et soit M la position du mobile au bout de ce temps t.

La longueur OM sera mesurée par $e = vt$, si v est le nombre qui mesure la vitesse ; pour déterminer le point M, il faudra de plus indiquer s'il est à droite ou à gauche de O. On évitera cet inconvénient en remarquant que e représente un espace parcouru dans un sens déterminé, c'est-à-dire un vecteur ; v peut donc être considéré comme un nombre positif ou négatif, suivant que le mobile se meut sur la droite dans le sens positif ou dans l'autre sens. D'ailleurs, e et v seront de même signe, t étant un nombre arithmétique qui joue le même rôle que le nombre positif ; d'après cela, une formule unique

$$e = vt$$

représente le mouvement.

25. Dans ce qui précède, on considère le mouvement comme ayant lieu à partir du passage du mobile en O ; en général, le mouvement existait avant ce passage et dans les mêmes conditions ; on peut alors se proposer de trouver la position du mobile à un instant qui précède l'instant du passage en O de t' secondes. Soit M la position du mobile ; si l'on prend comme point de départ le point M, le mobile passe en O au bout de t' secondes, et l'on a

$$\overline{MO} = vt'.$$

Or, l'espace e étant un vecteur compté à partir de O, on doit avoir

$$e = \overline{OM} = - vt'.$$

Convenons de considérer le temps comme une grandeur dirigée, représentée par un nombre positif s'il est postérieur au passage en O, négatif s'il est antérieur ; on devra alors poser $t = - t'$, et la relation précédente deviendra

$$e = vt,$$

conformément à la règle de multiplication.

Ainsi e, v et t étant des nombres positifs ou négatifs suivant les cas, on a toujours

$$e = vt,$$

formule unique du mouvement uniforme.

26. Il peut arriver que l'on ait intérêt à compter les vecteurs qui déterminent la position du mobile, non plus à partir du point O, qui correspond à l'instant zéro, mais à partir d'un autre point, A.

On a alors, *dans tous les cas*,

$$\overline{AM} = \overline{AO} + \overline{OM},$$
$$e = a + vt,$$

e désignant l'espace compté à partir du point A et a la mesure du vecteur $\overline{AO}$.

On peut encore imaginer que l'on change l'*origine du temps*, c'est-à-dire l'instant à partir duquel on compte le temps ; supposons que la nouvelle origine suive de t_0 secondes l'ancienne origine ; le temps t qui correspond à la première origine est lié au temps t' qui correspond à la nouvelle par la relation

$$t' = t - t_0.$$

Si au contraire, la nouvelle origine précède l'ancienne de t_0' secondes, la relation sera

$$t' = t + t_0'.$$

Comptant alors le temps négativement s'il est antérieur à la première origine, on aura ici $t_0 = -t_0'$ et dans tous les cas

$$t' = t - t_0 \qquad \text{ou} \qquad t = t' + t_0,$$

formule identique à celle qui a servi pour le changement d'origine des abscisses.

Expressions algébriques.

27. On appelle *expression algébrique* un ensemble de lettres et de signes indiquant une suite d'opérations à effectuer sur les nombres représentés par les lettres, ces opérations étant celles qui ont été étudiées précédemment : *addition, soustraction, multiplication, division, élévation aux puissances, extraction de racines.*

On distingue les expressions suivant la nature de ces opérations.

28. Une expression algébrique est dite *rationnelle par rapport à une lettre a*, si, parmi les opérations à effectuer sur cette lettre, il n'y a pas d'*extraction de racine* ; elle est dite *irrationnelle par rapport à la lettre a* dans le cas contraire.

Ainsi $\qquad 3a + 5\sqrt{b}, \qquad a^2 - 2\sqrt[3]{b}$

sont *rationnelles par rapport à a* et *irrationnelles par rapport à b*.

Une expression algébrique est dite *rationnelle* si elle est rationnelle par rapport à *toutes les lettres* qu'elle renferme ; ainsi,

$$\sqrt{3}a + 5b, \qquad a^2 + 2ab, \qquad \frac{\sqrt[3]{4}a + b}{3a - b}$$

sont des *expressions algébriques rationnelles.*

Une expression algébrique rationnelle par rapport à une lettre est dite *entière par rapport à cette lettre*, si cette lettre n'entre dans la composition d'aucun diviseur ; dans le cas contraire, l'expression est dite *fractionnaire par rapport à cette lettre*.

Ainsi
$$\frac{3a + \sqrt{2}b}{c - \sqrt{b}}, \qquad \frac{a + \sqrt{b}}{b + 2c}$$

sont des expressions *entières* par rapport à a, *fractionnaires* par rapport à c, et *irrationnelles* par rapport à b.

Une expression *rationnelle* est dite *entière* si elle est entière par rapport à *toutes les lettres* qu'elle renferme.

29. Une expression algébrique qui ne contient aucun signe d'addition ou de soustraction est un *monome* ; nous réserverons ce mot pour désigner une expression *rationnelle et entière*, sans signe d'addition ou de soustraction.

On appelle *degré* d'un monome par rapport à une lettre l'exposant de cette lettre dans le monome ; ainsi les monomes

$$3a^2b, \qquad 7a^2bc^2$$

sont du *second degré* par rapport à a et du premier degré par rapport à b.

On appelle *degré* d'un monome par rapport aux lettres qui y entrent, la somme des degrés par rapport à chacune de ces lettres.

$$3a^2bc, \qquad 5ab^2c, \qquad 3abc^2$$

sont du quatrième degré par rapport à l'ensemble des lettres a, b, c.

On appelle *coefficient* d'un monome le nombre qui entre comme facteur dans ce monome.

Ainsi 5 est le coefficient du monome

$$5ab^3c^2.$$

Il peut arriver que l'on considère un monome relativement à certaines lettres ; les autres peuvent alors être regardées comme représentant des nombres déterminés et sont des coefficients ; ainsi, dans le monome

$$3ax^2y,$$

considéré relativement aux lettres x et y, $3a$ est le coefficient.

On dit que deux monomes sont *semblables* quand ils ne diffèrent que par les coefficients ; tels sont

$$4a^2bc^3, \qquad \frac{7}{2}a^2bc^3, \qquad \sqrt{3}a^2bc^3.$$

30. On appelle *polynome* une suite de *monomes* réunis par les signes $+$ et $-$.

Chaque monome est un *terme* du polynome.

Il est dit *terme négatif* s'il est précédé du signe $-$, *positif* dans le cas contraire.

Un polynome formé de deux termes est un *binome*.

Un polynome formé de trois termes est un *trinome*.

On appelle *degré d'un polynome par rapport à une lettre* le degré du monome de plus haut degré par rapport à cette lettre.

On appelle *degré d'un polynome* le degré du monome de plus haut degré par rapport à l'ensemble des lettres.

Le polynome

$$3a^2 + 5abc - 13c^2$$

est du second degré par rapport à a et du troisième degré par rapport à l'ensemble des lettres a, b, c.

Un polynome est dit *homogène* quand il est formé de monomes de même degré ; tel est le polynome

$$3a^3 + \frac{5}{2}a^2b - 7b^3,$$

qui est homogène du troisième degré.

31. On appelle *valeur numérique* d'une expression algébrique le nombre que l'on obtient en donnant aux lettres des valeurs déterminées et en effectuant les opérations indiquées.

Ainsi, le polynome

$$3a^2 - 5b + 2c,$$

pour $a = -2$, $b = 1$, $c = 5$, a pour valeur numérique

$$3 \times (-2)^2 - 5 \times 1 + 2 \times 5$$

ou $$12 - 5 + 10 = 17.$$

32. On appelle expressions algébriques *équivalentes* des expressions qui prennent la même valeur numérique quand on donne aux mêmes lettres les mêmes valeurs dans les deux expressions, quelles que soient d'ailleurs ces valeurs.

Telles sont les expressions

$$(a + b)^2 \qquad \text{et} \qquad a^2 + 2a \cdot b + b^2.$$

Deux polynomes formés des mêmes termes pris dans un ordre différent sont équivalents.

Cela résulte de ce fait que, dans une suite de nombres séparés par les signes $+$ et $-$, on peut intervertir l'ordre des nombres.

33. On appelle opération algébrique toute transformation permettant de remplacer une expression algébrique par une expression équivalente.

Nous nous bornerons à étudier les opérations concernant les polynomes.

Opérations.

34. Addition. — *On appelle somme de plusieurs polynomes, un polynome dont la valeur numérique soit égale à la somme des valeurs numériques des polynomes considérés, quelles que soient les valeurs attribuées aux lettres qui entrent dans ces polynomes.*

Faire l'addition de polynomes, c'est en trouver la somme ; on indique cette somme par la notation usitée en arithmétique.

Théorème. — *La somme de plusieurs polynomes est un polynome formé de tous les termes des polynomes considérés, précédés du signe qu'ils ont dans ces polynomes.*

35. Réduction des termes semblables. — Il est un cas particulier intéressant, celui de l'addition de plusieurs monomes semblables.

La somme de plusieurs monomes semblables est un monome semblable aux premiers, et dont le coefficient est la somme des coefficients de ces monomes, chaque coefficient comportant le signe placé devant le monome.

On peut dans un polynome remplacer les termes semblables par leur somme ; c'est faire la réduction des termes semblables.

36. Polynomes ordonnés. — *On appelle polynome ordonné suivant les puissances ascendantes ou descendantes d'une lettre x, un polynome dont les termes sont disposés de telle façon que les exposants de cette lettre soient croissants ou décroissants du premier terme au dernier.*

Ainsi, le polynome

$$1 + 5x - 3x^2 + 7x^3$$

est ordonné suivant les puissances ascendantes de x. Le polynome

$$ax^4 - 3bx^2 + c$$

est ordonné suivant les puissances descendantes de x. Ce sont surtout de tels polynomes que nous étudierons ; l'addition de ces polynomes donne lieu à une réduction de termes semblables, que l'on effectue aisément en écrivant ces polynomes les uns au-dessous des autres, de manière à avoir dans une même colonne des termes semblables ; il est bien entendu ici que les termes semblables sont des termes de même degré par rapport à la lettre ordonnatrice.

Exemple :

$$
\begin{array}{rrrrr}
1 + & 3x - & 5x^2 & & + \quad x^4 \\
2 & & + 3x^2 & - 6x^3 & + 7x^4 \\
& 7x - & 8x^2 & + x^3 & + 11x^4 \\
\hline
3 + & 10x - & 10x^2 & - 5x^3 & + 19x^4.
\end{array}
$$

37. Soustraction. — *On appelle différence de deux polynomes A et B un polynome C tel que A soit la somme de B et C.*

Trouver cette différence, c'est faire la *soustraction* des polynomes A et B, rangés dans un ordre déterminé.

La notation est la même qu'en arithmétique pour la différence de deux nombres.

Théorème. — *La différence de deux polynomes est la somme du premier polynome et d'un polynome dérivé du second par le changement des signes des termes de ce second polynome.*

Remarque. — La valeur numérique de A étant la somme des valeurs numériques de B et C, on en conclut que la valeur numérique de C est la différence des valeurs numériques de A et B.

La soustraction des polynomes correspond donc bien à la soustraction des nombres.

38. Multiplication. — *On appelle produit de deux polynomes un polynome dont la valeur numérique soit* TOUJOURS *égale au produit des valeurs numériques des deux polynomes.*

Trouver ce polynome, c'est faire la multiplication des deux polynomes, qui sont appelés les *facteurs* du produit ; on indique le produit par la notation usitée en arithmétique pour le produit de deux nombres.

De la définition il résulte que, si le produit existe, sa valeur numérique est indépendante de l'ordre des facteurs, puisque le produit des valeurs numériques en est indépendant.

Premier cas : Produit de deux monomes. — *Le produit de deux monomes est un monome ayant pour coefficient le produit des coefficients des deux monomes. Il contient :*

1° Les lettres communes aux deux monomes avec un exposant égal à la somme des exposants de ces lettres dans les deux monomes ;

2° Les lettres non communes avec l'exposant qu'elles ont dans le monome qui les contient.

Le produit de plusieurs monomes se déduit du produit de deux monomes, et on voit aisément que la règle donnée plus haut est encore applicable.

Exemples :

$$\frac{4}{3}\,a^2bc^4 \times \frac{2}{5}\,a^3b^2c \times \frac{1}{6}\,bc^2d = \frac{4}{45}\,a^5b^4c^7d,$$

$$3abc \times (-7)a^2b^3 \times (-5)ac = 105a^4b^4c^2.$$

Deuxième cas : Produit d'un polynome par un monome.
— Le produit d'un polynome par un monome est la somme des produits des termes du polynome par le monome.

Troisième cas : Produit de deux polynomes. *— Le produit de deux polynomes est la somme des produits des termes du premier polynome multipliés par tous les termes du second polynome.*

39. Polynomes ordonnés. — Pour faciliter la réduction des termes semblables dans le produit, il est commode d'ordonner les polynomes suivant les puissances d'une lettre ordonnatrice ; on dispose alors l'opération de la façon suivante :

On écrit les deux facteurs l'un au-dessous de l'autre en traçant une ligne horizontale au-dessous du multiplicateur ; on écrit au-dessous de cette ligne le produit du multiplicande par le premier terme du multiplicateur, en ayant soin de laisser un intervalle là où manque une puissance de la lettre ordonnatrice. On écrit au-dessous le produit du multiplicande par le second terme du multiplicateur, en ayant soin de placer les termes sous les termes semblables du premier produit partiel. On continue ainsi jusqu'à ce qu'on ait employé tous les termes du multiplicateur et on fait alors la somme des produits partiels ainsi obtenus.

Exemple :

$$
\begin{array}{l}
4x^5 - 3x^4 + x^2 - 1 \\
x^3 - x + 2 \\
\hline
4x^8 - 3x^7 \qquad + x^5 \qquad - x^3 \\
\quad\; - 4x^6 + 3x^5 \qquad - x^3 \qquad + x \\
\qquad\qquad + 8x^5 - 6x^4 \qquad + 2x^2 \qquad - 2 \\
\hline
4x^8 - 3x^7 - 4x^6 + 12x^5 - 6x^4 - 2x^3 + 2x^2 + x - 2.
\end{array}
$$

40. Produits remarquables. — Voici quelques produits dont on doit connaître par cœur les résultats :

$$(a + b)^2 = a^2 + 2ab + b^2,$$
$$(a - b)^2 = a^2 - 2ab + b^2,$$
$$(a + b)^3 = a^3 + 3a^2b + 3ab^2 + b^3,$$
$$(a - b)^3 = a^3 - 3a^2b + 3ab^2 - b^3,$$
$$(a + b)(a - b) = a^2 - b^2,$$
$$(a^{n-1} + a^{n-2}b + \ldots + b^{n-1})(a - b) = a^n - b^n.$$

41. Division. — **Premier cas. Division des monomes.** — *On appelle quotient d'un monome dividende* A *par un monome diviseur* B *un troisième monome* C, *s'il existe, dont le produit par* B *soit* A.

Trouver ce quotient, c'est diviser le monome A par le monome B.

Le quotient de deux monomes n'existe pas :

1° *Si le diviseur renferme des lettres que ne renferme pas le dividende ;*

2° *Si le diviseur renferme des lettres avec un exposant supérieur à l'exposant de ces lettres dans le dividende.*

Le quotient, lorsqu'il existe, est formé de la façon suivante :

1° *Son coefficient est le quotient des coefficients du dividende et du diviseur ;*

2° *Il renferme les lettres communes aux deux monomes avec un exposant égal à la différence des exposants dans le dividende et le diviseur, si ces exposants sont différents ;*

3° *Il ne renferme pas les lettres communes aux deux monomes, qui y entrent avec le même exposant ;*

4° *Il renferme les lettres du dividende qui n'entrent pas dans le diviseur, avec l'exposant qu'elles ont dans le dividende.*

Deuxième cas. Division d'un polynome par un monome. — *On appelle quotient d'un polynome par un monome un polynome, s'il existe, dont le produit par le monome soit le polynome donné.*

Pour que le quotient existe, il faut que le polynome dividende soit formé de termes tous divisibles par le monome, et on voit que le polynome quotient est alors la somme des quotients des termes du polynome dividende par le monome diviseur.

42. Mettre un monome en facteur. — La règle précédente permet de mettre un polynome sous la forme du produit d'un autre polynome par un monome qui divise tous les termes du polynome donné ; cette opération est la *mise en facteur* du monome.

Pour effectuer cette mise en facteur, on cherchera un monome divisant tous les termes du polynome, s'il en existe : il suffira que ce monome ne renferme que les *lettres communes aux termes du polynome avec leur plus petit exposant.*

Exemple :
Tous les termes du polynome

$$5a^3b - 3ab^2c + 6a^4b^3$$

contiennent les lettres a et b au moins avec l'exposant 1 ; on peut donc mettre en facteur soit le monome a, soit le monome b, soit le monome ab ; il est manifeste que l'on peut donner à ces monomes un coefficient arbitraire. En général, on met en facteur le monome du plus haut degré possible, ici ab, et si le polynome est à coefficients entiers, on choisit le coefficient du monome de façon à conserver partout des coefficients entiers ; on aura

$$5a^3b - 3ab^2c + 6a^4b^3 = ab(5a^2 - 3bc + 6a^3b^2).$$

On peut encore, en utilisant les résultats indiqués précédemment (40), transformer un polynome en produit de polynomes dans certains cas simples.

Exemples :
$$a^2 - b^2 = (a + b)(a - b),$$
$$a^4 - b^4 = (a^2 - b^2)(a^2 + b^2) = (a + b)(a - b)(a^2 + b^2).$$

Soit encore le polynome

$$a^2c^2 + a^2d^2 + b^2c^2 + b^2d^2.$$

On peut grouper les deux premiers termes et les deux derniers :

$$a^2(c^2 + d^2) + b^2(c^2 + d^2)$$

ou
$$(a^2 + b^2)(c^2 + d^2).$$

43. Fractions rationnelles. — On appelle ainsi une expression algébrique, que l'on écrit sous la même forme qu'une fraction arithmétique, les termes de celle-ci étant remplacés par des polynomes, appelés respectivement *numérateur* et *dénominateur* de la fraction.

La *valeur numérique* d'une fraction rationnelle est le quotient de la valeur numérique de son numérateur par celle de son dénominateur, ce qui suppose essentiellement que ce dernier n'est pas nul pour les valeurs données aux lettres qui y figurent.

Les propriétés des fractions rationnelles sont les mêmes que celles des fractions arithmétiques.

Théorème. — *Si l'on multiplie les deux termes d'une fraction rationnelle par un même polynome* (*), *on forme une fraction rationnelle équivalente à la première, en excluant toutefois les valeurs des lettres qui annulent soit le dénominateur de la première fraction, soit le multiplicateur.*

Corollaire. — *Si les deux termes d'une fraction rationnelle sont divisibles par un même polynome, la fraction dont les termes sont les quotients des termes de la première par ce polynome est équivalente à la première.*

44. Première conséquence. — Simplification des fractions rationnelles. — *Simplifier une fraction rationnelle, c'est la remplacer par une fraction rationnelle équivalente dont les termes soient d'un degré moindre que ceux de la première.*

On y parviendra en divisant les deux termes de la fraction donnée par un même polynome ou monome, si c'est possible.

(*) Ce polynome peut se réduire à un monome ou même à un nombre.

Exemples. — Soit la fraction

$$\frac{3a^4b^3c}{5a^2bd}.$$

On peut diviser les deux termes de cette fraction par le monome a^2b et on trouve

$$\frac{3a^2b^2c}{5d}.$$

Soit encore la fraction

$$\frac{a^2 - b^2}{a^2 - ba}.$$

On peut écrire cette fraction sous la forme

$$\frac{(a-b)(a+b)}{a(a-b)},$$

et divisant les deux termes par $a - b$, il vient

$$\frac{a+b}{a}.$$

45. Deuxième conséquence. — Réduction au même dénominateur. — *Réduire des fractions rationnelles au même dénominateur, c'est les remplacer par des fractions rationnelles équivalentes, qui aient toutes le même dénominateur.*

On multiplie les deux termes de chaque fraction par le produit de tous les autres dénominateurs.

Exemple. — Soient les fractions

$$\frac{a}{x-1}, \qquad \frac{b}{x-2}, \qquad \frac{c}{x-3};$$

elles sont équivalentes aux fractions

$$\frac{a(x-2)(x-3)}{(x-1)(x-2)(x-3)}, \qquad \frac{b(x-1)(x-3)}{(x-1)(x-2)(x-3)},$$

$$\frac{c(x-1)(x-2)}{(x-1)(x-2)(x-3)}.$$

On peut quelquefois trouver un dénominateur commun de degré moindre que le produit des dénominateurs ; sans donner de règle générale à ce sujet, nous allons montrer sur quelques exemples comment on doit procéder.

Soient les fractions

$$\frac{A}{a^2 - b^2}, \qquad \frac{B}{a^2 - ab}, \qquad \frac{C}{(a + b)^2}.$$

On peut écrire ces fractions, en faisant apparaître les facteurs des dénominateurs,

$$\frac{A}{(a + b)(a - b)}, \qquad \frac{B}{a(a - b)}, \qquad \frac{C}{(a + b)^2}.$$

Nous prendrons pour dénominateur commun le produit des facteurs avec leur plus grand exposant ; ce sera

$$(a + b)^2(a - b)a.$$

Il faudra multiplier les deux termes de la première fraction par $a(a + b)$.

Il faudra multiplier les deux termes de la seconde fraction par $(a + b)^2$.

Il faudra multiplier les deux termes de la troisième fraction par $a(a - b)$.

On a ainsi les fractions

$$\frac{Aa(a + b)}{(a + b)^2(a - b)a}, \qquad \frac{B(a + b)^2}{(a + b)^2(a - b)a}, \qquad \frac{Ca(a - b)}{(a + b)^2(a - b)a}.$$

46. Addition des fractions rationnelles. — *On appelle somme de plusieurs fractions rationnelles une fraction dont la valeur numérique soit toujours la somme des valeurs numériques des fractions données.*

Règle. — *La somme de plusieurs fractions rationnelles qui ont même dénominateur est une fraction rationnelle de même dénominateur et dont le numérateur est la somme des numérateurs des fractions données.*

Si les fractions n'ont pas même dénominateur, on les réduit au même dénominateur et on applique la règle précédente.

REMARQUE. — Il est à peine besoin de faire observer que l'on procède d'une façon analogue pour la soustraction.

Exemples :

$$\frac{x}{x-1} + \frac{x-1}{x} = \frac{x^2 + (x-1)^2}{x(x-1)} = \frac{2x^2 - 2x + 1}{x(x-1)};$$

$$\frac{1}{x-1} - \frac{2}{x} + \frac{1}{x+1} = \frac{x(x+1)}{x(x+1)(x-1)} - \frac{2(x-1)(x+1)}{x(x+1)(x-1)}$$

$$+ \frac{x(x-1)}{x(x+1)(x-1)} = \frac{x^2 + x - 2(x^2-1) + x^2 - x}{x(x+1)(x-1)}$$

$$= \frac{2}{x(x+1)(x-1)}.$$

47. Multiplication des fractions rationnelles. — *On appelle produit de plusieurs fractions rationnelles une fraction rationnelle dont la valeur numérique soit le produit des valeurs numériques des fractions données.*

RÈGLE. — *Le produit de plusieurs fractions rationnelles est une fraction dont les termes sont respectivement les produits des termes de même nature des fractions données.*

Exemple :

$$\frac{a+b}{a-b} \times \frac{a^2 - b^2}{a^2 + b^2} = \frac{(a+b)(a^2 - b^2)}{(a-b)(a^2 + b^2)} = \frac{(a+b)^2(a-b)}{(a-b)(a^2 + b^2)}$$

$$= \frac{(a+b)^2}{a^2 + b^2}.$$

48. Division des fractions rationnelles. — *On appelle quotient de deux fractions rationnelles rangées dans un ordre déterminé, une fraction rationnelle dont le produit par la seconde fraction soit égal à la première.*

On peut remarquer que, d'après cette définition, la valeur numérique de la fraction quotient est le quotient des valeurs numériques des fractions rationnelles données.

RÈGLE. — *Le quotient est le produit de la fraction dividende par la fraction diviseur renversée.*

Exemple :

$$\frac{a^2 - ab}{a^2 + b^2} : \frac{a^2 - b^2}{a^2 + b^2} = \frac{(a^2 - ab)(a^2 + b^2)}{(a^2 + b^2)(a^2 - b^2)}$$

$$= \frac{a(a - b)(a^2 + b^2)}{(a^2 + b^2)(a - b)(a + b)} = \frac{a}{a + b}.$$

EXERCICES

1. Effectuer les opérations suivantes :

$(+5)+(-7)-(-2)$; $(-11)-(-3)+(-2)-(-6)$;

$\left(+\dfrac{1}{2}\right)-\left(+\dfrac{1}{4}\right)-\left(-\dfrac{1}{3}\right)$; $[(+3)-(-5)]+[(-6)+(-2)]$;

$[(+5)+(-2)]+[(-3)-(-4)+(-7)-(+2)]$;

$[(-6)+(-5)]-[(+3)+(-7)]$; $[(+2)-(-6)]-[(+5)-(+3)]$;

$[(+18)-(-5)]+[(-5)-(-3)+(-7)]$
$$-[(-6)-(+2)+(+5)-(-7)].$$

2. Effectuer les opérations suivantes :

$(-5)\times\left(+\dfrac{2}{5}\right)$; $\left(+\dfrac{4}{9}\right)\times\left(-\dfrac{3}{2}\right)$; $\left(-\dfrac{5}{6}\right)\times(-8)$;

$\left(-\dfrac{1}{2}\right)\times\left(-\dfrac{8}{3}\right)$; $[(+3)-(-5)]\times(-2)$;

$[(-6)+(+4)-(+8)]\times(+7)$; $(-11)[(-2)+(-3)-(-6)]$;

$[(+2)+(-17)]\times[(-6)+(-5)]$;

$[(+42)-(+17)]\times[(-9)+(-6)]$;

$[(+4)-(-5)+(-3)]\times[(-11)+(+8)-(-9)]$;

$[(+16)-(-5)-(+2)]\times[(+9)+(-2)-(-6)]$;

$[(+4)^2-(-3)^3]\times[(-2)^3+(-3)^2]$;

$[(-4)^3-(-2)^4]\times[(+2)^3-(-3)^2+(-8)^2]$.

3. Effectuer les opérations suivantes :

$\left(+\dfrac{2}{3}\right):\left(-\dfrac{4}{9}\right)$; $\left[\left(+\dfrac{3}{5}\right)-\left(-\dfrac{1}{2}\right)\right]:\left(-\dfrac{4}{5}\right)$;

$\left[\left(-\dfrac{11}{3}\right)+\left(+\dfrac{4}{7}\right)\right]:\left(-\dfrac{2}{3}\right)$; $\left(+\dfrac{3}{5}\right):\left[\left(+\dfrac{2}{3}\right)-\left(+\dfrac{1}{2}\right)\right]$;

$\left(-\dfrac{2}{3}\right):[(+3)-(-4)]$; $\left(-\dfrac{2}{3}\right)^2:\left(-\dfrac{3}{5}\right)^3$; $\left(+\dfrac{1}{2}\right)^3:\left(+\dfrac{2}{3}\right)^2$;

$\left[\left(+\dfrac{2}{3}\right)^2-\left(-\dfrac{1}{2}\right)^3\right]:\left[\left(-\dfrac{3}{2}\right)^3+\left(+\dfrac{3}{4}\right)^2\right]$;

$\left[\left(+\dfrac{5}{6}\right)-\left(-\dfrac{2}{3}\right)+\left(-\dfrac{1}{2}\right)\right]:\left[\left(-\dfrac{1}{2}\right)^2-\left(+\dfrac{2}{3}\right)^3\right]$.

4. Effectuer les opérations suivantes :

$$\sqrt{(+10)^2 - (-5)^3} \; ; \qquad \sqrt{(-11)^2 - (-4)^3 - (-2)^6} \; ;$$

$$-\sqrt{\left(-\frac{1}{2}\right)^2 + \left(-\frac{1}{3}\right)^2 - \left(-\frac{1}{3}\right)} \; ;$$

$$\sqrt[3]{\left(+\frac{3}{5}\right)^3 - \left(-\frac{2}{5}\right)^3 + \left(+\frac{29}{125}\right)} \; ;$$

$$\sqrt[3]{(-3)^3 + (-2)^2 - (+7)^2 + (+2)^3} \; ;$$

$$\sqrt[3]{(-15)^2 + (+7)^3 - (-3)^3 \bullet (+2)^4} \; .$$

5. Deux nombres ont pour somme -15; la somme de leurs valeurs absolues est 47; quels sont ces nombres ?

6. La somme des valeurs absolues de deux nombres est 48; l'un d'eux est le produit de l'autre par -3; quels sont ces nombres ? (Deux solutions.)

7. Le quotient de la somme des valeurs absolues de deux nombres par la somme de ces nombres est 5; quel est le quotient de ces nombres ?

8. La somme de trois nombres est 19; la somme de leurs valeurs absolues est 39; trouver ces nombres, sachant que deux d'entre eux sont opposés.

9. Les points A, B, C, D d'un axe ont pour abscisses -2, $+5$, $+9$, -11; quelle est la longueur du chemin parcouru par un mobile qui part de A et revient en A, après avoir passé successivement en B, C, D ? On suppose que l'unité de longueur est le décamètre.

10. Les points A, B, C d'une droite ont pour abscisses $+5$, -13, $+8$; montrer que la somme des abscisses des milieux C', B', A' de AB, BC, CA est nulle; calculer les distances **A'B'**, **B'C'**, **C'A'**. Généraliser les résultats obtenus.

11. Les points A et B ont pour abscisses $+0,8$ et $-1,4$; le décimètre étant l'unité de longueur; les points A' et B', situés sur la droite AB, ont par rapport à la même origine que précédemment, mais avec le centimètre comme unité de longueur, -4 et $+7$ pour abscisses : quelles sont, exprimées en mètres, les distances du milieu de AB au milieu de A'B', du milieu de AB' au milieu de A'B ?

12. Les abscisses de trois points A, B, C sont $+5$, -18 et $+9$; on change l'origine des abscisses, en conservant l'unité de longueur; la nouvelle abscisse du milieu de AC est $+3$; quelles sont les nouvelles abscisses des points A, B, C ?

13. Les abscisses de trois points A, B, C sont -3, $+5$ et $+2$: trouver l'abscisse du point D conjugué harmonique de C par rapport à A et B. Où faut-il placer une nouvelle origine des abscisses pour que le produit des abscisses nouvelles de C et D soit égal à 34 ?

14. Deux mobiles, animés de mouvements uniformes, partent respectivement de A et B, dont les abscisses sont $+7$ et -5, et se rencontrent à l'origine O au bout de 2 minutes ; l'unité de longueur étant le décamètre, quelles sont leurs vitesses, en prenant pour unité de longueur le mètre et pour unité de temps la seconde ? Si les mobiles échangeaient leurs points de départ et si leurs vitesses changeaient de signe, où se rencontreraient-ils ?

15. Deux mobiles, animés de mouvements uniformes, partent respectivement de deux points A et B, dont les abscisses sont -7^m et $+9^m$; ils se rencontrent au point dont l'abscisse est -1^m ; au bout de 6 secondes, ils sont distants l'un de l'autre, après rencontre, de 32^m. Quelles sont leurs vitesses, en prenant pour unité de longueur le centimètre et pour unité de temps la minute ?

16. Deux mobiles, animés d'un même mouvement uniforme dont la vitesse est mesurée par $\sqrt{2}$, partent de deux points A et B dont les abscisses sont -3 et $+7$; au bout de combien de temps seront-ils en deux positions conjuguées harmoniques par rapport à A et B ?

17. Effectuer les opérations suivantes :

$$4(3x^2 - 5x + 1) - 5(-x^2 + x - 7) ;$$
$$3x + 4y - 5z - 2(x + 2y - 3z) ;$$
$$(x + y - z) - 2(x + y + z) + (x + y + 3z) ;$$
$$(x^4 - 5x^2 + 1) + (x^4 - x^2 - 1) - 2(x^4 - 3x).$$

18. Effectuer les opérations suivantes :

$$(x + y + z)(x + y - z)(x - y + z)(-x + y + z) ;$$
$$(x^2 + y^2 + z^2 - yz - zx - xy)(x + y + z) ;$$
$$(x^3 - 3x^2 + 3x - 1)(x^2 - 2x + 1) ;$$
$$(x^4 - 4x^3 + 6x^2 - 4x + 1)(x^3 - 3x^2 + 3x - 1) ;$$
$$(x^2 + x + 1)(x - 1) + (x^2 - x + 1)(x + 1) ;$$
$$(9x^2 - 6x + 1)(x^2 - 6x + 9).$$

19. Effectuer les opérations suivantes :

$$\left[(a - 1)x^2 + (a + 1)x + a + 2\right] . \left[(a + 1)x^2 + (a - 1)x + a + 2\right] ;$$
$$\left[(a - 1)x^2 + ax + a - 1\right] . \left[ax^2 + (a - 1)x + a\right] ;$$
$$\left[(a^2 + a + 1)x^2 + (a^3 + a^2 + a + 1)x + a\right] . \left[ax^2\right.$$
$$\left. + (a^3 + a^2 + a + 1)x + a^2 + a + 1\right].$$

20. Vérifier les identités suivantes :

$$(a^2 + b^2 + c^2)^2 = (a^2 + b^2 - c^2)^2 + (2ac)^2 + (2bc)^2 ;$$
$$(a^2 + b^2)^2 = (a^2 - b^2 + 2ab)^2 - 4ab(a^2 - b^2) ;$$
$$(a^2 + b^2x)(c^2 + d^2x) = (ac + bdx)^2 + (ad - bc)^2x ;$$
$$(a + b + c)^3 + a^3 + b^3 + c^3 = (a + b)^3 + (b + c)^3 + (c + a)^3 + 6abc ;$$
$$a^3(b + c) + b^3(c + a) + c^3(a + b) + abc(a + b + c)$$
$$= (a^2 + b^2 + c^2)(bc + ca + ab).$$

21. Les deux premiers termes du développement du carré d'un binome sont

$$(a+1)^2x^2 + 4(a+1)x, \quad (a^2-1)^2x^2 - 2(a+1)x, \quad a^2x^2 + a(b-1)x;$$

trouver le dernier terme, ainsi que le binome.

22. Les termes extrêmes du développement du carré d'un binome sont

$$a^2x^2+9, \quad (a+1)^2x^2 + (a-1)^2, \quad (a^2+2a+1)x^2+9,$$
$$(a^2+4a+4)x^4+25, \quad a^8x^8+a^4x^2, \quad (a+1)^2x^6+(a-1)^4x^2;$$

trouver le terme du milieu, ainsi que le binome.

23. Décomposer en produits les expressions suivantes :

$$9a^2b + 3ab^2 + abc; \quad 5a^4 + 25ab^3 + a^3c;$$
$$4a^2b^4 - 8a^2b^2c^2 + 4a^2c^4; \quad 16a^2b^3 - 4a^3b^2;$$
$$(a+b)^4 - (a-b)^4; \quad a^2b^2 + a^2c^2 - d^2b^2 - d^2c^2;$$
$$a^3 + b^3 - a^2b - ab^2, \quad a^4 - a^2 - 2a - 1; \quad a^4 - 4a^2 + 4a - 1.$$

24. Effectuer les opérations suivantes :

$$\frac{x+y}{y} - \frac{x-y}{x}; \quad \frac{1}{x-1} - \frac{2}{x^2-x} + \frac{1}{x^3-x^2}; \quad \frac{x}{x-y} - \frac{y}{x+y};$$

$$\frac{1}{x(x+1)} - \frac{1}{(x+1)(x+2)} - \frac{1}{x(x+1)(x+2)}; \quad \frac{x^2}{x-y} + \frac{y^2}{y-x}.$$

25. Effectuer les opérations suivantes :

$$\frac{x^2-y^2}{x^2+y^2} \times \frac{x+y}{x-y}; \quad \frac{x^2-4y^2}{x^2-y^2} \times \frac{x+y}{x-2y}; \quad \frac{x+y}{x-y} \times \frac{(x-y)^2}{(x+y)^2} \times \frac{x^2-y^2}{x^2+y^2};$$

$$\left(\frac{x}{y} + \frac{y}{x}\right) : \left(\frac{x}{y} - \frac{y}{x}\right); \quad \left(\frac{x}{x+y} + \frac{y}{x-y}\right) : \left(\frac{x}{x-y} - \frac{y}{x+y}\right).$$

LIVRE I
ÉQUATIONS DU PREMIER DEGRÉ

CHAPITRE I

Généralités.

49. Égalité. — *On appelle* ÉGALITÉ *l'ensemble de deux expressions séparées par le signe* =, *que l'on prononce égale.*

Exemples :

$$3a + 2b = 4,$$
$$(a + b)^2 = a^2 + 2ab + b^2,$$
$$7 + 5 = 18 - 6.$$

Les deux expressions qui figurent dans l'égalité sont les *membres* de l'égalité : l'expression placée à gauche est le *premier membre*, l'autre expression est le *second membre*.

50. Égalité numérique. — Identité. — *On appelle* ÉGALITÉ NUMÉRIQUE *une égalité qui a lieu entre nombres ;* telle est l'égalité

$$1 + \frac{3}{4} = -\left(-\frac{7}{4}\right).$$

On appelle IDENTITÉ *une égalité entre* EXPRESSIONS LITTÉRALES *qui a lieu pour toutes les valeurs numériques que l'on attribue aux lettres.*

Ainsi, quelles que soient les valeurs numériques des lettres a et b, on a

$$(a + b)^2 = a^2 + 2ab + b^2,$$
$$(a - b)^2 = a^2 - 2ab + b^2.$$

51. Équation. — *Étant données deux expressions algébriques* A *et* B, *qui renferment des lettres* x, y, z, *résoudre l'équation* A $=$ B, *c'est trouver les valeurs de* x, y, z *pour lesquelles* A *et* B *ont même valeur numérique* ; A *et* B *sont les membres de l'équation.*

Exemples :
$$3x - 5 = 4.$$

Les deux membres de cette équation sont égaux si l'on donne à x la valeur 3 ; pour toute autre valeur donnée à x, le premier membre est différent du second.

$$x^2 - 7x + 10 = 0.$$

Si l'on attribue à x une des valeurs 2 ou 5, le premier membre de l'équation est nul ; mais pour toute autre valeur de x, 7 par exemple, le premier membre est différent de zéro.

Il en sera de même pour l'équation

$$3x + 5y^2 = 2.$$

Si l'on donne à x la valeur 1 et à y la valeur -1, le premier membre a la valeur 8 et n'est pas égal au second ; si, au contraire, on donne à x et à y la valeur -1, le premier membre a pour valeur 2, et est égal au second.

52. Inconnues. — Racines ou solutions. — On appelle *inconnues* les lettres auxquelles il convient d'attribuer certaines valeurs particulières pour transformer l'équation en égalité numérique ; ces valeurs particulières sont appelées les *racines* ou *solutions* de l'équation.

Ainsi x est l'inconnue dans l'équation

$$3x - 5 = 4,$$

et 3 est une racine de l'équation.

On désigne généralement les inconnues par les dernières lettres de l'alphabet, x, y, z.

53. On distingue les équations en différentes catégories, suivant le nombre des inconnues qu'elles renferment ; l'équation

$$3x - 5 = 4$$

est une équation à une inconnue.

L'équation

$$3x + 2y = 7$$

est une équation à deux inconnues.

54. Équations équivalentes. — *On appelle* ÉQUATIONS ÉQUI-VALENTES *deux équations qui ont les mêmes racines.*

Pour établir que deux équations sont *équivalentes*, il faut montrer que toute racine de la première est racine de la seconde, et réciproquement, que toute racine de la seconde est racine de la première.

De cette définition, il résulte que, pour trouver les racines d'une équation, on peut chercher les racines d'une équation équivalente.

CHAPITRE II

Transformations d'une équation.

55. On a vu (*) comment, par une série de transformations, on peut trouver les racines d'équations du premier degré ; en réalité, dans les exemples traités, on a simplement remplacé les équations données par d'autres admettant les racines des premières ; il a fallu ensuite vérifier que les racines obtenues finalement étaient bien racines des équations primitives ; les théorèmes suivants vont permettre de remplacer une équation par une équation équivalente ; il sera alors inutile de vérifier que les racines de l'équation finale sont bien celles de l'équation primitive.

56. Théorème I. — *Si, aux deux membres d'une équation, on ajoute une même expression, on forme une nouvelle équation équivalente à la première.*

Soit l'équation

$$(1) \qquad 7x + 14 = 4 - x^2.$$

Si, aux deux membres de cette équation, on ajoute l'expression

$$x + 3,$$

on forme la nouvelle équation

$$(2) \quad (7x + 14) + (x + 3) = (4 - x^2) + (x + 3).$$

Ces deux équations sont équivalentes.

1° *Toute racine de l'équation (1) est racine de l'équation (2).*

(*) *Arithmétique et Algèbre* (148).

Une solution α de cette équation fait acquérir aux deux polynomes
$$7x + 14 \quad \text{et} \quad 4 - x^2$$
la même valeur numérique ; si on ajoute alors de part et d'autre la valeur numérique de $x + 3$, on obtiendra deux nombres égaux, c'est-à-dire que les deux expressions
$$(7x + 14) + (x + 3) \quad \text{et} \quad (4 - x^2) + (x + 3)$$
auront même valeur numérique, quand on y remplacera x par α ; α est solution de l'équation (2).

2° *Toute racine de l'équation* (2) *est racine de l'équation* (1).

Soit β une racine de l'équation (2) ; pour cette valeur de x, les deux membres
$$(7x + 14) + (x + 3) \quad \text{et} \quad (4 - x^2) + (x + 3)$$
ont même valeur numérique ; si on retranche de part et d'autre la valeur numérique de $x + 3$, on obtient des nombres égaux ; ces nombres sont les valeurs numériques de
$$7x + 14 \quad \text{et} \quad 4 - x^2.$$
Ces deux polynomes ont, par suite, la même valeur numérique quand on remplace x par β, c'est-à-dire que β est racine de l'équation (1).

Les équations (1) et (2) sont donc équivalentes.

REMARQUE. — Il est évident que l'on peut, au lieu d'ajouter une même expression aux deux membres, en retrancher une même expression, cette opération revenant à ajouter l'expression dont on a changé les signes.

57. Corollaire I. — *On forme une équation équivalente à une équation donnée en faisant passer un terme d'un membre dans l'autre, à la condition d'en changer le signe.*

Rappelons d'abord que chaque membre de l'équation est formé d'une somme algébrique d'expressions ; c'est chacune des expressions algébriques qui constitue un terme.

Soit alors m un terme d'un des membres d'une équation ; nous formons une équation équivalente à la première en ajoutant $- m$ aux deux membres ; on voit alors que, en réduisant les termes semblables, m n'entre plus dans le membre qui le contenait précédemment, et qu'il existe, changé de signe, dans l'autre membre.

Ainsi, si aux deux membres de l'équation

$$3x + 2 = 5x,$$

on ajoute $-3x$, on forme l'équation équivalente

$$2 = 5x - 3x,$$
$$2 = 2x,$$

que l'on obtient en faisant passer $3x$ dans le second membre et en changeant son signe.

58. Corollaire II. — *On forme une équation équivalente à une équation en changeant les signes de tous les termes qui constituent les deux membres de l'équation.*

Ce changement de signe revient, en effet, à faire passer tous les termes du premier membre dans le second et tous ceux du second membre dans le premier.

Ainsi, les équations

$$x + \frac{x}{\sqrt{1-x}} = \frac{x}{2} + 2\sqrt{1+x},$$
$$-\frac{x}{2} - 2\sqrt{1+x} = -x - \frac{x}{\sqrt{1-x}},$$
$$-x - \frac{x}{\sqrt{1-x}} = -\frac{x}{2} - 2\sqrt{1+x}$$

sont équivalentes.

59. Corollaire III. — *On peut remplacer une équation par une équation équivalente dont le second membre est zéro.*

Il suffit de faire passer dans le premier membre tous les termes du second membre de l'équation.

Les équations

$$x^2 - 5x = 3 + 2x,$$
$$x^2 - 5x - 2x - 3 = 0,$$
$$x^2 - 7x - 3 = 0$$

sont équivalentes.

60. Définition. — Lorsque le premier membre d'une équation est un polynome et que le second membre est zéro, on appelle *degré de l'équation le degré du polynome qui figure dans le premier membre.*

EXEMPLES :

$$3x - 2 = 0,$$
$$x^2 + 5x. - 7 = 0,$$

sont des équations à une inconnue : la première est **du premier** degré, la seconde est du second degré.

$$3x - 5y + 7 = 0,$$
$$x^2 + xy^2 - x + 3 = 0,$$

sont des équations à deux inconnues : la première est du premier degré, la seconde est du troisième degré.

61. Théorème II. — *On forme une équation équivalente à une équation en multipliant ses deux membres par une expression algébrique qui ne s'annule pas.*

Soit une équation

$$(1) \qquad\qquad A = B$$

et l'équation obtenue en multipliant ses deux membres par un facteur C *qui a toujours un sens et n'est jamais nul :*

$$(2) \qquad\qquad AC = BC.$$

On peut remplacer ces équations par les équations équivalentes :

$$(3) \qquad\qquad A - B = 0,$$
$$(4) \qquad AC - BC = 0 \quad \text{ou} \quad (A - B)C = 0.$$

$1°$ *Toute solution de l'équation* (3) *est solution de l'équation* (4).

Une telle solution fait acquérir à l'expression A — B une valeur nulle ; le produit (A — B)C aura pour valeur numérique le produit de zéro, valeur de A — B, par la valeur numérique de C ; ce sera zéro ; la solution considérée vérifie donc l'équation (4).

2° *Toute solution de l'équation* (4) *est solution de l'équation* (3).

Si le nombre α est solution de l'équation (4), la valeur numérique de $(A - B)C$ est nulle quand on remplace x par α; comme, par hypothèse, C n'est jamais nul, il faut que $A - B$ soit nul, c'est-à-dire que α soit solution de l'équation (3).

Les équations (3) et (4) sont donc équivalentes, et il en est de même des équations (1) et (2).

62. REMARQUE I. — Si, partant de l'équation (2), on répète le même raisonnement, on voit que l'on obtient *une équation équivalente à une équation en divisant ses deux membres par une même expression qui a toujours une valeur numérique et qui n'est jamais nulle.*

63. REMARQUE II. — Nous avons dû supposer, dans le théorème qui précède, que le multiplicateur avait toujours un sens et n'était jamais nul; examinons quelles modifications comporte ce théorème, lorsque le multiplicateur, ayant toujours un sens, s'annule pour certaines valeurs des inconnues.

Soient A, B, C trois expressions algébriques; si l'on multiplie les deux termes de l'équation

$$(1) \qquad\qquad A = B$$

par le multiplicateur C, on forme l'équation

$$(2) \qquad\qquad AC = BC.$$

Les équations (1) et (2) sont, d'après le théorème I, équivalentes respectivement aux équations

$$(3) \qquad\qquad A - B = 0,$$
$$(4) \qquad AC - BC = 0 \qquad \text{ou} \qquad (A - B)C = 0.$$

On voit que tout nombre qui vérifie l'équation (3), annulant la différence $A - B$, vérifie également l'équation (4); mais la réciproque est inexacte; pour que le produit des valeurs numériques de $A - B$ et C soit nul, il suffit que l'une de ces valeurs soit nulle; l'équation (4) est donc vérifiée par les racines de l'équation (3) et, en outre, par les nombres qui annulent le multiplicateur C, *pourvu toutefois que* A *et* B *aient une valeur numérique* quand on y remplace l'inconnue par ces nombres, car ce n'est que dans ce cas que la multiplication est légitime. Dans le cas contraire, il peut arriver que l'équation (4) ne soit pas vérifiée par les solutions de l'équation

$$C = 0.$$

En résumé, l'équation (4) ou (2) est vérifiée par toutes les solutions de l'équation (3) ou (1) et *peut* être vérifiée par les solutions de l'équation $C = 0$.

Il résulte de là que, ayant résolu l'équation (2), on devra vérifier si les racines trouvées sont racines de l'équation (1) et on aura ainsi *toutes* les racines de cette équation ; si l'on connaît les racines de $C = 0$, il suffira de faire la vérification pour celles des racines de l'équation (2) qui sont en même temps solutions de $C = 0$, les autres étant certainement racines de l'équation (1).

Exemple I. — Soit l'équation

$$\frac{1}{x-1} + \frac{1}{x+1} = \frac{1}{x^2-1}.$$

Multipliant les deux membres de cette équation par le binome $x^2 - 1$, on obtient l'équation

$$x + 1 + x - 1 = 1,$$
$$2x = 1.$$

Cette équation ayant pour unique solution $\frac{1}{2}$, qui n'annule pas le binome $x^2 - 1$, $\frac{1}{2}$ est certainement solution de l'équation proposée.

Nous voyons ici que l'équation finale n'est pas vérifiée par les nombres 1 et -1, qui annulent le multiplicateur $x^2 - 1$; les deux membres de l'équation donnée, n'ayant pas de valeurs numériques quand on y remplace x par 1 ou par -1, il n'était pas légitime de les multiplier par $x^2 - 1$; ceci explique que les solutions 1 et -1 aient pu disparaître dans le résultat de cette multiplication.

Exemple II. — Soit à résoudre l'équation

$$\frac{x^2}{x-1} = 1 + \frac{1}{x-1}.$$

Multipliant les deux membres par $x - 1$, il vient

$$x^2 = x - 1 + 1,$$
$$x^2 = x,$$
$$x(x - 1) = 0,$$

équation vérifiée par $x = 0$ et $x = 1$; la solution 0, n'annulant pas le multiplicateur, est bien solution de l'équation proposée ; la solution 1, qui annule le multiplicateur, peut ne pas être solution de l'équation proposée ; substituant 1 à x dans cette équation, on voit que les deux membres de cette équation n'ont pas de valeur numérique ; on ne peut donc dire que 1 est solution.

64. **Remarque III.** — Si, partant de l'équation (2), on forme l'équation (1), en multipliant les deux membres de l'équation (2) par l'expression $\frac{1}{C}$ qui n'a pas de sens pour certaines valeurs des inconnues, on voit que l'équation obtenue pourra ne pas avoir toutes les racines de l'équation primitive ; on devra vérifier si, parmi les valeurs qui ne font acquérir à $\frac{1}{C}$ aucune valeur numérique, il n'y en a pas qui soient racines de l'équation primitive, quoique n'étant pas racines de l'équation finale.

Enfin, combinant les deux résultats que l'on vient d'obtenir, on voit que la multiplication des deux membres d'une équation par une expression algébrique, qui renferme les inconnues, peut :

1° *Introduire comme* solutions étrangères *les nombres qui annulent le multiplicateur ;*

2° *Faire disparaître les racines pour lesquelles le multiplicateur n'a pas de valeur numérique.*

65. REMARQUE IV. — On arrive manifestement à des conclusions du même genre, si on divise, au lieu de multiplier, les deux membres de l'équation par une même expression ; on peut :

1° *Introduire comme* SOLUTIONS ÉTRANGÈRES *les nombres pour lesquels le diviseur n'a pas de valeur numérique.*

2° *Faire disparaître les racines qui annulent le diviseur.*

66. Application. — *Rendre entiers les deux membres d'une équation à membres fractionnaires.*

Considérons, par exemple, l'équation

$$\frac{5x}{2} - \frac{3y}{4} = x + \frac{y}{5}.$$

Nous pouvons réduire les différents termes au même dénominateur 20, et écrire l'équation sous la forme

$$\frac{50x}{20} - \frac{15y}{20} = \frac{20x}{20} + \frac{4y}{20},$$

ou

$$\frac{50x - 15y}{20} = \frac{20x + 4y}{20}.$$

Si l'on multiplie les deux membres par le nombre 20, on obtient l'équation équivalente

$$50x - 15y = 20x + 4y,$$

dont les deux membres ne renferment plus de coefficients fractionnaires.

Considérons, en second lieu, l'équation

$$\frac{1}{x} + x = 3 - 5x.$$

Réduisant les termes au même dénominateur algébrique, on peut écrire l'équation sous la forme

$$\frac{1}{x} + \frac{x^2}{x} = \frac{3x}{x} - \frac{5x^2}{x},$$

et, multipliant les deux membres par x, on forme l'équation

$$1 + x^2 = 3x - 5x^2,$$

qui est équivalente à la première, sauf peut-être pour la valeur 0 qui annule le multiplicateur.

67. RÈGLE. — *Pour rendre entiers les coefficients d'une équation à membres rationnels et entiers par rapport aux inconnues, on multiplie chaque terme par le plus petit commun multiple des dénominateurs des coefficients.*

Pour rendre entiers par rapport aux inconnues les deux membres d'une équation, on multiplie les deux membres par le dénominateur commun des termes ; on recherche ensuite si l'on a introduit des solutions étrangères.

68. Théorème III. — *Si l'on élève les deux membres d'une équation au carré, on forme une nouvelle équation qui a les racines de la première, mais qui peut avoir d'autres racines.*

Soit l'équation

$$(1) \qquad\qquad A = B$$

et l'équation obtenue en égalant les carrés de A et B :

$$(2) \qquad\qquad A^2 = B^2.$$

On peut remplacer ces équations par les équations équivalentes

$$A - B = 0,$$
$$A^2 - B^2 = 0.$$

La dernière peut s'écrire

$$(A + B)(A - B) = 0,$$

et on voit, sous cette forme, qu'elle admet toutes les solutions de l'équation primitive et, en outre, les solutions de l'équation

$$A + B = 0 \qquad \text{ou} \qquad A = - B,$$

déduite de la première en changeant le signe du second membre.

Il y aura donc lieu de rechercher directement les racines de l'équation (2), qui sont également racines de l'équation (1) ; dans le cas particulier où l'expression $A + B$ ne serait jamais nulle, toutes les racines de l'équation (2) seraient racines de l'équation (1) ; ces deux équations seraient alors équivalentes.

EXEMPLES.

Soit l'équation

$$x = \sqrt{x}.$$

En élevant les deux membres au carré, on a

$$x^2 = x,$$

dont les solutions 0 et 1 sont solutions de la première.

Soit l'équation

$$x = -\sqrt{x}.$$

En élevant les deux membres au carré, on a

$$x^2 = x.$$

La solution 0 est encore solution de l'équation donnée ; mais la solution 1 n'est pas solution de cette équation.

69. *Rendre rationnels les deux membres d'une équation.*

Soit l'équation

$$1 - \sqrt{x^2 + 2x} = x.$$

Si l'on élevait au carré les deux membres de l'équation, le double produit des deux termes du premier membre ne serait pas rationnel ; on évitera cet inconvénient en *isolant le radical dans un membre :*

$$1 - x = \sqrt{x^2 + 2x}.$$

Si nous élevons maintenant au carré, il vient l'équation

$$(1 - x)^2 = x^2 + 2x,$$
$$1 - 2x + x^2 = x^2 + 2x,$$
$$1 - 2x = 2x.$$

Cette équation n'a pour solution, comme on le verra plus loin, que $\frac{1}{4}$; mais rien ne prouve que cette solution vérifie l'équation donnée ; en remplaçant x par $\frac{1}{4}$, on voit que $\frac{1}{4}$ est bien solution.

REMARQUE. — Comme on sait que la solution *doit* vérifier l'une ou l'autre des équations

$$1 - x = \sqrt{x^2 + 2x},$$
$$1 - x = -\sqrt{x^2 + 2x},$$

il suffit de vérifier que, substituée dans $1 - x$, elle donne un résultat positif; il est inutile de calculer la valeur du radical.

70. RÈGLE. — *Pour rendre rationnels les deux membres d'une équation qui renferme une racine carrée, on isole le radical dans un membre et on élève les deux membres de la nouvelle équation au carré.*

Une solution de l'équation finale est solution de l'équation primitive si, substituée à l'inconnue dans le membre qui ne contient pas le radical, elle lui fait acquérir une valeur du signe placé devant le radical isolé dans l'autre membre.

71. Un procédé analogue permet de faire disparaître plusieurs radicaux, par des élévations successives au carré. Il faut toujours avoir soin de chercher si l'on introduit des solutions étrangères.

On peut également, en élevant à d'autres puissances, faire disparaître des radicaux d'indice supérieur au second; je me contenterai d'énoncer la proposition suivante sans la démontrer:

Si on élève les deux membres de l'équation $A = B$ *à une puissance paire, on peut introduire les solutions de* $A = -B$; *si on élève à une puissance impaire, on a une équation équivalente à l'équation donnée.*

72. On a supposé dans tout ce qui précède que les équations ne renfermaient que les inconnues et des nombres connus; il y a intérêt à considérer des équations dans lesquelles ces nombres sont représentés par des lettres; dans de telles équations, on doit distinguer deux sortes de lettres: les unes représentent les inconnues et sont les dernières lettres de l'alphabet x, y, ...; les autres représentent des nombres supposés connus.

Tous les résultats qui précèdent sont applicables à ces équations aussi bien qu'aux équations numériques ; les lettres qui représentent des nombres connus peuvent être supposées remplacées par ces nombres, puisque, dans toute la série des opérations, on remplace des expressions par d'autres qui leur sont équivalentes : laisser subsister les lettres au lieu de les remplacer par des nombres est une simple question de notation et n'influe en rien sur les raisonnements faits précédemment.

CHAPITRE III

Équation du premier degré à une inconnue.

73. Appliquons les théorèmes généraux relatifs à la transformation des équations à la résolution de l'équation du premier degré à une inconnue, en étudiant d'abord quelques exemples.

Exemple I. — Soit l'équation

$$4x - \frac{3}{5} = \frac{2x}{3} + 7 + \frac{4x}{5}.$$

Faisons disparaître les dénominateurs en multipliant les deux membres par le dénominateur commun 15 des termes de l'équation ; nous obtenons l'équation

$$60x - 9 = 10x + 105 + 12x,$$

équivalente à la première ; nous sommes ainsi ramenés à résoudre cette équation.

Faisons passer tous les termes en x dans le premier membre et tous les termes connus dans le second membre ; nous avons l'équation

$$60x - 10x - 12x = 105 + 9,$$

équivalente à la précédente ; c'est donc cette équation qu'il suffit de résoudre ; effectuant les opérations indiquées, nous pouvons écrire cette équation sous la forme

$$38x = 114.$$

Divisant les deux nombres par 38, nous avons l'équation

équivalente

$$x = \frac{114}{38}, \qquad \text{ou} \qquad x = 3,$$

dont la solution unique est 3.

L'équation proposée a donc une solution unique, 3.

74. EXEMPLE II. — Soit l'équation

$$\frac{a(x - a)}{b} - 4b = \frac{4(bx - a^2)}{a},$$

dans laquelle a et b sont donnés ; nous devons supposer a et b *différents de zéro* pour que les termes qui ont ces lettres en dénominateur aient une valeur numérique ; nous pouvons alors multiplier les deux membres de l'équation par le produit $a.b$:

$$a^2(x - a) - 4ab^2 = 4b(bx - a^2),$$

ou

$$a^2x - a^3 - 4ab^2 = 4b^2x - 4a^2b.$$

Faisant passer les termes en x dans le premier membre, et les termes connus dans le second membre, nous formons l'équation équivalente

$$a^2x - 4b^2x = a^3 + 4ab^2 - 4a^2b,$$

ou

$$x(a^2 - 4b^2) = a^3 - 4a^2b + 4ab^2.$$

Si l'on suppose $a^2 - 4b^2$ *différent de zéro,* nous pouvons diviser les deux membres par $a^2 - 4b^2$ et il vient

$$x = \frac{a^3 - 4a^2b + 4ab^2}{a^2 - 4b^2} = \frac{a(a - 2b)^2}{(a - 2b)(a + 2b)}.$$

Comme nous avons supposé $a^2 - 4b^2 \neq 0$, a n'est pas égal à $2b$, et nous pouvons simplifier cette expression en divisant ses deux termes par $a - 2b$.

L'équation a donc pour solution $\dfrac{a(a - 2b)}{a + 2b}$, sous la condition $a^2 - 4b^2 \neq 0$.

75. EXEMPLE III. — Soit l'équation

$$\frac{x}{7} - 3 + \frac{3x}{5} = 4x - \frac{11}{2} - \frac{114}{35}x.$$

Réduisant au même dénominateur tous les termes et multipliant les deux membres par ce dénominateur commun 70, on obtient l'équation équivalente

$$10x - 210 + 42x = 280x - 385 - 228x,$$

ou, faisant passer les termes en x dans le premier membre, les autres termes dans le second membre,

$$10x + 42x - 280x + 228x = 210 - 385.$$

Le premier membre se réduit à 0 et le second membre à -175. Il n'y a donc pas à proprement parler d'équation et cette dernière égalité étant impossible, on en conclut qu'aucun nombre mis à la place de x dans l'équation proposée ne vérifie cette équation.

L'équation n'a pas de solution.

76. EXEMPLE IV. — Soit l'équation

$$3x + \frac{5}{2} = \frac{x}{2} - \frac{1}{2} + \frac{5x}{2} + 3.$$

Faisant disparaître les dénominateurs, nous avons l'équation équivalente

$$6x + 5 = x - 1 + 5x + 6,$$

et réunissant dans un membre les termes en x, dans l'autre les termes connus, il vient

$$6x - x - 5x = -1 + 6 - 5,$$

égalité qui est vérifiée, quelle que soit la valeur donnée à x, puisque l'on a

$$0 \cdot x = 0.$$

On en conclut que tout membre positif ou négatif est solution de l'équation donnée.

77. Équation générale. — Les exemples qui précèdent embrassent tous les cas qui peuvent se présenter, ainsi que nous allons le voir en étudiant l'équation générale.

On peut toujours faire passer dans le premier membre les

termes en x et dans le second membre les termes **connus**, en sorte que l'on peut écrire l'équation sous la forme

$$ax = b,$$

a et b étant des nombres supposés connus.

1° $a \neq 0$. — On peut alors diviser les deux membres de l'équation par a et on a l'équation équivalente

$$x = \frac{b}{a}.$$

L'équation proposée a donc une *solution unique*.

2° $a = 0$, $b \neq 0$. — Dans ce cas, il est impossible qu'il y ait égalité entre le premier membre, nul quel que soit x, et le second membre différent de zéro.

L'équation proposée *n'a pas de solution*.

3° $a = 0$, $b = 0$. — Il n'y a plus d'équation, mais une identité.

Équations qui se ramènent au premier degré (*).

78. Nous allons montrer par quelques exemples comment la résolution d'équations dont les deux membres peuvent n'être ni entiers ni rationnels, se ramène parfois à la résolution d'équations du premier degré, à l'aide des transformations indiquées au chapitre précédent, en n'oubliant pas toutefois à quelles conditions ces transformations sont légitimes.

Exemple I. — Soit l'équation

$$\frac{x + 2}{x + 1} = \frac{5x}{x + 2} - 4.$$

Nous multiplions les deux membres de l'équation par le dénominateur $(x + 1)(x + 2)$ commun aux fractions réduites au même dénominateur ; il vient

$$(x + 2)^2 = 5x(x + 1) - 4(x + 1)(x + 2);$$

(*) On peut négliger l'étude des parties imprimées en petits caractères ; elles ne sont pas nécessaires pour comprendre les parties imprimées en caractères ordinaires, qui correspondent strictement au programme.

cette équation est équivalente à la première, sauf peut-être pour les valeurs -1 et -2 qui annulent le multiplicateur. En effectuant les opérations indiquées, nous trouvons

$$x^2 + 4x + 4 = 5x^2 + 5x - 4x^2 - 12x - 8,$$

et réunissant les termes de même degré, il vient

$$11x = -12,$$

équation qui a pour unique solution $-\dfrac{12}{11}$; cette valeur, n'annulant pas le multiplicateur $(x+1)(x+2)$, est solution de l'équation donnée.

79. EXEMPLE II. — Soit l'équation

$$(1) \qquad x + \sqrt{x^2 + 3} = 3.$$

Pour résoudre cette équation (70), isolons le radical dans le premier membre :

$$(2) \qquad \sqrt{x^2 + 3} = 3 - x.$$

En élevant au carré les deux membres de cette équation, nous formons l'équation

$$(3) \qquad x^2 + 3 = 9 - 6x + x^2,$$

qui a les solutions de l'équation donnée ainsi que celles de l'équation

$$(4) \qquad -\sqrt{x^2 + 3} = 3 - x.$$

L'équation (3) peut s'écrire

$$3 = 9 - 6x,$$
$$6x = 6,$$
$$x = 1.$$

Cette solution 1 doit vérifier l'équation (2) ou l'équation (4); elle vérifie l'équation (2), car le second membre $3 - x$ est positif si x est remplacé par 1.

L'équation proposée a donc une solution unique.

80. EXEMPLE III. — Soit l'équation

$$\sqrt{x + 4} = x - 2.$$

Élevons au carré les deux membres de cette équation :

$$x + 4 = (x - 2)^2,$$

ou

$$x + 4 = x^2 - 4x + 4,$$

ou

$$x^2 - 5x = 0.$$

Le premier membre de cette équation est le produit $x(x - 5)$; il s'annule donc pour les valeurs qui annulent un des facteurs x, $x - 5$; l'équation finale a donc deux racines, 0 et 5.

Ces racines peuvent ne pas vérifier l'équation donnée ; appliquant la règle du n° 70, on voit que 5 est racine, tandis que 0 n'est pas racine.

81. Il peut arriver qu'en changeant l'inconnue, on ramène une équation à ne renfermer que des termes du premier degré par rapport à la nouvelle inconnue.

Examples :
Soit l'équation

$$3 + x^2 = 5 + \frac{x^2}{2} .$$

Si l'on considère cette équation par rapport à x^2, elle est du premier degré, et on a la solution

$$x^2 = 4.$$

On est ramené à trouver un nombre dont le carré soit 4. Il existe alors (15) deux solutions, $+ 2$ et $- 2$.

Soit encore l'équation

$$\sqrt{1 - x} + 5 = 3\sqrt{1 - x} - 3.$$

Considérons cette équation en prenant pour inconnue auxiliaire $\sqrt{1 - x}$; nous pouvons la mettre sous la forme

$$5 + 3 = 2\sqrt{1 - x},$$
$$\sqrt{1 - x} = 4.$$

Élevant au carré, il vient

$$1 - x = 16,$$

dont la racine unique est $- 15$.

Remarquons que l'élévation au carré n'a pu introduire de solution étrangère, puisque l'équation

$$-\sqrt{1 - x} = 4$$

n'a aucune solution, ses deux membres étant toujours de signes différents et le second ne pouvant s'annuler.

EXERCICES

1. Résoudre les équations suivantes :

$$1 - \frac{3x}{2} + \frac{5}{3} = 2 - \frac{3x}{5} ;$$

$$2x + \frac{1}{5} = 3 - \frac{x}{6} + \frac{2}{5} ;$$

$$\frac{30x + 5}{4} - \frac{3x}{2} = 2 + \frac{5x}{3} ;$$

$$\frac{5x}{3} - \frac{3}{2} = x - \frac{3}{6} + \frac{2x}{3} ;$$

$$1 + \frac{x}{4} - \frac{4}{5} = x + \frac{1}{5} - \frac{3x}{4} .$$

2. Résoudre les équations suivantes :

$$ax + b^2 = bx + a^2 ;$$

$$\frac{x}{a} + \frac{x}{b} + \frac{x}{c} = \frac{1}{abc} ;$$

$$ax + \frac{x}{a} = b + \frac{1}{b} ;$$

$$\frac{x}{(a-b)(a-c)} + \frac{x}{(b-a)(b-c)} + \frac{x}{(c-a)(c-b)} = 1 ;$$

$$\frac{ax}{(a-b)(a-c)} + \frac{bx}{(b-a)(b-c)} + \frac{cx}{(c-a)(c-b)} = d ;$$

$$\frac{a^2x}{(a-b)(a-c)} + \frac{b^2x}{(b-a)(b-c)} + \frac{c^2x}{(c-a)(c-b)} = abc.$$

3. Résoudre les équations :

$$\frac{20x + 17}{18} - \frac{24x + 2}{22x - 8} = \frac{10x - 4}{9} ;$$

$$\frac{7}{7x - 1} - \frac{2}{x + 1} = \frac{1}{7x - 1} ;$$

$$\frac{2x + 1}{2x - 1} - \frac{8}{4x^2 - 1} = \frac{2x - 1}{2x + 1} ;$$

$$\frac{5 - 2x}{x - 1} - \frac{2 - 7x}{x + 1} = \frac{5x^2 + 4}{x^2 - 1} ;$$

$$\frac{x^2 - x + 1}{x - 1} + \frac{x^2 + x + 1}{x + 1} = 2x ;$$

$$\frac{9x+5}{6(x-1)} + \frac{3x^2-51x-71}{18(x^2-1)} = \frac{15x-7}{9(x+1)};$$

$$\frac{a}{3(x-1)} + \frac{b}{x-1} + \frac{c}{2(x-1)} = 5;$$

$$\frac{a+x}{b-x} = 3 + \frac{5}{b-x};$$

$$\frac{x+a}{x-a} - \frac{x-b}{x+b} = \frac{2(a+b)}{x};$$

$$\frac{x+a}{b} - x = b - \frac{x-b}{c} + \frac{c-bx}{b};$$

$$\frac{ax}{b} - \frac{b-x}{2c} + \frac{a(b-x)}{3d} = a.$$

★ **4.** Résoudre les équations (*) :

$$x+1-\sqrt{x^2+1} = 0;$$

$$\frac{1-x}{1+x} = \sqrt{\frac{1-2x}{1+2x}};$$

$$a+x = \sqrt{x^2+a^2} - 2b;$$

$$\sqrt{\frac{a+x}{a-x}} = \sqrt{\frac{a+2x}{a-2x}};$$

$$(a+x)(b+x) - a(b+c) - x^2 = \frac{a^2c}{b};$$

$$\sqrt{5-x} + 3 = \frac{2}{3}\sqrt{5-x} + 7;$$

$$\sqrt{1+x} - 2 = 5\sqrt{1+x} + 6;$$

$$\frac{1}{2} - \frac{3}{x} = \sqrt{\frac{1}{4} - \frac{1}{x}\sqrt{9-\frac{36}{x}}};$$

$$\sqrt{9+2x} - \sqrt{2x} = \frac{5}{\sqrt{9+2x}};$$

$$\sqrt{a+\sqrt{x}} + \sqrt{a-\sqrt{x}} = \sqrt{x}.$$

(*) Les exercices marqués d'un astérisque correspondent au texte imprimé en petits caractères.

CHAPITRE IV

INÉGALITÉS

Inégalités numériques.

82. *On appelle* INÉGALITÉ *l'ensemble de deux expressions séparées par le signe* >, *que l'on prononce* SUPÉRIEUR À, *ou par le signe* <, *que l'on prononce* INFÉRIEUR À.

Ainsi, $$7+5>4$$

est une inégalité.

On appelle INÉGALITÉ NUMÉRIQUE *une inégalité qui a lieu entre nombres.*

83. Théorème I. — *Si aux deux membres d'une inégalité numérique on ajoute un même nombre, on obtient une inégalité numérique de même sens.*

Soit l'inégalité
$$-3>4-17.$$

Elle exprime (10) que la différence
$$(-3)-(4-17)$$

est positive.

Considérons, d'autre part, les nombres
$$(-3)+5 \quad\text{et}\quad 4-17+5,$$

obtenus en ajoutant 5 aux deux membres de l'inégalité donnée ; pour retrancher

$$4 - 17 + 5 \qquad \text{de} \qquad (-3) + 5,$$

on peut retrancher (6)

$$4 - 17 \qquad \text{de} \qquad -3$$

et ajouter à cette différence la différence $5 - 5$ ou 0. Les deux différences

$$(-3) - (4 - 17) \qquad \text{et} \qquad [(-3) + 5] - [(4 - 17) + 5]$$

étant égales, la première étant positive, il en est de même de la seconde ; on a donc bien

$$(-3) + 5 > (4 - 17) + 5.$$

REMARQUE. — *On peut de même retrancher un même nombre des deux membres d'une inégalité ; on obtient une inégalité de même sens.*

84. Théorème II. — *Si on multiplie les deux membres d'une inégalité numérique par un même nombre* POSITIF, *on obtient une inégalité de* MÊME SENS ; *si le multiplicateur est* NÉGATIF, *on obtient une inégalité de* SENS CONTRAIRE *à la première.*

Soit l'inégalité

$$-5 < -3,$$

qui exprime que la différence

$$(-5) - (-3)$$

est négative.

1° Le produit de cette différence négative par un nombre positif 4 sera un nombre négatif ; ce produit étant la différence des produits

$$(-5) \times 4 \qquad \text{et} \qquad (-3) \times 4,$$

on en conclut que le nombre $(-5) \times 4$ est inférieur au nombre $(-3) \times 4$; c'est-à-dire que l'on a

$$(-5) \times 4 < (-3) \times 4.$$

2° En second lieu, le produit de la différence négative

$$(-5)-(-3)$$

par le nombre négatif (-7) sera un nombre positif ; ce produit étant la différence des produits

$$(-5)\times(-7) \quad \text{et} \quad (-3)\times(-7),$$

on en conclut que le premier produit est supérieur au second et on peut écrire

$$(-5)\times(-7)>(-3)\times(-7).$$

REMARQUE. — *On peut également diviser les deux membres d'une inégalité par un même nombre positif ; on obtient des quotients qui satisfont à une inégalité du sens de la première ; si le diviseur est négatif, les quotients satisfont à une inégalité de sens contraire à la première.*

85. Théorème III. — 1° *Si les deux membres d'une inégalité sont positifs, leurs puissances d'exposant m forment une inégalité de même sens.*

2° *Si les deux membres d'une inégalité sont négatifs, leurs puissances de même exposant* IMPAIR *forment une inégalité de même sens.*

3° *Si les deux membres d'une inégalité sont négatifs, leurs puissances de même exposant* PAIR *forment une inégalité de sens contraire à la première.*

1° Le premier cas résulte de ce fait arithmétique que si deux facteurs arithmétiques sont plus petits respectivement que deux autres, le premier produit est plus petit que le second.

Ainsi, $\dfrac{3}{4}$ étant inférieur à $\dfrac{5}{3}$, le carré de $\dfrac{3}{4}$ est inférieur à celui de $\dfrac{5}{3}$.

2° Soient les nombres -7 et $-\dfrac{4}{9}$, entre lesquels on a

$$-7<-\dfrac{4}{9}.$$

Cette inégalité résulte de ce que la valeur absolue de -7 est

supérieure à celle de $-\dfrac{4}{9}$; le cube de la valeur absolue de
— 7 sera donc supérieur au cube de la valeur absolue de
$-\dfrac{4}{9}$; les cubes de — 7 et $-\dfrac{4}{9}$ étant négatifs, celui dont la
valeur absolue est la plus grande doit être le plus petit ; on a
donc

$$\left(-7\right)^{3} < \left(-\dfrac{4}{9}\right)^{3}.$$

Le même raisonnement subsiste pour une puissance impaire
quelconque.

3° Soient les nombres — 7 et $-\dfrac{4}{9}$, et considérons les
carrés de ces nombres ; la valeur absolue de — 7 est supérieure à celle de $-\dfrac{4}{9}$; la valeur absolue du carré de — 7,
qui est le carré de la valeur absolue de — 7, sera dès lors supérieure à la valeur absolue du carré de $-\dfrac{4}{9}$. Comme, d'autre part, ces carrés sont des nombres positifs, ils sont dans le
même ordre de grandeur que leurs valeurs absolues, avec lesquelles on peut les confondre ; on a ainsi

$$\left(-7\right)^{2} > \left(-\dfrac{4}{9}\right)^{2}.$$

Le même raisonnement est applicable à une puissance paire
quelconque.

Remarque. — On ne peut donner de règle précise lorsque
les deux membres de l'inégalité n'ont pas le même signe et
qu'on les élève à une puissance d'exposant pair.

L'inégalité — 3 < 2 correspond à 9 > 4 ;
    —   — 3 < 5 correspond à 9 < 25 ;
    —   — 3 < 3 correspond à 9 = 9.

86. Théorème IV. — *1° Si l'on extrait les racines de même
indice impair des deux membres d'une inégalité, ces racines
forment une inégalité de même sens que la première.*

2° Si l'indice est pair, il faut que les deux membres soient positifs (15) ; il y a alors pour chaque membre deux racines. Si l'on prend les deux racines positives, l'inégalité a lieu dans le même sens ; si l'on prend les deux racines négatives, l'inégalité a lieu en sens contraire de la première ; enfin, si dans les deux membres on prend des signes différents, la racine négative est la plus petite.

Ce théorème n'est autre chose que le précédent énoncé sous une autre forme.

Inégalités numériques simultanées.

87. Théorème I. — *Si l'on ajoute membre à membre des inégalités de même sens, les deux sommes obtenues satisfont à une inégalité du sens des premières.*

Soient les deux inégalités

$$-5 > -7,$$
$$+4 > -3.$$

Ces inégalités expriment que les différences

$$(-5) - (-7) \qquad \text{et} \qquad (+4) - (-3)$$

sont positives ; leur somme sera donc aussi positive, or, cette somme est égale (6, 7) à

$$(-5) + (+4) - (-7) - (-3),$$

ou $\qquad [(-5) + (+4)] - [(-7) + (-3)].$

Cette dernière différence étant positive, on en conclut l'inégalité

$$(-5) + (+4) > (-7) + (-3).$$

Remarque. — Si les inégalités n'ont pas même sens, on ne saurait indiquer de règle précise.

Ainsi aux deux inégalités

$$-3 > -5,$$
$$2 < 4,$$

correspond $\qquad (-3) + 2 = (-5) + 4.$

Aux inégalités $\qquad 4 > 3,$

$$6 < 9,$$

correspond $\qquad 4 + 6 < 9 + 3.$

Aux inégalités $\qquad 2 < 11,$

$$7 > 6,$$

correspond $\qquad 2 + 7 < 11 + 6.$

88. Théorème II. — *Si l'on retranche membre à membre deux inégalités de sens différents, les différences obtenues vérifient une inégalité du sens de la première.*

Soient les deux inégalités

$$5 > -3,$$
$$-2 < 4 ;$$

elles expriment que la différence

$$5 - (-3)$$

est positive, et que la différence

$$(-2) - 4$$

est négative.

Si on retranche ce nombre négatif de la première différence, qui est positive, on aura à faire la somme de deux nombres positifs (5) ; le résultat sera donc positif comme la première différence ; on peut écrire

$$[5 - (-3)] - [(-2) - 4] > 0$$

ou (8) $\qquad [5 - (-2)] - [(-3) - 4] > 0,$

ce qui exprime que $5 - (-2)$ est supérieur à $(-3) - 4$; on a donc l'inégalité

$$5 - (-2) > (-3) - 4.$$

Remarque. — Si les inégalités ont même sens, aucune règle ne permet de prévoir le sens de l'inégalité qui résulte de la soustraction des inégalités membre à membre.

89. Théorème III. — *Si les termes de deux inégalités de même sens sont positifs, les produits des termes correspondants forment une inégalité du sens des premières ; si les termes sont tous négatifs, les produits forment une inégalité de sens contraire.*

1° Soient les deux inégalités

$$3 > \frac{2}{7},$$

$$\frac{4}{5} > \frac{2}{3}.$$

Les nombres 3 et $\dfrac{4}{5}$ étant respectivement supérieurs aux nombres $\dfrac{2}{7}$ et $\dfrac{2}{3}$, le produit $3 \times \dfrac{4}{5}$ est supérieur au produit $\dfrac{2}{7} \times \dfrac{2}{3}$; on a donc l'inégalité

$$3 \times \frac{4}{5} > \frac{2}{7} \times \frac{2}{3}.$$

2° Soient les inégalités

$$-3 < -\frac{2}{7},$$

$$-\frac{4}{5} < -\frac{2}{3}.$$

Ces différents nombres étant négatifs, les inégalités entre leurs valeurs absolues sont

$$3 > \frac{2}{7},$$

$$\frac{4}{5} > \frac{2}{3},$$

d'où on déduit (1°)

$$3 \times \frac{4}{5} > \frac{2}{7} \times \frac{2}{3},$$

ce qui peut s'écrire

$$(-3) \times \left(-\frac{4}{5}\right) > \left(-\frac{2}{7}\right) \times \left(-\frac{2}{3}\right).$$

REMARQUE. — Si les quatre termes n'ont pas même signe, on ne peut plus donner de règle précise.

90. Théorème IV. — *Si les termes de deux inégalités sont positifs, et si les inégalités sont de sens contraires, on peut les diviser membre à membre; les quotients vérifient une inégalité de même sens que la première. Si les termes sont tous négatifs, les quotients vérifient une inégalité de sens contraire à la première.*

1° Soient les deux inégalités

$$\frac{5}{2} > \frac{3}{4},$$

$$\frac{7}{11} < \frac{2}{3}.$$

Les quotients sont

$$\frac{\dfrac{5}{2}}{\dfrac{7}{11}} \qquad \text{et} \qquad \frac{\dfrac{3}{4}}{\dfrac{2}{3}}.$$

Le premier, ayant son numérateur $\dfrac{5}{2}$ supérieur à celui du second, et son dénominateur $\dfrac{7}{11}$ inférieur à celui du second, est supérieur au second ; on a donc

$$\frac{\dfrac{5}{2}}{\dfrac{7}{11}} > \frac{\dfrac{3}{4}}{\dfrac{2}{3}}.$$

2° Si les quatre termes sont négatifs, les quotients deux à deux sont positifs et sont les mêmes que s'ils provenaient des inégalités qui ont lieu entre les valeurs absolues des nombres ; ces inégalités étant de sens contraires aux inégalités entre les nombres donnés, l'application du résultat précédent montre que les quotients satisfont à une inégalité du sens de la seconde.

Remarque. — Il n'y a aucune règle générale lorsque les quatre termes n'ont pas même signe.

Inégalités renfermant des inconnues.

91. On peut considérer des inégalités dont les termes soient des expressions algébriques ; comme pour les égalités, on distinguera les inégalités qui sont toujours vérifiées, quelles que soient les valeurs attribuées aux lettres qu'elles renferment, et les inégalités qui ne sont vérifiées que pour certaines valeurs attribuées aux lettres qu'elles renferment.

Ainsi, l'inégalité

$$a^2 + b^2 > ab$$

est toujours vérifiée.

Au contraire, l'inégalité

$$x > 3$$

n'est vérifiée que si on donne à x des valeurs supérieures à 3.

92. Les lettres telles que x s'appellent les *inconnues* ; *résoudre* l'inégalité, c'est trouver les valeurs des inconnues qui vérifient l'inégalité.

Deux inégalités sont *équivalentes* si elles sont vérifiées par les mêmes valeurs des inconnues.

Les théorèmes suivants établissent l'équivalence de certaines inégalités.

93. Théorème I. — *On forme une inégalité équivalente à une inégalité en ajoutant une même quantité aux deux membres et en conservant le sens de la première inégalité.*

Soient l'inégalité

$$(1) \qquad 3x > 2x - 5$$

et l'inégalité

$$(2) \qquad 3x + \frac{x}{2} > 2x - 5 + \frac{x}{2},$$

déduite de la première en ajoutant $\dfrac{x}{2}$ aux deux membres.

1° Toute solution de la première est solution de la seconde. Soit 5 une solution de la première ; on a

$$3 \cdot 5 > 2 \cdot 5 - 5,$$

d'où l'on déduit, en ajoutant $\dfrac{5}{2}$ aux deux membres (83),

$$3 \cdot 5 + \frac{5}{2} > 2 \cdot 5 - 5 + \frac{5}{2},$$

inégalité qui exprime que 5 vérifie l'inégalité (2).

2° Toute solution de l'inégalité (2) est solution de l'inégalité (1).

Soit 7 une solution de l'inégalité (2) ; on a

$$3 \cdot 7 + \frac{7}{2} > 2 \cdot 7 - 5 + \frac{7}{2},$$

d'où l'on déduit, en retranchant $\dfrac{7}{2}$ des deux membres,

$$3 \cdot 7 > 2 \cdot 7 - 5,$$

inégalité qui exprime que 7 est solution de l'inégalité (1). Les deux inégalités sont donc équivalentes.

94. Corollaire. — Ce théorème permet de faire passer un terme d'un membre dans l'autre, comme pour les équations ; il suffit de changer le signe de ce terme.

Ainsi, l'inégalité

$$3x > 2x - 5$$

équivaut à

$$3x - 2x > -5,$$

ou

$$x > -5.$$

95. Théorème II. — *On forme une inégalité équivalente à une inégalité en multipliant ses deux membres par une même quantité non nulle. La seconde inégalité a le sens de la première*

si le multiplicateur est positif; elle a le sens contraire si le mul-
tiplicateur est négatif.

Soit l'inégalité

(1)
$$x - 5 > 2 - 3x$$

et le multiplicateur $x + 7$; considérons l'inégalité

(2)
$$(x - 5)(x + 7) > (2 - 3x)(x + 7).$$

1° Soit 4 une solution de l'inégalité (1), qui rend positive l'expression $x + 7$; on a l'inégalité numérique

$$4 - 5 > 2 - 3 . 4,$$

d'où l'on déduit (84), en multipliant les deux membres par le nombre positif $4 + 7$,

$$(4 - 5)(4 + 7) > (2 - 3 . 4)(4 + 7),$$

inégalité numérique qui montre que 4 est solution de l'inégalité (2).

2° Toute solution de (2), qui rend positive l'expression $x + 7$, vérifie l'inégalité (1).

Soit $+ 2$ une solution de l'inégalité (2), telle que $x + 7$ soit positif ; on a

$$[(+2) - 5][(+2) + 7] > [2 - 3(+2)][(+2) + 7],$$

inégalité numérique d'où on déduit (84), en divisant les deux membres par le nombre positif $(+2) + 7$,

$$(+2) - 5 > 2 - 3(+2),$$

inégalité numérique qui exprime que $+2$ est solution de l'inégalité (1).

Les inégalités (1) et (2) sont donc équivalentes pour les valeurs de x qui rendent positif le multiplicateur $x + 7$.

On verrait de même que les inégalités

$$x - 5 > 2 - 3x,$$
$$(x - 5)(x + 7) < (2 - 3x)(x + 7)$$

sont équivalentes pour toute valeur de x qui rend négatif $x + 7$.

96. Corollaire. — Ce théorème permet de faire disparaître les dénominateurs des deux membres d'une inégalité : il suffit de multiplier les deux membres par le dénominateur commun.

Si ce dénominateur contient les inconnues et peut être tantôt positif, tantot négatif, on évitera **toute discussion en multi**pliant par le carré du dénominateur commun.

Exemples : Les inégalités

$$\frac{x}{3} - \frac{4}{5} > 2x + \frac{1}{5}.$$

et

$$5x - 12 > 30x + 3$$

sont équivalentes.

Les inégalités

$$\frac{1}{x-1} > \frac{1}{x}$$

et

$$x^2(x-1) > x(x-1)^2$$

sont équivalentes.

Résolution de l'inégalité du premier degré à une inconnue.

97. L'inégalité du premier degré à une inconnue ne renfermant que des termes du premier degré en x et des termes indépendants, on peut toujours (94) réunir dans un membre les termes qui renferment l'inconnue et dans l'autre membre les termes qui en sont indépendants.

On peut toujours supposer que le coefficient de x soit positif ; s'il en était autrement, il suffirait de faire passer les termes en x dans l'autre membre et inversement. Ainsi, de l'inégalité

$$-3x > 5,$$

on déduit l'inégalité équivalente

$$-5 > 3x,$$

ou

$$3x < -5.$$

Soit donc une inégalité

$$ax > b;$$

a étant positif, on peut diviser les deux membres de l'inégalité par a et on obtient l'inégalité équivalente

$$x > \frac{b}{a}.$$

De même, de l'inégalité

$$ax < b,$$

dans laquelle a est toujours positif, on déduit

$$x < \frac{b}{a}.$$

Il n'y a qu'un cas d'exception, celui où a est nul ; alors ou bien l'inégalité est impossible, ou elle se réduit à une inégalité numérique.

98. Exemple I. — Soit à résoudre l'inégalité

$$\frac{x}{2} - 3 > 4x + 5.$$

Multipliant les deux membres de l'inégalité par 2, il vient

$$x - 6 > 8x + 10,$$

et faisant passer les termes en x dans le second membre, les termes indépendants dans le premier,

$$-16 > 7x$$

ou
$$x < -\frac{16}{7}.$$

Exemple II. — Résoudre l'inégalité

$$\frac{x}{3} - 5 < x + 7 - \frac{2x}{3}.$$

Si l'on réunit dans le premier membre les termes en x et

dans le second membre les termes indépendants, l'inégalité devient

$$0 < 12,$$

inégalité qui est toujours vérifiée.

EXEMPLE III. — Résoudre l'inégalité

$$4 - 3x > 5x + 7 - 8x.$$

Cette inégalité est équivalente à l'inégalité impossible

$$4 > 7.$$

Aucune valeur de x ne vérifie l'inégalité donnée.

99. Il peut arriver qu'une quantité x soit assujettie à vérifier plusieurs inégalités simultanées ; en traitant chacune d'elles isolément, on détermine entre quelles limites doit varier x pour que toutes ces inégalités soient vérifiées.

EXEMPLE I. — Résoudre les inégalités simultanées

$$x > 5, \qquad x > 3, \qquad x > 2.$$

Il est évident que si la première inégalité est vérifiée, les deux autres le sont également : il suffit donc de donner à x des valeurs supérieures à 5.

EXEMPLE II. — Résoudre les inégalités

$$x < 3, \qquad x > 2, \qquad x > -1.$$

Si x est supérieur à 2, il est certainement supérieur à -1 ; il faudra donc prendre ici les valeurs comprises entre 2 et 3.

EXEMPLE III. — Résoudre les inégalités

$$x > 5, \qquad x < 2.$$

Il est impossible qu'un nombre soit à la fois supérieur à 5 et inférieur à 2 ; ces deux inégalités sont *incompatibles*.

100. On peut ramener à un système d'inégalités du premier degré des inégalités de degré supérieur ou même des inégalités dont les membres ne sont pas des polynomes entiers ; je me contenterai de montrer sur quelques exemples comment on peut procéder.

EXEMPLE I. — Résoudre l'inégalité

$$(x+1)(x-1)(x-2) > 0.$$

Le signe de ce produit dépend du signe de chaque facteur ; pour connaître le signe d'un facteur, on est conduit à résoudre une inégalité du premier degré.

$x+1$ est positif pour $x > -1$ et négatif pour $x < -1$:
$x-1$ est positif pour $x > 1$ et négatif pour $x < 1$;
$x-2$ est positif pour $x > 2$ et négatif pour $x < 2$.

On voit donc qu'au passage par une des valeurs -1, 1, 2, un facteur change de signe ; il en est de même du produit.

Si x est inférieur à -1, les trois facteurs sont négatifs ; le produit est négatif.

x variant de -1 à 1, deux facteurs restent négatifs, le premier étant positif ; le produit est positif.

x variant de 1 à 2, les deux premiers facteurs sont positifs, le dernier est négatif ; le produit est négatif.

x étant supérieur à 2, les trois facteurs sont positifs ; le produit est positif.

En résumé, l'inégalité est vérifiée pour les valeurs de x comprises entre -1 et $+1$ et pour les valeurs de x supérieures à 2.

EXEMPLE II. — Résoudre l'inégalité

$$\frac{x}{x-1} + 3 > 1 - \frac{x}{x-1}.$$

Réduisant tous les termes au même dénominateur, on peut écrire

$$\frac{x+3(x-1)}{x-1} > \frac{x-1-x}{x-1},$$

ou, faisant tout passer dans le premier membre,

$$\frac{x+3(x-1)-x+1+x}{x-1} > 0$$

$$\frac{4x-2}{x-1} > 0.$$

Ce quotient sera positif si les deux termes ont même signe ; nous sommes donc conduits à chercher le signe de

$$4x - 2 \qquad \text{et} \qquad x - 1,$$

c'est-à-dire à résoudre des inégalités du premier degré. $4x - 2$ est positif si x est supérieur à $\dfrac{1}{2}$, négatif si x est inférieur à $\dfrac{1}{2}$.

$x - 1$ est positif si x est supérieur à 1, négatif si x est inférieur à 1.

On voit donc que l'inégalité donnée sera vérifiée pour les valeurs de x inférieures à $\dfrac{1}{2}$ et pour les valeurs de x supérieures à 1.

EXERCICES

1. Résoudre les inégalités suivantes, prises isolément, puis combinées deux à deux, trois à trois, etc. :

$$\frac{x}{2} - 3 > 3x - 5,$$

$$3 - \frac{2x}{5} + \frac{7}{2} < 5 - 3x + \frac{x}{6},$$

$$\frac{x-3}{4} + \frac{2x-5}{3} < 1 - 3x,$$

$$\frac{x-1}{2} + \frac{3x}{4} > 1 + 4x.$$

2. Résoudre les inégalités suivantes prises isolément :

$$x(x-1) < 0 ;$$

$$(3x+2)(5x-3) > 0 ;$$

$$(x+2)(3x-1)(7x-11) < 0.$$

3. Résoudre les inégalités suivantes prises isolément :

$$\frac{1}{x-1} + 4 < 3 - \frac{2x}{x-1} ;$$

$$\frac{x+1}{3x-5} - \frac{1}{3} > 2 + \frac{1}{3x-5} ;$$

$$\frac{x}{4x+2} + \frac{2}{5} > 3 - \frac{5}{16x+8}.$$

4. Montrer que l'on a

$$\sqrt{11} + \sqrt{7} > \sqrt{19} + \sqrt{2};$$
$$\sqrt{10} + \sqrt{7} < \sqrt{19} + \sqrt{3}.$$

5. Si a et b ont même signe, montrer que l'on a toujours

$$(1 + a)(1 + b) > 1 + a + b.$$

6. En déduire que si a, b, ..., l sont des nombres positifs, on a

$$(1 + a)(1 + b)\ldots(1 + l) > 1 + a + b + \ldots + l.$$

7. Démontrer que la moyenne arithmétique entre deux nombres positifs inégaux est plus grande que leur moyenne proportionnelle.

8. Décomposer $x^5 + y^5 - x^4y - xy^4$ en un produit de facteurs et en déduire que si x et y sont des nombres positifs, cette expression est toujours positive.

9. Démontrer l'inégalité

$$(a^2 + b^2)(a'^2 + b'^2) - (aa' + bb')^2 \geqslant 0.$$

10. Démontrer que l'on a

$$\sqrt{a^2 + b^2} + \sqrt{a'^2 + b'^2} \geqslant \sqrt{(a + a')^2 + (b + b')^2}$$
$$\geqslant \sqrt{a^2 + b^2} - \sqrt{a'^2 + b'^2}.$$

11. Résoudre les inégalités suivantes :

$$\frac{x(x-1)}{x-2} > 0; \quad \frac{x^2 - 4}{x-1} < 0; \quad \frac{x^2 - 3x}{(x-1)^2} > 0; \quad \frac{x^4 - 1}{(x-2)^3} < 0.$$

12. Résoudre les doubles inégalités suivantes :

$$1 < \frac{2x - 2}{x + 1} < 3; \quad 1 < \frac{3x + 5}{x - 1} < 2; \quad 1 < \frac{2x + 5}{x + 4} < 2.$$

13. Résoudre les inégalités suivantes :

$$\frac{x + a}{2a} < 1; \quad \frac{ax + 2}{x - a} < 0; \quad \frac{(x - a)^3}{(x + a)^3} < -1.$$

14*. Résoudre les inégalités suivantes :

$$2x + 1 < \sqrt{4x^2 + 1}; \quad x + 2 < \sqrt{x^2 + 1}; \quad \sqrt{x + 1} < \sqrt{x + 2};$$
$$2x + 1 > \sqrt{4x^2 - 1}; \quad x > \sqrt{x^2 + x + 1}; \quad \sqrt{x^2 + 1} > \sqrt{3x^2 - 1}.$$

CHAPITRE V

Variations de la fonction $ax + b$.

101. Une équation du premier degré à deux inconnues permet d'établir une correspondance entre les valeurs de ces inconnues ; ayant donné une valeur à l'inconnue x, il en résulte pour y une valeur bien déterminée ; on dit que y est une *fonction* de x *définie* pour toute valeur de x ; x est appelée la *variable indépendante*.

Résolvant l'équation par rapport à y, on peut écrire

$$y = ax + b,$$

a et b étant deux nombres donnés ; la valeur numérique de y est alors celle de l'expression $ax + b$, qui sert de définition à la fonction y.

Nous nous proposons d'étudier comment varient les valeurs de y quand on fait varier x depuis les valeurs négatives jusqu'aux valeurs positives très grandes en valeur absolue ; nous traiterons d'abord quelques exemples.

102. EXEMPLE I. — *Étudier les variations de* $y = 2x - 3$.

L'expression $2x - 3$ s'annule pour la seule valeur $x = \dfrac{3}{2}$; elle est positive, si x est supérieur à $\dfrac{3}{2}$, négative si x est inférieur à $\dfrac{3}{2}$.

Cherchons de quelle façon y varie quand on fait croître x ; donnons à x deux valeurs x_1 et x_2 $(x_2 > x_1)$; les valeurs correspondantes de y sont

$$y_1 = 2x_1 - 3, \qquad y_2 = 2x_2 - 3.$$

La différence

$$y_2 - y_1 = 2(x_2 - x_1)$$

étant alors positive, y_2 est supérieur à y_1, c'est-à-dire, que y croît quand x croît.

Nous allons maintenant montrer que, si x croît sans limite en valeur absolue, y croît sans limite en valeur absolue; d'après ce qui précède, si x a une valeur absolue très grande et est positif, y sera positif, si x a une valeur absolue très grande et est négatif, y sera négatif; il faut donc établir que l'on peut trouver x positif assez grand pour que y dépasse un nombre positif A, si grand qu'il soit, ou que l'on peut trouver x négatif assez grand en valeur absolue pour que y soit inférieur à un nombre négatif — A, si grande qu'en soit la valeur absolue.

Dans le premier cas, il suffira que l'on ait

$$2x - 3 > A, \qquad \text{ou} \qquad x > \frac{A + 3}{2}.$$

Dans le second cas, il suffira que l'on ait

$$2x - 3 < - A, \qquad \text{ou} \qquad x < \frac{- A + 3}{2}.$$

En résumé, quand x passe par toutes les valeurs, depuis les valeurs négatives jusqu'aux valeurs positives très grandes en valeur absolue, y croît constamment depuis les valeurs négatives jusqu'aux valeurs positives très grandes en valeur absolue; on dit, sous une forme abrégée, que *x variant de* $- \infty$ *(moins l'infini)* $à + \infty$ *(plus l'infini)*, *y varie dans le même sens de* $- \infty$ $à + \infty$.

103. EXEMPLE II. — *Étudier les variations de* $y = - 3x + 5$.

L'expression $- 3x + 5$ s'annule pour la valeur $\frac{5}{3}$; elle est positive, si x est inférieur à $\frac{5}{3}$ et négative, si x est supérieur à $\frac{5}{3}$.

Donnons à x deux valeurs x_1 et x_2, et supposons $x_2 > x_1$;

les valeurs correspondantes de y sont

$$y_1 = -3x_1 + 5, \qquad y_2 = -3x_2 + 5.$$

La différence

$$y_2 - y_1 = -3(x_2 - x_1)$$

est négative ; c'est-à-dire, que la valeur de y décroît quand celle de x croît.

Enfin, les valeurs de y peuvent dépasser toute limite en valeur absolue ; ainsi, A étant un nombre arithmétique aussi grand que l'on voudra, si

$$-3x + 5 > A, \qquad \text{ou} \qquad x < \frac{5 - A}{3},$$

y est positif et a une valeur absolue supérieure à A ; de même, si

$$-3x + 5 < -A, \qquad \text{ou} \qquad x > \frac{5 + A}{3},$$

y est négatif et supérieur à A en valeur absolue.

En résumé, x croissant de $-\infty$ à $+\infty$, y décroît constamment de $+\infty$ à $-\infty$.

104. Revenons maintenant au cas général ; l'étude de la variation de la fonction $y = ax + b$ repose sur les théorèmes suivants :

Théorème I. — *A toute valeur de x correspond une valeur de la fonction y ; on peut toujours trouver une valeur de x telle que y ait une valeur donnée à l'avance.*

Ceci résulte de ce fait que l'expression $ax + b$ existe pour toute valeur de x et que l'équation

$$y_0 = ax + b$$

a toujours une solution, le coefficient a n'étant pas nul.

105. Théorème II. — *La fonction $y = ax + b$ est croissante ou décroissante suivant que a est positif ou négatif.*

Une fonction est dite *croissante* dans un intervalle, si elle croît quand la variable croît, *décroissante*, si elle décroît quand la variable croît dans cet intervalle.

Si x_1 et x_2 sont deux valeurs de cet intervalle de x $(x_2 > x_1)$, les valeurs correspondantes de y ont pour différence

$$y_2 - y_1 = a(x_2 - x_1).$$

Cette différence est positive ou négative en même temps que a ; y_2 est donc supérieur à y_1 si a est positif, inférieur à y_1 si a est négatif, c'est-à-dire, que y croît avec x dans le premier cas, et décroît, dans le second cas, quand x croît.

106. Théorème III. — *La valeur absolue de la fonction* $ax + b$ *augmente indéfiniment en même temps que celle de* x.

Il suffit de montrer que la valeur absolue de cette expression peut dépasser toute limite A ; supposons, pour simplifier, que a soit positif et que l'on considère les valeurs positives de y ; il faudra, pour établir le théorème, déterminer x de façon que l'on ait

$$ax + b > A,$$

ce qui a lieu pour

$$x > \frac{A - b}{a}.$$

La démonstration est la même, si l'on suppose a négatif ou si l'on considère les valeurs négatives de y.

107. Remarque. — On peut faire varier x assez peu pour que la variation correspondante de y soit aussi petite qu'on le veut.

En effet, si l'on fait varier x de x_1 à x_2, la variation de y est

$$y_2 - y_1 = a(x_2 - x_1).$$

Cette différence sera plus petite qu'un nombre donné, $\frac{1}{1\,000}$, par exemple, si la variation $x_2 - x_1$ de x est elle-même plus petite que $\frac{1}{a \cdot 1000}$, ce qui est toujours possible. On dit que y est *fonction continue* de x.

108. Coordonnées d'un point. — Traçons dans un plan deux axes rectangulaires $x'Ox$, $y'Oy$ sur lesquels nous choisirons des sens positifs $x'x$, $y'y$; nous les appellerons *axes des coordonnées*. Si l'on projette un point M du plan sur ces axes, en abaissant de ce point des perpendiculaires, on détermine deux projections P et Q, qui sont les extrémités des vecteurs $\overline{OP}$, $\overline{OQ}$, ces vecteurs étant mesurés par des nombres algébriques a et b ; on fait ainsi correspondre à un point M l'ensemble de deux nombres, que l'on appelle les *coordonnées* du point M ; a, qui mesure le vecteur $\overline{OP}$ dirigé suivant $x'Ox$ est l'*abscisse* ; b qui mesure le vecteur $\overline{OQ}$ dirigé suivant $y'Oy$ est l'*ordonnée*.

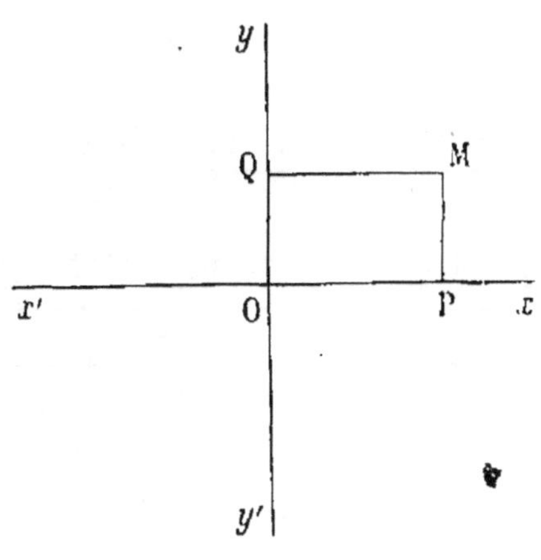

Réciproquement (*), à tout ensemble de deux nombres a et b correspond un point M qui a ces nombres pour coordonnées. En effet, au nombre a correspond un point P bien déterminé de $x'Ox$ et au nombre b correspond un point Q bien déterminé de $y'Oy$; les perpendiculaires menées en P et Q aux axes se rencontrent en un point M, dont les coordonnées sont a et b.

109. Représentation graphique. — Supposons qu'une quantité y dépende d'une autre quantité x, de telle sorte qu'à une valeur x_0 de x corresponde pour y une valeur y_0 ; si l'on dresse un tableau des valeurs correspondantes de x et y, on aura tous les éléments nécessaires pour suivre le sens des variations de y ; mais le grand nombre des indications qui figurent dans un tel tableau rend impossible une appréciation

---

(*) Il pourrait y avoir ambiguïté si l'on ne désignait pas le nombre qui est l'abscisse et celui qui est l'ordonnée : on évite toute difficulté en convenant de nommer l'abscisse, puis l'ordonnée.

exacte et rapide de la façon dont x et y varient simultanément.

Imaginons qu'au lieu de dresser ce tableau, on porte en abscisses les valeurs de x et en ordonnées les valeurs de y correspondantes : les points ainsi déterminés seront les som-

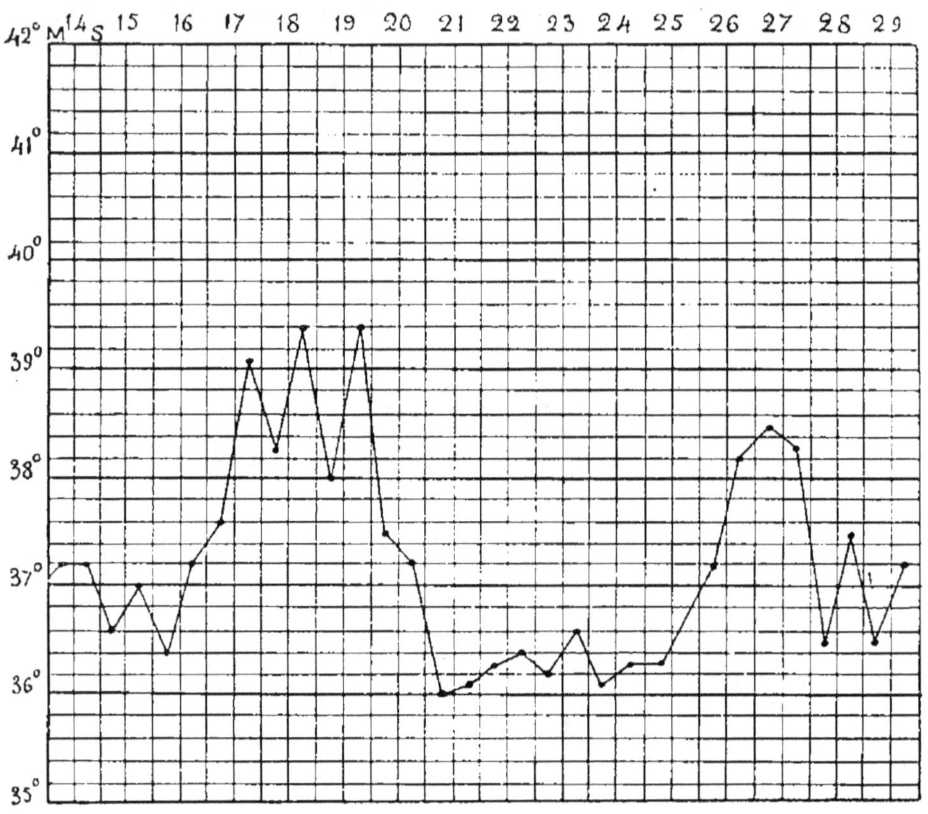

mets d'une ligne brisée ou les points d'une ligne courbe, dont l'aspect suffira pour renseigner immédiatement sur la marche de y suivant les valeurs de x.

Ainsi, les médecins font inscrire sur une feuille quadrillée la température d'un malade prise chaque jour à une heure déterminée ; sur l'axe des abscisses, on porte des longueurs proportionnelles aux nombres de jours écoulés depuis le début de la maladie ; en ordonnées, on porte des longueurs proportionnelles aux températures observées ; dans la figure ci-dessus, on a inscrit les observations du 14 au 29 (*) ; on voit ainsi que la température a augmenté du 16 au 18 et au **19** où elle a atteint 39°,4, puis qu'elle s'est abaissée du 19 au **24** où elle s'est maintenue un peu supérieure à 36° ; enfin qu'elle s'est de nouveau élevée les jours suivants, pour atteindre 38°,5 le **27** et retomber ensuite à une température, plus normale, de 37° environ.

C'est sur le même principe que sont établis les graphiques de chemins de fer, où l'on porte en abscisses des longueurs proportionnelles aux temps et en ordonnées des longueurs proportionnelles aux distances parcourues.

Enfin, tout le monde connaît les appareils enregistreurs, qui tracent eux-mêmes la courbe représentative des variations de la grandeur qu'ils enregistrent.

110. Représentation graphique de $y = 2x - 3$. — Nous allons appliquer cette représentation à une fonction déjà étudiée (102).

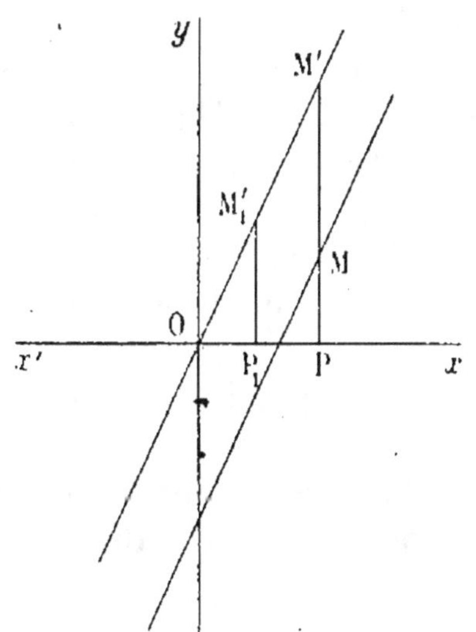

Pour construire un point M d'abscisse x et d'ordonnée $y = 2x - 3$, nous construirons d'abord le point M' d'abscisse x et d'ordonnée $Y = 2x$; portant ensuite à partir de M' dans sens Oy' une longueur 3, nous aurons le point M.

Construisons d'abord la ligne représentative de la fonction $Y = 2x$.

Le point d'abscisse 0 a pour ordonnée 0, c'est-à-dire que la ligne passe par l'origine des coordonnées ; le point M'_1 d'abscisse 1 a pour ordonnée 2 ; soit maintenant M' un point quelconque d'abscisse x et d'ordonnée $2x$.

(*) Sur notre graphique, qui reproduit des observations réellement faites sur un malade, on a noté chaque jour les températures prises matin et soir.

On a

$$\overline{PM'} = 2x, \qquad \overline{OP} = x \, ;$$

$$\overline{P_1M_1'} = 2, \qquad \overline{OP_1} = 1 \, ;$$

$$\frac{\overline{PM'}}{\overline{P_1M_1'}} = \frac{\overline{OP}}{\overline{OP_1}} \qquad \text{et} \qquad \frac{PM'}{P_1M_1'} = \frac{OP}{OP_1} \, .$$

Les triangles OP_1M_1', OPM' ont alors les angles P_1 et P égaux compris entre côtés proportionnels, ils sont semblables et les angles $M_1'OP_1$ et $M'OP$ sont égaux.

La demi-droite OM' coïncide alors avec OM_1' ou est son prolongement, ou est symétrique de OM_1' par rapport à l'un des axes ; dans ce dernier cas, le point M', étant dans l'un des angles xOy', $x'Oy$, aurait ses coordonnées de signes contraires, ce qui n'a pas lieu ; il en résulte que les points O, M', M_1' sont en ligne droite et la ligne représentative de la fonction $Y = 2x$ est une droite issue de l'origine.

On déduit le point M relatif à la fonction $y = 2x - 3$ du point M' relatif à la fonction $Y = 2x$ en menant par M' parallèlement à yOy' et dans le sens Oy' une longueur constante mesurée par le nombre 3 ; le point M décrit donc une parallèle à OM'.

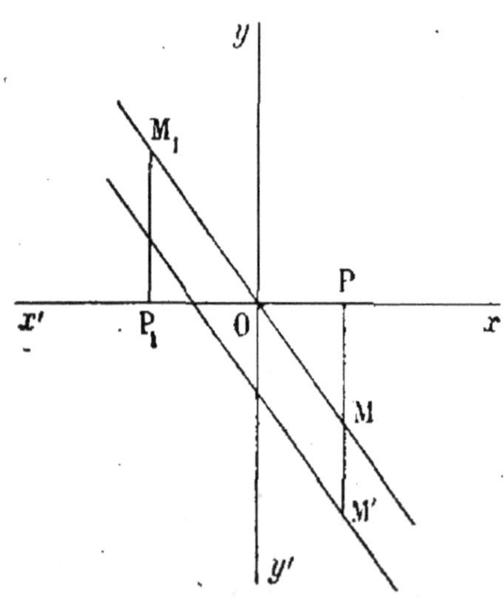

111. Représentation graphique de la fonction

$$y = ax + b.$$

Cherchons d'abord la représentation de la fonction $Y = ax$. Le point d'abscisse 0 a pour ordonnée 0, la ligne passe par l'origine des coordonnées.

Soient α, β les coordonnées d'un point M_1 de cette ligne ; ces coordonnées vérifient la relation

$$\beta = a\alpha \, ;$$

x et Y les coordonnées d'un point M quelconque de la même ligne ; on a

$$\alpha = \overline{OP_1}, \qquad a\alpha = \overline{P_1 M_1},$$
$$x = \overline{OP}, \qquad ax = \overline{PM} ;$$
$$\frac{\overline{PM}}{\overline{OP}} = \frac{\overline{P_1 M_1}}{\overline{OP_1}}.$$

Ces rapports étant égaux, leurs valeurs absolues sont égales :

$$\frac{PM}{OP} = \frac{P_1 M_1}{OP_1}.$$

Les triangles OPM, OP$_1$M$_1$ ont dès lors les angles P et P$_1$ égaux compris entre côtés proportionnels ; ils sont semblables et les angles POM, P$_1$OM$_1$ sont égaux ; la demi-droite OM peut alors occuper quatre positions : être dirigée suivant OM$_1$, suivant son prolongement, être symétrique de OM$_1$ par rapport à l'un des axes.

Ce dernier cas ne peut se présenter ; en effet, si a est positif, β et α ont même signe, ainsi que Y et x ; les points M$_1$ et M sont dans l'un des angles xOy et $x'Oy'$; si a est négatif, β et α ont des signes contraires, ainsi que Y et x ; les points M$_1$ et M sont dans l'un des angles $x'Oy$, xOy'. Les points M et M$_1$ sont donc, ou dans le même angle, ou dans deux angles opposés par le sommet ; et les droites OM$_1$, OM sont confondues ou dans le prolongement l'une de l'autre.

Dans tous les cas, les points O, M$_1$, M sont en ligne droite et la ligne représentative de la fonction $Y = ax$ est une droite passant par l'origine ; elle est dans le premier et le troisième angle, si $a > 0$, dans le second et le quatrième, si $a < 0$.

Considérons maintenant la fonction $y = ax + b$; donnons à x une valeur déterminée ; si M est le point (x, Y) et M' le point (x, y), on a

$$y = Y + b,$$
$$\overline{PM'} = \overline{PM} + b.$$

On déduit donc le point M' du point M, en portant à partir de M parallèlement à $y'Oy$ un vecteur b ; le point M' ainsi obtenu décrit une droite parallèle à la droite qui représente la fonction Y.

On peut remarquer que si b varie, on obtient une série de droites parallèles.

112. Équation d'une droite. — Tous les points du plan dont les coordonnées vérifient l'équation du premier degré à deux inconnues sont, d'après ce qui précède, sur une droite.

Réciproquement, *les coordonnées d'un point d'une droite vérifient une même équation du premier degré à deux inconnues.*

1° Supposons que la droite ne soit parallèle à aucun des axes et qu'elle passe par l'origine; elle sera déterminée par un point M_1 autre que l'origine : soient α, β les coordonnées de ce point et x, y celles d'un point M quelconque de la droite (figure précédente).

Les triangles semblables OMP, OM_1P_1, donnent

$$\frac{MP}{OP} = \frac{M_1P_1}{OP_1},$$

ou

$$\frac{|y|}{|x|} = \frac{|\beta|}{|\alpha|}.$$

D'autre part, les points M et M_1 sont ou dans le même angle ou dans des angles opposés par le sommet, il en résulte que x et y et α, β ont en même temps même signe ou en même temps des signes différents ; les rapports $\frac{y}{x}$ et $\frac{\beta}{\alpha}$ ont donc même signe et on a

$$\frac{y}{x} = \frac{\beta}{\alpha},$$

$$y = \frac{\beta}{\alpha}x ;$$

$\frac{\beta}{\alpha}$ est une constante, que nous désignerons par a : les coordonnées d'un point de la droite vérifient l'équation

$$y = ax.$$

2° Supposons que la droite ne passe pas par l'origine; menons-lui une parallèle par l'origine; soit alors M' un point de la droite donnée ; son ordonnée rencontre la parallèle issue de l'origine en un point M et on a

$$\overline{PM'} = \overline{PM} + \overline{MM'} ;$$

le vecteur $\overline{MM'}$ est d'ailleurs constant ; soit b sa valeur ; la relation entre les ordonnées Y et y des points M' et M sera

$$Y = y + b.$$

Comme on a, d'autre part,

$$y = ax,$$

on en conclut que les coordonnées d'un point M' de la droite donnée vérifient l'équation

$$Y = ax + b.$$

3° Nous avons supposé que la droite n'était pas parallèle aux axes ; si une droite est parallèle à $y'Oy$, l'abscisse d'un point de cette droite est une constante x_0 ; on a pour tout point de cette droite

$$x = x_0.$$

Réciproquement tout point dont les coordonnées vérifient cette équation a une abscisse constante ; il est sur une parallèle à $y'Oy$.

On voit de même que les coordonnées d'un point d'une parallèle à $x'Ox$ vérifient l'équation

$$y = y_0,$$

et que tous les points vérifiant cette équation sont sur une parallèle à $x'Ox$.

En particulier, pour les points de $x'Ox$, on a

$$y = 0,$$

et, pour les points de $y'Oy$,

$$x = 0.$$

113. Coefficient angulaire. — Toutes les droites parallèles à la droite qui a pour équation

$$y = ax$$

ont une équation de la forme

$$y = ax + b.$$

a est donc la constante qui détermine la direction de la droite; on l'appelle *coefficient angulaire* de la droite; c'est le coefficient de x dans l'équation résolue par rapport à y.

Dans le cas particulier où la droite est parallèle à $x'Ox$, le coefficient angulaire est *nul*; si une droite pivote autour de l'origine de façon à devenir parallèle à $y'Oy$, le coefficient angulaire qui est le rapport de l'ordonnée d'un point à son abscisse augmente de plus en plus : c'est pourquoi on dit que le coefficient angulaire d'une parallèle à $y'Oy$ est *infini*.

114. Droite passant par deux points. — Soient (x_1, y_1) et (x_2, y_2) les coordonnées de ces points que nous supposons non situés sur une parallèle aux axes; l'équation de la droite qui les joint est de la forme

$$y = ax + b.$$

Pour connaître les constantes a et b, écrivons que les coordonnées des points vérifient cette équation :

$$y_1 = ax_1 + b,$$
$$y_2 = ax_2 + b.$$

On en déduit, en retranchant membre à membre,

$$y_2 - y_1 = a(x_2 - x_1),$$
$$a = \frac{y_2 - y_1}{x_2 - x_1}.$$

Le coefficient angulaire d'une droite passant par deux points est égal au rapport de la différence des ordonnées de ces points à la différence des abscisses.

Nous avons supposé que les points n'étaient pas sur une parallèle aux axes; s'ils sont sur une parallèle à $x'Ox$, on a $y_1 = y_2$ et l'équation de la droite est $y = y_1$; le coefficient angulaire est nul, résultat conforme à l'énoncé que l'on vient de donner.

EXERCICES

1. Étudier les variations des expressions :

$$4x, \qquad -5x, \qquad 2x+1, \qquad 3x-5,$$
$$-4x+2, \qquad -7x-5, \qquad -6x+7,$$

et construire les droites représentatives.

2. Quelle est l'équation d'une parallèle à la bissectrice de l'angle xOy menée par le point $(1, 2)$?

3. Trouver l'équation d'une droite de coefficient angulaire -3 et passant par le point $(2, -5)$.

4. Trouver les coordonnées du point d'intersection des droites :

$$x+y-1=0 \quad \text{et} \quad x=2 ; \quad 2x-3y+1=0 \quad \text{et} \quad y=3 ;$$
$$2x+4y-5=0 \quad \text{et} \quad 2x+3=0 : \quad 3x-y+4=0 \quad \text{et} \quad 2y-5=0.$$

5. Trouver les équations des droites passant par les deux points :

$$(0,1) \text{ et } (2,3) ; \quad (2,5) \text{ et } (2,3) ; \quad (3,7) \text{ et } (2,7).$$

6. Trouver les équations des droites qui déterminent sur les axes $x'Ox$, $y'Oy$ des vecteurs $\overline{OA}$, $\overline{OB}$ mesurés respectivement par :

$$3 \text{ et } 2, \quad -4 \text{ et } 1, \quad 5 \text{ et } -2, \quad -3 \text{ et } -6, \quad a \text{ et } b.$$

7. Montrer que les droites représentées par les équations

$$x+y-1=0, \qquad 2x+2y+1=0, \qquad 3x-3y=0, \qquad x-y-4=0$$

forment un rectangle ; quels en sont les côtés ?

8. Montrer que, quel que soit λ, les droites qui ont pour équations

$$x+2y-\lambda=0, \qquad x+2y+\lambda-2=0$$

sont équidistantes d'une droite fixe.

9. Montrer que les droites qui ont pour équations

$$2x+3y-\lambda=0, \quad 2x+3y+\lambda=0, \quad x-2y-\mu=0, \quad x-2y+\mu=0$$

forment, quels que soient λ et μ, un parallélogramme dont le centre est fixe.

10. Les coordonnées de deux points étant x_0, y_0 et x_1, y_1, montrer que les coordonnées du milieu de la droite qui les joint sont

$$\frac{x_0+x_1}{2}, \qquad \frac{y_0+y_1}{2}.$$

11. Les coordonnées de deux points A et B étant x_0, y_0 et x_1, y_1, montrer que les coordonnées d'un point M de la droite AB tel que $\dfrac{\overline{MA}}{\overline{MB}} = \lambda$ sont

$$\frac{x_0 - \lambda x_1}{1 - \lambda}, \qquad \frac{y_0 - \lambda y_1}{1 - \lambda}.$$

12. Les coordonnées des sommets d'un triangle sont $(1,3)$, $(2,4)$ et $(3,7)$; trouver les équations des côtés, les coordonnées des milieux des côtés, les équations des médianes et les coordonnées du point de rencontre des médianes.

13. Deux sommets consécutifs d'un carré ont pour abscisse -2 ; leurs ordonnées sont -1 et $+3$; trouver les coordonnées des autres sommets et celles du centre du carré, sachant que celui-ci a une abscisse supérieure à -2.

14. Le centre d'un carré a pour coordonnées -1 et $+3$; un sommet a pour coordonnées -1 et $+1$; trouver les coordonnées des autres sommets, les équations des diagonales et des côtés.

15. Deux sommets opposés d'un parallélogramme ont pour coordonnées $(-2, +2)$, $(+1, -3)$; un troisième sommet est à l'origine des coordonnées. Trouver les coordonnées du quatrième sommet, les équations des diagonales et des côtés.

16. Deux sommets opposés d'un parallélogramme ont pour coordonnées $(-1, +3)$, $(+1, +5)$; quelle relation doit lier les coordonnées d'un autre sommet pour que la figure soit un losange ?

17. Déterminer λ de façon que les droites qui ont pour équations

$$2x + 3y - 1 = 0, \qquad \lambda x + (2\lambda - 1)y - 4 = 0$$

soient parallèles.

18. Déterminer λ de façon que les droites qui ont pour équations

$$x + \lambda y - 2 = 0, \qquad \lambda x + y - 1 = 0$$

soient parallèles. On trouve deux valeurs de λ ; montrer que les deux couples de droites ainsi obtenues forment un rectangle.

19. Sur la droite qui joint l'origine au point dont les coordonnées sont $(-1, +3)$, on prend un point B dont l'abscisse est -2 ; trouver l'équation de la parallèle à la bissectrice de l'angle xOy menée par B, ainsi que les coordonnées des points où cette parallèle rencontre les axes.

20. Deux sommets consécutifs A, B, d'un parallélogramme ABCD ont pour coordonnées $(+2, -3)$, $(+2, -1)$; le sommet C est assujetti à demeurer sur la droite qui a pour équation

$$3x - 2y + 4 = 0.$$

Montrer que le centre et le sommet D du parallélogramme décrivent des droites, dont on cherchera les équations.

21. On donne deux axes rectangulaires $x'Ox$, $y'Oy$; sur Ox, on marque les points A, B, qui ont pour abscisses a, $2a$, a étant un nombre positif donné ; sur Oy, on marque le point C qui a pour ordonnée a. Soit λ l'abscisse d'un point M variable sur $x'Ox$; la droite CM coupe en A' et B' les parallèles à Oy menées par A et B.

Etudier, quand λ varie, la variation de la différence des longueurs AA', BB', et trouver les positions de M pour lesquelles cette différence a une valeur donnée.

CHAPITRE VI

PROBLÈMES DU PREMIER DEGRÉ A UNE INCONNUE

---

115. La résolution d'un problème par l'algèbre comprend trois parties :

1° La mise en équation ;
2° La résolution des équations ;
3° La discussion des solutions obtenues.

Mise en équation. — Mettre un problème en équation, c'est exprimer, à l'aide d'équations entre les inconnues et les données, les conditions indiquées dans l'énoncé. On ne saurait donner de règles précises pour la mise en équation ; toutefois, dans les cas simples, on suppose que l'on connaisse les valeurs des quantités inconnues, et on écrit les égalités qu'il faudrait obtenir pour vérifier l'énoncé de la question ; toute la difficulté réside dans la recherche de ces égalités, qui ne résultent pas toujours d'une façon immédiate de l'énoncé.

Discussion. — Il peut arriver que dans la mise en équation, qui consiste à établir uniquement des relations d'égalité, on ne puisse pas tenir compte de certaines conditions de l'énoncé ; si les racines des équations vérifient ces conditions supplémentaires, elles conviennent au problème ; sinon, il y a lieu de les rejeter. Rechercher si les racines trouvées remplissent toutes les conditions de l'énoncé, c'est discuter le problème.

Quelques exemples feront mieux comprendre comment on peut résoudre un problème au moyen de l'algèbre.

116. Problème I. — *Trouver un nombre tel que sa moitié augmentée de 6 fasse les cinq sixièmes du nombre.*

Mise en équation. — Désignons par x le nombre, *en supposant qu'il existe*; la moitié sera $\dfrac{x}{2}$ et les cinq sixièmes, $\dfrac{5x}{6}$; on devra avoir

$$\frac{x}{2} + 6 = \frac{5x}{6},$$

qui est l'équation du problème.

Résolution. — Multipliant les deux membres par 6, il vient

$$3x + 36 = 5x,$$

ou
$$36 = 2x,$$

et divisant par 2 les deux membres, on trouve

$$x = 18.$$

Nous avons donc un nombre 18, qui vérifie l'équation du problème, car les équations successives sont équivalentes.

Le nombre 18 est le nombre cherché, l'énoncé n'imposant que la seule condition d'égalité écrite.

117. Problème II. — *Quel nombre faut-il ajouter aux deux termes de la fraction* $\dfrac{5}{6}$ *pour obtenir une fraction égale à* $\dfrac{2}{3}$?

Mise en équation — Soit x le nombre inconnu; la nouvelle fraction sera $\dfrac{5 + x}{6 + x}$, et on devra avoir

$$\frac{5 + x}{6 + x} = \frac{2}{3}.$$

Résolution. — En multipliant les deux membres par 3 et $6 + x$, on obtient l'équation

$$3 \times (5 + x) = 2 \times (6 + x).$$

Cette équation est équivalente à la première si $6 + x$ n'est pas nul, ce que nous devons supposer pour que la fraction $\dfrac{5+x}{6+x}$ ait un sens.

L'équation peut s'écrire

$$15 + 3x = 12 + 2x,$$

ou, faisant passer dans le premier membre les termes en x, dans le second membre les termes connus,

$$x = -3,$$

qui est bien solution de l'équation primitive; pour cette valeur, le multiplicateur $x + 6$ est différent de 0.

Discussion. — Le nombre -3 n'étant assujetti à aucune condition supplémentaire, convient bien à la question.

Remarque. — Si l'on se place au point de vue purement arithmétique, cette solution n'a aucun sens et le problème n'a pas de solution.

118. Problème III. — *Dans quel système de numération le nombre 37 est-il écrit 42 ?*

Mise en équation. — Soit x la base du système; le nombre qui est écrit 42 est formé de 2 unités du premier ordre et 4 unités du second ordre ; il contient donc un nombre d'unités simples égal à $2 + 4x$, et on doit avoir, si x est écrit dans le système décimal,

$$2 + 4x = 37.$$

Résolution. — Faisant passer 2 dans le second membre, on a

$$4x = 37 - 2,$$
$$4x = 35.$$

Divisant les deux membre par 4, on trouve la solution

$$x = \frac{35}{4}.$$

Discussion. — La seule solution de l'équation étant un nombre fractionnaire, le problème est *impossible,* la base d'un système de numération devant être un nombre entier.

119. Problème IV. — *Un triangle a pour base 6 mètres et pour hauteur 5 mètres ; inscrire un carré dans ce triangle, un côté de ce carré étant sur la base du triangle.*

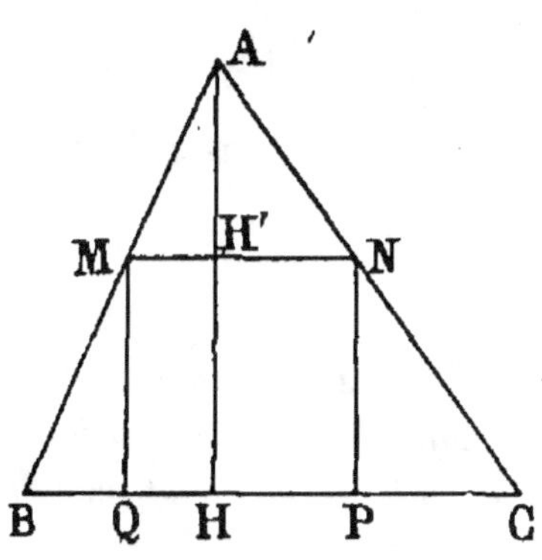

Mise en équation. — Soit le triangle ABC et supposons que l'on puisse y inscrire un carré MNPQ. Ce carré sera déterminé si l'on connaît son côté NP ; il suffira, pour le construire, de tracer une parallèle à BC à une distance de BC égale au côté du carré.

Soit x la longueur de ce côté.

Les triangles AMN, ABC étant semblables, leurs hauteurs sont proportionnelles à leurs bases :

$$\frac{AH'}{AH} = \frac{MN}{BC}.$$

Le point H' étant situé entre A et H, on a

$$AH' = AH - HH' = 5 - x,$$
$$MN = x.$$

L'équation du problème est

$$\frac{5 - x}{5} = \frac{x}{6}.$$

Résolution. — Multipliant les deux membres par 30, il vient

$$6 \times (5 - x) = 5x,$$
$$30 - 6x = 5x,$$
$$30 = 11x,$$

ou

$$x = \frac{30}{11}.$$

Discussion. — Si le problème est possible, le côté du carré a pour longueur $\frac{30}{11}$ de mètre ; mais nous avons vu que la construction du carré inscrit suppose que le côté soit inférieur à la hauteur ; il faut donc vérifier que $\dfrac{30}{11}$ est inférieur à 5. Cette condition étant remplie, le problème est possible et est résolu par le carré de côté $\dfrac{30}{11}$.

120. Problème V. — *Étant données deux circonférences de rayons r et r', trouver le point de rencontre d'une tangente commune extérieure avec la ligne des centres, la distance des centres étant d.*

Mise en équation. — Soient O, O' les centres de ces circonférences ; nous supposons que l'une n'est pas intérieure

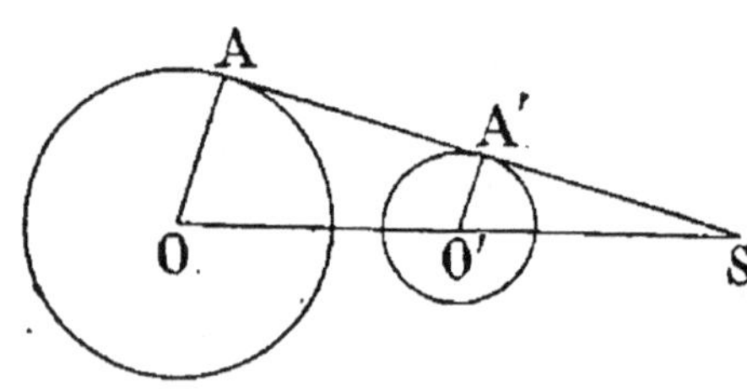

à l'autre. Admettons qu'il existe une tangente commune extérieure rencontrant la ligne des centres en S et tangente aux circonférences aux points A, A'. Cette droite sera déterminée si l'on connaît le point S et si ce point est extérieur aux deux circonférences ; nous supposons ici qu'il est du même côté que O' par rapport à O ; il sera déterminé par O'S ; soit x cette longueur.

Les triangles SOA, SO'A' sont semblables, OA et O'A' étant parallèles, comme perpendiculaires à la même droite SAA' ; on a donc

$$\frac{SO'}{SO} = \frac{O'A'}{OA} ;$$

or,

$$SO' = x, \quad SO = d + x, \quad O'A' = r', \quad OA = r,$$

et on a

$$\frac{x}{d + x} = \frac{r'}{r}.$$

Résolution. — Multipliant les deux membres par $r(d + x)$, il vient $(d + x \neq 0)$

$$rx = r'(d + x),$$

ou
$$r x = r'd + r'x,$$

et, faisant passer les termes en x dans le premier membre,

$$x(r - r') = r'd.$$

Cette équation donne la solution

$$x = \frac{r'd}{r - r'},$$

les rayons r et r' ayant été supposés différents.

Discussion. — Le nombre $\dfrac{r'd}{r - r'}$ trouvé détermine bien le point S; pour que de ce point on puisse mener une tangente, il faut que $\dfrac{r'd}{r - r'}$ soit supérieur à r', c'est-à-dire que le facteur $\dfrac{d}{r - r'}$ de r' dans $\dfrac{r'd}{r - r'}$ doit être supérieur à **1** ; cela a lieu, puisque d est plus grand que $r - r'$, les circonférences n'étant pas intérieures l'une à l'autre.

Remarque. — Dans la discussion, nous n'avons pas supposé $r = r'$, car dans la mise en équation on a supposé essentiellement ces rayons différents ; sans quoi la droite AA' eût été parallèle à OO'. Toutefois, si l'on avait omis de faire cette remarque, on aurait été averti du fait en résolvant l'équation ; dans l'hypothèse $r = r'$, l'équation n'existe plus et les calculs faits conduisent à une égalité impossible.

Il ne sera pas inutile d'insister sur ce cas d'impossibilité du problème. Imaginons que r' devienne de plus en plus voisin de r ; la valeur de x augmentera, puisque son numérateur augmente pendant que son dénominateur diminue ; le point S s'éloignera de plus en plus du point O'. On dit que si r' *tend* vers r, x *augmente indéfiniment*, et la solution $\dfrac{r'd}{r' - r}$, qui n'a aucun sens pour $r' = r$, se présente comme fixant la position limite de la tangente quand r' tend vers r. C'est en ce sens que l'on dit quelquefois que l'équation a une *solution infinie*.

121. Problème VI. — *Trouver un nombre tel que le sixième de ce nombre soit égal à la différence entre la moitié et le tiers du nombre.*

Mise en équation. — Soit x ce nombre ; on doit avoir

$$\frac{x}{6} = \frac{x}{2} - \frac{x}{3} .$$

Résolution. — Multipliant par 6 les deux membres, il vient

$$x = 3x - 2x,$$

ou

$$0 . x = 0 :$$

l'équation se réduit à une identité.

Discussion. — Tout nombre vérifie l'équation ; on doit donc en conclure que l'énoncé exprime une propriété commune à tous les nombres, ce que l'on vérifie aisément.

Il est d'ailleurs utile de vérifier directement de tels faits, quand la discussion les met en évidence ; il peut, en effet, arriver qu'il n'y ait là qu'une apparence due à un calcul mal dirigé, à la présence d'un facteur commun aux deux membres, que l'on aurait pu introduire.

122. Problème VII. — *On donne sur une droite trois points A, B et O. Trouver sur cette droite un point X tel que prenant le milieu M de BX, le point O soit au tiers de AM à partir de A.*

Mise en équation. — Les points sont déterminés par les nombres qui mesurent les vecteurs $\overline{OA}$, $\overline{OB}$, $\overline{OM}$, $\overline{OX}$.

Soient a et b les nombres qui mesurent $\overline{OA}$ et $\overline{OB}$ et x le nombre qui mesure $\overline{OX}$.

M étant le milieu de BX, on a

$$2\overline{OM} = \overline{OB} + \overline{OX}.$$

et O étant au tiers de AM, on a

$$\overline{OM} = -2\overline{OA},$$

ou

$$-4 \cdot \overline{OA} = \overline{OB} + \overline{OX},$$

ou

$$-4a = b + x.$$

Résolution. — De cette équation on déduit immédiatement

$$x = -4a - b.$$

Discussion. — Cette valeur de x détermine complètement la position du point sur la droite ; le problème a donc toujours une solution unique ; suivant le signe de $4a + b$, le point sera d'un côté ou de l'autre du point origine O.

123. Problème VIII. — *Un entrepreneur demande pour transporter des marchandises $0^{fr},25$ par tonne et par kilomètre, et une somme de 9 francs par wagon de 2 000 kilogrammes. A quelle distance transportera-t-il 50 tonnes pour 18 francs ?*

Mise en équation. — Soit x la distance cherchée. Le droit fixe à payer pour les wagons sera, pour 50 000 kilogrammes, 9×25 ; le prix du transport sera

$$0,25 \times 50 \times x.$$

On devra donc avoir

$$9 \times 25 + 0,25 \times 50 \times x = 18.$$

Résolution. — Faisant passer les termes connus dans le second membre, on trouve

$$12,5x = 18 - 225,$$
$$x = -\frac{207}{12,5}.$$

Discussion. — Le nombre x représente ici une longueur et non un vecteur ; c'est donc un nombre arithmétique, et la solution négative, qui convient à l'équation, ne convient pas au problème, qui est impossible, comme on le voit d'ailleurs directement.

Remarque sur les solutions négatives.

124. Dans les exemples qui précèdent, une solution négative donnait tantôt la solution du problème, tantôt indiquait que le problème était impossible ; dans le premier cas, elle était applicable à une grandeur susceptible d'être comptée dans deux sens ; dans le second cas, elle était relative à une grandeur arithmétique.

Il y a donc lieu, dans la mise en équation, de rechercher à quelle espèce de grandeur on a affaire, et de voir si on doit la représenter par un nombre arithmétique ou par un nombre positif ou négatif ; dans ce dernier cas, toute solution conviendra, son signe indiquera dans quel sens il faut considérer la grandeur ; dans le premier cas, l'existence d'une solution négative indiquera l'impossibilité du problème.

Toutefois, comme on est moins familiarisé avec les grandeurs à sens opposés qu'avec les grandeurs arithmétiques, il peut arriver que la mise en équation ait été faite dans cette dernière hypothèse, même lorsqu'on a affaire à des grandeurs à sens opposés ; dès lors, la solution négative, tout en ayant un sens, semblerait indiquer l'impossibilité du problème.

On évitera des erreurs de ce genre en reprenant l'énoncé du problème et cherchant si, comptant la grandeur dans un sens différent de celui qui a été adopté, on est conduit à une équation qui ne diffère de la première que par le changement de signe de l'inconnue ; si cela a lieu, la solution négative convient au problème, ainsi que cela résulte du théorème suivant :

125. Théorème. — *Toute solution négative d'une équation du premier degré à une inconnue, étant prise positivement, satisfait à une équation que l'on obtient en changeant, dans la première, le signe des termes où figure l'inconnue.*

Soit — 5 la solution négative de l'équation

$$15x + 75 = 0$$

On peut écrire

$$15\,(-\,5) + 75 = 0,$$

ou

$$-\,15 \times 5 + 75 = 0,$$

qui exprime que 5 est racine de l'équation

$$-\,15x + 75 = 0.$$

126. Dans les problèmes traités ici, nous avons trouvé des solutions numériques dont il était facile de reconnaître si elles convenaient aux conditions de l'énoncé ; il n'en est pas tout à fait de même quand il s'agit d'un problème dont les données sont littérales ; la discussion est alors plus délicate ; nous nous bornerons à indiquer comment l'étude que nous avons faite des inégalités permet dans un grand nombre de cas de mener à bien cette discussion.

EXEMPLE. — *Dans un triangle rectangle, un côté de l'angle droit est a ; trouver l'hypoténuse, sachant que la somme de l'hypoténuse et de l'autre côté est égale à une longueur donnée l.*

Si l'on désigne l'hypoténuse par x, le second côté de l'angle droit est $\sqrt{x^2 - a^2}$; l'équation du problème est

$$x + \sqrt{x^2 - a^2} = l,$$

ou

$$\sqrt{x^2 - a^2} = l - x.$$

Élevons les deux membres de cette équation au **carré** :

$$x^2 - a^2 = l^2 - 2lx + x^2,$$

ou

$$x = \frac{a^2 + l^2}{2l}.$$

Discussion. — Au point de vue géométrique, x doit être supérieur à a ; mais ceci a lieu, car $x^2 - a^2$ étant ici égal à un carré $(l - x)^2$, est positif.

Au point de vue algébrique, la solution doit être telle que $l - x$ soit positif (70) ; on doit donc avoir

$$\frac{a^2 + l^2}{2l} < l,$$

GRÉVY. — ALGÈBRE.

ou
$$a^2 + b^2 < 2l^2,$$
$$l^2 > a^2 \, ;$$

les nombres l et a étant positifs, le problème sera possible, si l est supérieur à a ; ceci est d'ailleurs conforme aux résultats donnés par le géométrie : le côté a est inférieur à la somme des deux autres.

EXERCICES

1. Deux personnes partent de deux villes distantes de 50^{km} et vont à la rencontre l'une de l'autre ; la première fait 5^{km} à l'heure, la seconde en fait 4 ; la première s'est reposée 1^h et la seconde 2^h avant la rencontre ; au bout de combien de temps se rencontrent-elles et combien chacune d'elles a-t-elle parcouru ?

2. Un marchand a du grain valant 120^{fr} l'hectolitre et du grain valant 88^{fr} ; combien doit-il mélanger de grain de la seconde qualité à 60 hectolitres de la première qualité pour que le mélange vaille 100^{fr} l'hectolitre ?

3. Une citerne peut être remplie par deux robinets respectivement en 20^h et 30^h ; un troisième robinet peut la vider en 18^h. En combien de temps sera-t-elle remplie, si les trois robinets sont ouverts et si elle était vide primitivement ?

4. Un courrier qui fait 6^{km} à l'heure est suivi par un autre courrier, parti 1^h après le premier et qui fait 7^{km},5 à l'heure. Au bout de combien de temps aura lieu la rencontre ?

5. Un vase rempli d'eau et d'alcool pèse vide 0^{kg},5, plein 1^{kg},130 ; son volume est 0^l,750 ; la densité de l'alcool étant 0,8, on demande la quantité d'eau et d'alcool qu'il contient, en supposant qu'il n'y a pas contraction.

6. En distribuant à des enfants les billes contenues dans un sac, on constate que, chaque enfant ayant reçu 12 billes, il en reste 8 ; pour que chacun reçoive 14 billes, il aurait fallu augmenter de 18 le nombre des billes contenues dans le sac ; quel est le nombre des enfants?

7. Un poste de 45 hommes a des vivres pour 38 jours ; au bout de 4 jours, il recueille 6 personnes ; dans quel rapport faut-il réduire la ration quotidienne pour que les vivres puissent encore durer 36 jours?

8. Une tige verticale ABC est brisée en B aux $\dfrac{3}{8}$ de AC; si on incline BC de façon que, B restant fixe, C vienne dans le plan horizontal de A, C est à 4^{dm} de A ; quelle est la longueur AC ?

9. Un père laisse un héritage de 8 600 livres ; suivant le testament, la part de l'aîné de ses enfants doit être inférieure de 100 livres au double de la part du second ; la part du second doit être inférieure de 200 livres au triple de la part du troisième ; la part du troisième doit être inférieure de 300 livres au quadruple de la part du dernier ; quelle est la part de celui-ci, ainsi que celles des autres ? (*Algèbre d'Euler.*)

10. Partager le nombre a en deux parties telles que la somme du quotient de la première par 7 et du quotient de la seconde par 3 soit égale à 10 ; quelles conditions doit remplir a pour que le problème soit possible, a étant entier ainsi que les deux quotients ?

11. Peut-on trouver un nombre x positif tel que si on l'ajoute aux nombres positifs a, $2a$, $3a$, $5a$ on obtienne quatre nombres en proportion, ceux-ci étant pris dans un ordre convenable ?

12. On mesure une longueur L avec un fil et on trouve 7 ; on enlève 5^{cm} à ce fil et on mesure de nouveau L avec le fil ainsi diminué : on trouve 8 ; quelle était, en décimètres, la longueur du fil primitif ?

13. Une personne, partant à 1^h devrait arriver à destination à $1^h 40^{mn}$. Étant partie en retard, elle marche avec une vitesse qui est le produit par k de sa vitesse normale et arrive à destination à $1^h 44^{mn}$; quel était son retard ? Appliquer à $k = \dfrac{10}{7}$.

14. Étant donnés un triangle isocèle et le cercle circonscrit au triangle, à quelle distance du sommet faut-il mener une parallèle à la base pour que le segment déterminé sur cette parallèle par le cercle et le segment déterminé par les côtés du triangle soient dans un rapport donné ? (Solution géométrique et solution algébrique.)

15. Étant donné un quart de cercle, on mène les tangentes à ses extrémités et la corde du quadrant. Trouver une parallèle à l'une des tangentes telle qu'elle soit partagée dans un rapport donné k par la corde, l'arc et l'autre tangente. (Solution géométrique et solution algébrique.)

16. Une montre marque 2^h ; à quels moments entre 2^h et 3^h les aiguilles seront-elles rectangulaires, ou, plus généralement, feront-elles un angle donné α ?

17. Après avoir pris dans un sac la moitié des objets qu'il renferme et 1 objet en plus, on prend le tiers des objets qui restent et 2 objets en plus ; on prend le quart des objets qui restent après la seconde opération et 3 objets en plus. il reste alors 9 objets ; combien y en avait-il dans le sac ?

18. Dans quels systèmes de numération dont la base est inférieure à 30, le nombre 12 ou le nombre 21 sont-ils des multiples des nombres 12 ou 21 du système décimal ?

19. Quel nombre faut-il ajouter aux deux termes de la fraction $\frac{11}{37}$ pour obtenir une fraction égale à $\frac{7}{20}$?

20. Peut-on trouver un nombre tel que si on le retranche du numérateur de la fraction $\frac{15}{92}$ et si on l'ajoute au dénominateur, on obtienne une nouvelle fraction égale à $\frac{5}{4}$?

21. Un rectangle a pour longueur $3^{dam},5$ et pour largeur 82^{dm} ; on augmente une dimension et on diminue l'autre d'une longueur x ; calculer x sachant que la surface ne varie pas.

22. Deux rectangles ont pour dimensions 12^m et 7^m, 15^m et a, de combien faut-il augmenter ou diminuer en même temps ces dimensions pour que les deux nouveaux rectangles soient équivalents ?

23. Quel nombre arithmétique faut-il retrancher des deux termes de la fraction $\frac{a}{17}$ pour obtenir une fraction égale à $\frac{3}{5}$?

24. Un canotier descend une rivière avec une vitesse v par minute, il remonte la rivière avec une vitesse $\frac{2}{5} v$ par minute ; jusqu'à quelle distance peut-il aller pour être de retour au bout de $1^h 45^{mn}$?

25. Les côtés d'un rectangle ont 13^m et 8^m ; de combien faut-il altérer chacun d'eux pour obtenir un rectangle de même périmètre que le premier et dont la surface soit égale à celle du premier augmentée de $6^{m2},25$?

26. Une personne, ayant un tapis rectangulaire usé sur les bords, coupe tout autour une bande de 20^{cm} de largeur ; elle s'aperçoit qu'il reste sur le pourtour des parties défraîchies et enlève de nouveau tout autour une bande de 10^{cm} de largeur. Le rapport des surfaces enlevées est $\frac{33}{74}$. Le tapis étant ensuite entouré d'une bordure valant $4^{fr},30$ le mètre, quel est le prix d'achat de la bordure ? (B. S.)

27. Deux cercles sont tangents extérieurement en A, et au point B, diamétralement opposé à A dans l'un d'eux, on mène la tangente BT. Connaissant les rayons R et R' des deux cercles, calculer le rayon d'un cercle tangent extérieurement aux premiers et tangent à BT.

28. Un cultivateur achète un pré à raison de $5\,000^{fr}$ l'hectare. Après l'acquisition, il s'aperçoit que son pré renferme 7^{dam2} de moins que la contenance pour laquelle il a payé. Néanmoins, il ne fait aucune réclamation, car il a trouvé l'occasion de céder le pré au prix de 60^{fr} l'are, contenance réelle et a gagné 12 % de ce qu'il a déboursé. On demande :

1° de trouver la contenance réelle du pré ;
2° de calculer ses dimensions, sachant qu'il est rectangulaire et que sa longueur est double de sa largeur. (B. E.)

29. Étant donnés une circonférence de diamètre AB et un point M de cette circonférence, on mène la tangente en M, qui coupe en P le prolongement de AB, B étant entre A et P, et on abaisse la perpendiculaire MQ à AB. Déterminer la distance de Q au centre O de la circonférence de façon que l'on ait

$$MP = MQ + QB.$$

30. Classer les nombres x, y, 1, 2 sachant que l'on a

$$(y - x)(y - 2x) < 0 \qquad \text{et} \qquad (x - 1)(y - 2) < 0.$$

CHAPITRE VII

Équations du premier degré à deux inconnues.

127. Une équation du premier degré à plusieurs inconnues admet une infinité de solutions. — On peut, en effet, se donner arbitrairement la valeur d'une inconnue et en déduire, s'il y a deux inconnues, la valeur de la seconde inconnue ; considérons, par exemple, l'équation

$$3x - 5y = 2.$$

Si l'on donne à y la valeur 1, x doit vérifier l'équation

$$3x - 5 = 2,$$

équation qui a pour racine $\dfrac{7}{3}$; les nombres 1 et $\dfrac{7}{3}$ vérifient l'équation.

À toute valeur donnée à y, correspondra une valeur pour x ; cette équation ne détermine donc pas les valeurs de x et y ; de même, si l'équation contient trois, quatre, etc. inconnues, on peut se donner arbitrairement les valeurs de toutes les inconnues, sauf une, que l'on détermine alors par une équation du premier degré à une inconnue.

128. Les théorèmes 56, 61, 68 et leurs conséquences sont applicables à une équation quelconque, qu'elle renferme une ou plusieurs inconnues ; nous pourrons donc faire usage de ces théorèmes pour transformer les équations à plusieurs inconnues considérées isolément.

129. On appelle *système d'équations simultanées* l'ensemble de plusieurs équations entre les inconnues.

Deux systèmes sont dits *équivalents* quand ils admettent les mêmes solutions.

Résoudre un système d'équations simultanées, c'est trouver tous les systèmes de valeurs qui, substituées aux inconnues, transforment ces équations en égalités numériques.

Comme dans le cas de l'équation à une inconnue, la résolution résulte de la transformation du système donné en un système équivalent ; outre les théorèmes relatifs à une équation, deux théorèmes importants relatifs aux systèmes d'équations simultanées permettent cette transformation : à chacun de ces théorèmes correspond une méthode de résolution.

Méthode de substitution.

130. La méthode la plus simple et la plus naturelle est basée sur le théorème suivant :

Étant donné un système d'équations simultanées du premier degré, si, de l'une des équations, on tire la valeur d'une inconnue, en considérant les autres inconnues comme des nombres connus, et si, dans les autres équations, on remplace l'inconnue par l'expression ainsi trouvée, on forme un nouveau système équivalent au premier, ce système étant formé de la première équation et de toutes les autres qui ne renferment plus l'inconnue considérée.

Soit le système

$$\text{I} \begin{cases} 2x + 3y - t = 12, \\ 5x - y + 2t = 4. \end{cases}$$

De la première équation, dans laquelle x et y sont considérés comme des nombres connus, on peut tirer t :

$$t = 2x + 3y - 12.$$

Substituant cette valeur dans la seconde équation, on forme le nouveau système :

$$\text{II} \begin{cases} t = 2x + 3y - 12, \\ 5x - y + 2(2x + 3y - 12) = 4. \end{cases}$$

Ces deux systèmes sont *équivalents*.

1° Tout système de valeurs de x, y, t qui vérifie le système I, vérifie le système II.

De telles valeurs sont solutions de la première équation du système I et, par suite, de la première équation du système II, qui lui est équivalente (57) ; il reste à montrer que ces valeurs vérifient la seconde équation du système II. Or, le polynome

$$2x + 3y - 12$$

a, pour ces valeurs, même valeur numérique que t ; les premiers membres des secondes équations des systèmes I et II, ne différant que par la substitution de $2x + 3y - 12$ à t, ont donc même valeur numérique, qui est ici 4 ; il en résulte que la seconde équation du système II est vérifiée en même temps que celle du système I.

2° Tout système de valeurs de x, y, t qui vérifie le système II, vérifie le système I.

Il suffit encore ici de l'établir pour la seconde équation du système I, les deux premières équations étant équivalentes.

Toute solution de II est telle que le polynome

$$2x + 3y - 12$$

ait même valeur numérique que t ; il en résulte que les premiers membres des secondes équations des deux systèmes ont alors même valeur numérique 4, puisque la seconde équation du système II est vérifiée ; la seconde équation du système I est vérifiée également, son second membre étant 4.

131. Remplacer un système par un système équivalent, dans lequel les équations, sauf une, ne renferment plus l'inconnue t, c'est *éliminer* t entre les équations du premier système.

Résolution de deux équations à deux inconnues.

132. Nous allons appliquer ce théorème à la résolution d'un système de deux équations à deux inconnues ; étudions d'abord le cas où l'une des équations ne contient qu'une inconnue.

Soit le système

$$\text{I} \begin{cases} 3x - 5 = 10, \\ 4x + 7y = 6. \end{cases}$$

Remplaçant la première équation par l'équation équivalente

$$x = 5,$$

et substituant cette valeur à x dans la seconde équation, on a le système équivalent au premier :

$$\text{II} \begin{cases} x = 5, \\ 20 + 7y = 6, \end{cases}$$

qui est équivalent au système

$$\text{III} \begin{cases} x = 5, \\ y = -2. \end{cases}$$

Le système proposé est donc vérifié pour les valeurs 5 et —2 attribuées aux inconnues x et y et n'est vérifié par aucun autre ensemble de valeurs.

133. Considérons maintenant le système

$$\text{I} \begin{cases} 3x - 5y = 1, \\ 4x + 3y = 40. \end{cases}$$

De la première équation, tirons la valeur de x, comme si y était un nombre connu :

$$x = \frac{1 + 5y}{3},$$

et remplaçons x par cette valeur dans la seconde équation ; le système

$$\text{II} \begin{cases} x = \dfrac{1 + 5y}{3}, \\ 4\dfrac{1 + 5y}{3} + 3y = 40 \end{cases}$$

est équivalent au premier ; il peut s'écrire

$$\text{III} \begin{cases} x = \dfrac{1 + 5y}{3}, \\ 4 + 20y + 9y = 120, \end{cases}$$

ou

$$\text{IV} \begin{cases} x = \dfrac{1 + 5y}{3}, \\ 29y = 116. \end{cases}$$

Ce système est du type étudié plus haut ; on peut de la seconde équation tirer la valeur de y et remplacer y par cette valeur dans la première ; le nouveau système

$$\text{V} \begin{cases} x = \dfrac{1 + 20}{3}, \\ y = 4, \end{cases} \qquad \text{ou} \qquad \begin{cases} x = 7, \\ y = 4, \end{cases}$$

est équivalent à tous les précédents ; il est vérifié par les valeurs 7 et 4 attribuées à x et y ; il en est donc de même du système I ; ce système n'a pas d'autre solution.

134. Règle. — *Pour résoudre un système de deux équations à deux inconnues, on résout une équation par rapport à une des inconnues en regardant l'autre comme donnée et on substitue l'expression trouvée dans l'autre équation. Cette équation ne contenant plus alors qu'une inconnue, on tire la valeur de cette inconnue ; puis, portant cette valeur dans l'expression trouvée, on en déduit la valeur de la première inconnue.*

Pour que cette règle soit applicable, il faut que l'on puisse résoudre les équations à une inconnue que l'on considère successivement ; cela n'est pas toujours possible, comme on l'a déjà vu ; quelques exemples vont nous permettre d'examiner les différents cas qui peuvent se présenter.

135. Impossibilité. — Soit le système

$$\text{I} \begin{cases} 3x + 7y = 5, \\ 15x + 35y = 12. \end{cases}$$

De la première équation, tirons x en considérant y comme un nombre connu et substituons l'expression trouvée dans la seconde équation ; le système

$$\text{II}\left\{\begin{array}{l} x = \dfrac{5 - 7y}{3}, \\[2mm] 15\dfrac{5 - 7y}{3} + 35y = 12 \end{array}\right.$$

est équivalent au premier ; on peut l'écrire

$$\text{III}\left\{\begin{array}{l} x = \dfrac{5 - 7y}{3}, \\[2mm] 105y - 105y = 36 - 75. \end{array}\right.$$

Le premier membre de la seconde équation est nul, quelle que soit la valeur attribuée à y ; le second étant différent de zéro, cette équation ne peut être vérifiée par aucune valeur de y.

Le système I n'a donc aucune solution. On dit que les équations données sont *incompatibles*.

Remarque. — On peut aisément expliquer ce résultat en observant que le premier membre de la seconde équation du système I est le produit par 5 du premier membre de la première équation ; la même relation devrait exister entre les seconds membres, ce qui n'a pas lieu ; comparant alors les valeurs de

$$3x + 7y$$

tirées de ces deux équations, on trouverait dans un cas 5 et dans l'autre $\dfrac{12}{5}$, ce qui est impossible si x et y sont supposées avoir les mêmes valeurs dans les deux cas.

136. Indétermination. — Soit le système

$$\text{I}\left\{\begin{array}{l} 2y - 3x = 16, \\[1mm] 14y - 21x = 112. \end{array}\right.$$

De la première équation, tirons x en considérant y comme un nombre connu et remplaçons x par l'expression trouvée

dans la seconde équation ; le système ainsi formé est équivalent au précédent :

$$
\text{II} \quad
\begin{cases}
x = \dfrac{2y - 16}{3}, \\[2ex]
14y - 21\,\dfrac{2y - 16}{3} = 112,
\end{cases}
$$

ou

$$
\text{III} \quad
\begin{cases}
x = \dfrac{2y - 16}{3}, \\[2ex]
42y - 42y = 336 - 336.
\end{cases}
$$

La dernière équation de ce système se réduit à une identité,
de telle sorte que les inconnues x et y ne sont liées que par
une seule équation ; quelle que soit la valeur donnée à y, on
en déduit une valeur pour x. Le système donné est donc vérifié pour une infinité de valeurs données à x et y ; ces valeurs
étant d'ailleurs telles que la connaissance de l'une d'elles
détermine l'autre.

REMARQUE. — Ces résultats pouvaient être prévus, en observant que la seconde équation se déduit de la première par la
multiplication des deux membres par le nombre 7 ; ces deux
équations sont équivalentes et ne constituent en réalité qu'une
seule relation entre x, y et les nombres donnés. Le système
qui, en apparence, est formé de deux équations, ne contient,
en réalité, qu'une seule équation.

137. Il est clair que les observations qui précèdent et que
le procédé de résolution d'un système de deux équations à
deux inconnues s'étendent à un système de plusieurs équations
à plusieurs inconnues ; nous nous bornerons ici à signaler
cette extension, qui ne présente aucune difficulté.

Méthode par addition.

138. La méthode précédente peut, dans certains cas, être
remplacée par une méthode peu différente, qui repose sur le
théorème suivant :

Théorème. — *Étant donné un système d'équations simulta-nées, on forme un système équivalent en remplaçant une équa-tion par l'équation obtenue en ajoutant membre à membre l'équa-tion considérée à plusieurs équations du système.*

Soit le système

$$\text{I} \begin{cases} 3x + 5y = 4, \\ 2x - 7y = 6, \end{cases}$$

et le système obtenu en remplaçant la première équation par l'équation obtenue en ajoutant les deux équations données membre à membre :

$$\text{II} \begin{cases} (3x + 5y) + (2x - 7y) = 4 + 6, \\ 2x - 7y = 6. \end{cases}$$

Ces deux systèmes sont *équivalents*.

Les dernières équations des deux systèmes étant les mêmes, il suffit de s'occuper des premières.

1°. Pour un système de valeurs de x et y qui vérifie I, les polynomes $3x + 5y$ et $2x - 7y$ ont pour valeurs numériques 4 et 6 ; il en résulte que le polynome $3x + 5y + 2x - 7y$ somme des deux premiers a pour valeur numérique $4 + 6$; la première équation du système II est donc vérifiée.

2° La même démonstration établit que les solutions du système II sont solutions du système I ; il suffit de remarquer que $3x + 5y$ est la différence des polynomes qui figurent dans les premiers membres des équations II ; sa valeur numé-rique est donc la différence 4 des valeurs numériques $4 + 6$ et 6 de ces polynomes, lorsque x et y sont remplacés par des solutions du système II ; la première équation du système I est alors vérifiée.

Remarque. — On peut, avant d'ajouter les équations membre à membre, multiplier les deux membres de chacune d'elles par un nombre quelconque non nul, les équations ainsi obte-nues étant équivalentes aux précédentes.

Résolution d'un système d'équations à deux inconnues.

139. I. Soit le système

$$\text{I} \begin{cases} x - 3y = 5, \\ x + 2y = 7. \end{cases}$$

Le théorème précédent permet d'éliminer (*) x entre les deux équations ; il suffit de multiplier les deux membres de la première par — 1 et de remplacer cette équation par l'équation obtenue en l'ajoutant membre à membre à la seconde :

$$\text{II} \begin{cases} 5y = 2, \\ x + 2y = 7. \end{cases}$$

Ce système, équivalent au premier, a pour solution

$$\begin{cases} y = \dfrac{2}{5}, \\ x = \dfrac{31}{5}. \end{cases}$$

II. Soit le système

$$\text{I} \begin{cases} 3x + 2y = 5, \\ 4x + 7y = 2. \end{cases}$$

Pour éliminer x, multiplions les deux membres de la première équation par — 4, les deux membres de la seconde par + 3, et remplaçons la première équation par l'équation formée en ajoutant membre à membre les équations ainsi obtenues ; nous avons ainsi le système équivalent au premier

$$\text{II} \begin{cases} 13y = -14, \\ 4x + 7y = 2. \end{cases}$$

(*) Éliminer x, c'est déduire des deux équations une équation qui ne renferme plus x.

Ce système a pour solution

$$\begin{cases} y = -\dfrac{14}{13}, \\[2mm] x = \dfrac{31}{13}. \end{cases}$$

Ces exemples suffisent pour faire comprendre la méthode de résolution qui résulte du théorème précédent ; ils conduisent à la règle suivante :

140. Règle. — *Pour éliminer une inconnue entre deux équations, on peut multiplier les deux membres de la première équation par le coefficient de l'inconnue dans la seconde, les deux membres de la seconde équation par le coefficient, changé de signe, de l'inconnue dans la première, et ajouter, membre à membre, les équations ainsi obtenues.*

Remarque I. — On peut simplifier un peu ces calculs, lorsque les coefficients de l'inconnue dans les deux équations sont des entiers non premiers entre eux ; la simplification est analogue à celle qui se présente dans la réduction des fractions au même dénominateur en arithmétique.

Ainsi pour éliminer x entre les équations

$$\begin{cases} 12x + 3y = 5, \\ 15x + y = 7, \end{cases}$$

il suffit de multiplier les deux membres de la première par 5, ceux de la seconde par -4 et d'ajouter les équations ainsi obtenues membre à membre :

$$\begin{cases} 12x + 3y = 5, \\ 11y = -3. \end{cases}$$

141. Remarque II. — La méthode par addition ne diffère pas au fond de la méthode de substitution ; il suffit, en effet, dans cette dernière méthode, de chasser le dénominateur qui figure dans l'expression de l'inconnue tirée de la première équation pour retrouver l'équation obtenue par la méthode par addition.

Artifices de calcul.

142. Il arrive quelquefois que les équations présentent certaines particularités, dont on peut profiter pour simplifier leur résolution ; l'habitude du calcul permet de trouver des procédés sur lesquels il est impossible de donner d'indications générales ; toutefois, il est bon d'attirer l'attention sur un cas très important qui se présente souvent.

Lorsque, dans une question, certains éléments entrent symétriquement, il y a avantage, pour la facilité et l'élégance des calculs, à conserver cette symétrie ; quelques exemples montreront comment on peut procéder.

EXEMPLE I. — Résoudre le système

$$\begin{cases} x + y = a, \\ y + z = b, \\ z + x = c. \end{cases}$$

Ajoutant ces équations membre à membre, il vient l'équation

$$2(x + y + z) = a + b + c,$$

ou

$$x + y + z = \frac{a + b + c}{2},$$

qui peut remplacer une quelconque des équations du système. On obtiendra x en retranchant de cette équation la seconde équation du système :

$$x = \frac{a + b + c}{2} - b = \frac{a + c - b}{2}.$$

On trouve de même

$$y = \frac{a + b - c}{2},$$

$$z = \frac{b + c - a}{2}.$$

EXEMPLE II. — Résoudre le système

$$\frac{x}{a} = \frac{y}{b} = \frac{z}{c}, \qquad x + y + z = d.$$

Pour conserver la symétrie entre les lettres x, y, z, il est commode d'introduire une inconnue auxiliaire t, qui est le rapport commun des inconnues x, y, z aux nombres a, b, c.

Nous considérerons le système

$$\begin{cases} \dfrac{x}{a} = \dfrac{y}{b} = \dfrac{z}{c} = t, \\ x + y + z = d, \end{cases}$$

que l'on peut écrire

$$\begin{cases} x = at, \\ y = bt, \\ z = ct, \\ x + y + z = d. \end{cases}$$

Remplaçant x, y, z par les expressions at, bt, ct, le système devient

$$\begin{cases} x = at, \\ y = bt, \\ z = ct, \\ (a + b + c)t = d. \end{cases}$$

La dernière équation donne

$$t = \frac{d}{a + b + c},$$

et les valeurs de x, y, z sont alors

$$x = \frac{ad}{a + b + c},$$

$$y = \frac{bd}{a + b + c},$$

$$z = \frac{cd}{a + b + c}.$$

143. Rappelons en terminant que, comme dans le cas des équations à une inconnue, on peut ramener à la résolution d'un système d'équations du premier degré certains systèmes d'équations de degré supérieur ou même d'équations dont les membres ne sont pas rationnels.

EXEMPLE. — Soit à résoudre le système

$$\begin{cases} \dfrac{1}{x} + \dfrac{1}{y} = 6, \\[2mm] \dfrac{3}{x} - \dfrac{5}{y} = 7. \end{cases}$$

Prenons comme inconnues auxiliaires $\dfrac{1}{x} = z$, $\dfrac{1}{y} = t$, nous avons le système

$$\begin{cases} z + t = 6, \\ 3z - 5t = 7, \end{cases}$$

qui est vérifié par les valeurs

$$z = \frac{37}{8}, \qquad t = \frac{11}{8}.$$

On en conclut que les valeurs de x et y qui vérifient le système donné sont

$$x = \frac{8}{37}, \qquad y = \frac{8}{11}.$$

EXERCICES

1. Résoudre les systèmes

$$\begin{cases} x + 4y = 14, \\ x + 11y = 35; \end{cases} \qquad \begin{cases} 3x - 5y = 11, \\ x + 2y = 11; \end{cases} \qquad \begin{cases} 2x + 7y = -3; \\ 2x - 5y = 9; \end{cases}$$

$$\begin{cases} 3x - 5y = 11, \\ 2x - 7y = 22; \end{cases} \qquad \begin{cases} 4x + 7y = 41; \\ 3x + 2y = 21; \end{cases} \qquad \begin{cases} 5x + 11y = -32, \\ 7x - 12y = 147; \end{cases}$$

$$\begin{cases} 8x - 11y = 97, \\ 2x + y = -17; \end{cases} \qquad \begin{cases} 7x + y = 10, \\ 3x - 4y = 22; \end{cases} \qquad \begin{cases} 4x - 9y = 82, \\ 3x + 5y = 38; \end{cases}$$

$$\begin{cases} 3x + 11y = 5, \\ 3x - 7y = 13; \end{cases} \qquad \begin{cases} 2x - 3y = 5, \\ 7x - 15y = 31; \end{cases} \qquad \begin{cases} 4x + 7y = 15, \\ 2x - 3y = 9; \end{cases}$$

$$\begin{cases} 7x - 12y = 4, \\ 8x + 3y = 15; \end{cases} \qquad \begin{cases} 6x + 4y = 11, \\ x + 7y = 8; \end{cases} \qquad \begin{cases} 4x + 12y = 11, \\ 3x - 2y = 13. \end{cases}$$

2. Résoudre les systèmes

$$\begin{cases} 42x + 15y = 2, \\ 28x + 10y = 11; \end{cases} \qquad \begin{cases} 3x + 7y = 13, \\ 9x + 21y = 15; \end{cases} \qquad \begin{cases} 35x - 42y = 17, \\ 15x - 18y = -4; \end{cases}$$

$$\begin{cases} 18x + 30y = 13, \\ 54x + 90y = 39; \end{cases} \qquad \begin{cases} 6x - 5y = 18, \\ 12x - 10y = 36; \end{cases} \qquad \begin{cases} 11x - 7y = -9, \\ 77x - 49y = -63. \end{cases}$$

3. Résoudre les systèmes

$$\begin{cases} \dfrac{3}{x} + \dfrac{6}{y} = 1, \\[2mm] \dfrac{9}{x} - \dfrac{12}{y} = 2; \end{cases} \qquad \begin{cases} -\dfrac{6}{x} + \dfrac{8}{y} = 5, \\[2mm] \dfrac{1}{x} + \dfrac{3}{2y} = -4; \end{cases} \qquad \begin{cases} \dfrac{1-x}{1-2x} - y = 4, \\[2mm] 3\dfrac{1-x}{1-2x} + 5y = 2; \end{cases}$$

$$\begin{cases} \dfrac{3x+2}{2x+1} + \dfrac{y-4}{2y+2} = 2, \\[2mm] \dfrac{15x+10}{2x+1} + \dfrac{3y-12}{2y+2} = 8; \end{cases} \qquad \begin{cases} \dfrac{2x-3}{x-4} + \dfrac{4y+1}{2y-1} = 2, \\[2mm] \dfrac{2x-3}{3x-12} - \dfrac{4y+1}{6y-3} = \dfrac{1}{2}; \end{cases}$$

$$\begin{cases} \dfrac{\dfrac{x}{3} + \dfrac{1}{2}}{\dfrac{2x}{3} - 1} - \dfrac{\dfrac{2y}{5} - 1}{\dfrac{y}{5} + \dfrac{1}{2}} = 1, \\[6mm] \dfrac{\dfrac{2x}{3} + 1}{\dfrac{2x}{3} - 1} + \dfrac{\dfrac{2y}{5} - 1}{\dfrac{y}{5} + \dfrac{1}{2}} = \dfrac{9}{2}. \end{cases}$$

4. Résoudre les systèmes suivants :

$$\begin{cases} 4x^2 + \dfrac{y^2}{9} = 5, \\[2mm] 12x^2 - \dfrac{y^2}{9} = -1; \end{cases} \qquad \begin{cases} \dfrac{x^2}{2} - 5y^2 = -2, \\[2mm] \dfrac{3x^2}{2} + y^2 = 58; \end{cases} \qquad \begin{cases} \dfrac{x^2}{3} + \dfrac{y^2}{2} = \dfrac{5}{6}, \\[2mm] \dfrac{4x^2}{3} - y^2 = \dfrac{1}{3}; \end{cases}$$

$$\begin{cases} \left(\dfrac{x-1}{x}\right)^2 + 6y = 6, \\[2mm] \left(\dfrac{x-1}{x}\right)^2 - 2y = -2; \end{cases} \qquad \begin{cases} 4\sqrt{x} + y^2 = 5, \\[2mm] 10\sqrt{x} - 2y^2 = -\dfrac{11}{2}; \end{cases} \qquad \begin{cases} \sqrt{x} + \sqrt{y} = \dfrac{1}{2}, \\[2mm] \sqrt{x} - \dfrac{2}{3}\sqrt{y} = -\dfrac{1}{6}. \end{cases}$$

5. Résoudre les systèmes suivants :

$$\begin{cases} \dfrac{6x}{2x-1} + \dfrac{15y}{6y-1} = \dfrac{11}{2}, \\[2ex] \dfrac{2x}{2x-1} + \dfrac{3y}{6y-1} = -\dfrac{3}{2}; \end{cases} \qquad \begin{cases} \dfrac{2x}{3y} + \dfrac{3y}{2x} = 2, \\[2ex] 2x + 3y = 3; \end{cases} \qquad \begin{cases} 9x^2 + 4y^2 = 8, \\[2ex] \dfrac{3x}{2y} - \dfrac{2y}{3x} = 0; \end{cases}$$

$$\begin{cases} \dfrac{2x+1}{3y-1} = 25\dfrac{3y-1}{2x+1}, \\[2ex] \left(\dfrac{2x+1}{3y-1}\right)^2 = 2x + 3y; \end{cases} \qquad \begin{cases} 3\sqrt{x} - 5\sqrt{y} = 0, \\[2ex] xy = \dfrac{1}{225}; \end{cases}$$

$$\begin{cases} \dfrac{\sqrt{x}+\sqrt{y}}{\sqrt{x}-\sqrt{y}} + \dfrac{\sqrt{x}-\sqrt{y}}{\sqrt{x}+\sqrt{y}} = \dfrac{26}{5}, \\[2ex] x - y = 5. \end{cases}$$

CHAPITRE VIII

Formules générales pour la résolution de deux équations à deux inconnues.

144. On peut toujours mettre deux équations du premier degré à deux inconnues sous la forme

$$\text{I} \begin{cases} ax + by = c, \\ a'x + b'y = c', \end{cases}$$

a, b, c, a', b', c' étant des quantités supposées connues.

Pour résoudre ce système, nous pouvons employer la méthode de substitution ; remarquons d'abord que tous les coefficients a, b, a', b' ne peuvent être nuls, sans quoi il n'y aurait plus d'équations ; supposons $a \neq 0$.

Nous pouvons alors résoudre la première équation par rapport à x et nous obtenons le système

$$\text{II} \begin{cases} x = \dfrac{c - by}{a}, \\ a' \dfrac{c - by}{a} + b'y = c', \end{cases}$$

ou, en réduisant,

$$\text{III} \begin{cases} x = \dfrac{c - by}{a}, \\ y(ab' - ba') = ac' - ca'. \end{cases}$$

1° Supposons $ab' - ba' \neq 0$. — La seconde équation a une solution unique donnée par la relation

$$y = \frac{ac' - ca'}{ab' - ba'}.$$

Substituant cette valeur dans la première équation, nous trouvons une valeur pour x :

$$x = \frac{c - b\dfrac{ac' - ca'}{ab' - ba'}}{a} = \frac{cb' - bc'}{ab' - ba'}.$$

Nous voyons que, sous les conditions $a \neq 0$, $ab' - ba' \neq 0$, le système a une solution unique ; remarquons d'ailleurs que l'hypothèse $ab' - ba' \neq 0$ entraine l'hypothèse que tous les coefficients ne sont pas nuls.

Sous la seule condition $ab' - ba' \neq 0$, les équations (I) *admettent un système unique de solutions.*

145. Remarque. — La composition des formules qui donnent le système de solutions est facile à retenir ; le dénominateur commun est la différence des produits en croix des coefficients des inconnues ; quant au numérateur d'une inconnue, il se déduit du dénominateur par la substitution du terme connu de l'équation au coefficient de l'inconnue de l'équation ; ainsi pour former le numérateur de x, on remplace a et a', coefficients de x dans les équations, par c et c', termes connus de ces équations.

Il faut remarquer toutefois que ces termes connus doivent être dans le second membre.

Exemple : Soit le système

$$3x - 5y = 1,$$
$$2x + y = 5.$$

Le dénominateur est $3 \times 1 - 2 \times (-5) = 13$.
Le numérateur de x est $1 \times 1 - 5 \times (-5) = 26$.
Le numérateur de y est $3 \times 5 - 2 \times 1 = 13$.
On a donc pour système de solutions

$$x = \frac{26}{13} = 2, \qquad y = \frac{13}{13} = 1.$$

146. 2° $ab' - ba' = 0$. La seconde équation du système III n'existe plus ; deux cas peuvent alors se présenter : ou $ac' - ca' = 0$, et alors ce système se réduit à une seule équation, la seconde étant une identité ; dans cette hypothèse, on peut donner à y une valeur arbitraire et la première équation donne pour x une valeur déterminée ; le système III et, par suite, le système I est *indéterminé*.

Si, en second lieu, $ac' - ca'$ est différent de zéro, le système III déduit du système I, renferme une égalité qui ne peut avoir lieu ; il n'existe donc aucun ensemble de valeurs pour x et y qui puissent vérifier le système III et, par suite, le système I. Ce système est *impossible*.

147. Ces résultats peuvent s'expliquer en considérant directement les équations I.

L'hypothèse $ab' - ba' = 0$ donne entre a, b, a', b' la relation (si $a'b'$ est différent de zéro)

$$\frac{a}{a'} = \frac{b}{b'}.$$

Supposant a, b, a', b', différents de 0, et désignant par k la valeur commune des rapports précédents, nous avons

$$a = ka', \qquad b = kb'.$$

Le système I peut être mis sous la forme

$$\left\{ \begin{aligned} k(a'x + b'y) &= c, \\ a'x + b'y &= c', \end{aligned} \right. \qquad \text{ou} \qquad \left\{ \begin{aligned} a'x + b'y &= \frac{c}{k}, \\ a'x + b'y &= c'. \end{aligned} \right.$$

Quelles que soient les valeurs attribuées aux lettres x et y, on conclut de ces égalités la relation

$$\frac{c}{k} = c' \qquad \text{ou} \qquad \frac{c}{c'} = k$$

ou
$$\frac{a}{a'} = \frac{b}{b'} = \frac{c}{c'},$$

qui entraîne la relation

$$ac' - ca' = 0,$$

c et c' étant supposés différents de 0.

Le système I ne peut donc être vérifié que si cette condition est remplie ; et, dans ce cas, il se réduit à une seule équation.

Remarquons d'ailleurs que le résultat est le même si l'un des nombres c, c' est nul ; la relation $\dfrac{c}{k} = c'$ montre que l'autre doit être nul, et alors la relation

$$ac' - ca' = 0$$

est encore vérifiée si le système I admet des solutions.

148. Nous avons supposé les coefficients a, b, a', b' non nuls ; ces coefficients n'étant pas tous nuls, nous pouvons prendre le coefficient a différent de zéro.

Si a' est nul, la relation

$$ab' - ba' = 0$$

entraîne la relation

$$b' = 0.$$

Le système I se réduit alors à

$$\left\{ \begin{aligned} ax + by &= c, \\ 0 &= c', \end{aligned} \right.$$

qui ne peut être vérifié que si $c' = 0$; cette dernière égalité est d'ailleurs équivalente à

$$ac' - ca' = 0.$$

Si, en second lieu, nous supposons $b = 0$, l'égalité

$$ab' - ba' = 0$$

montre que b' doit être nul, et le système se réduit à

$$\left\{ \begin{aligned} ax &= c, \\ a'x &= c'. \end{aligned} \right.$$

Ces deux équations ne peuvent être vérifiées en même temps que si

$$\frac{c}{a} = \frac{c'}{a'} \qquad \text{ou} \qquad ac' - ca' = 0.$$

149. La discussion précédente peut être résumée dans le tableau suivant :

$$ab' - ba' \neq 0 \quad \dots\dots\dots \quad \text{un système de solutions.}$$

$$ab' - ba' = 0 \begin{cases} ac' - ca' \neq 0 & \text{pas de solutions.} \\ ac' - ca' = 0 & \text{système indéterminé.} \end{cases}$$

Remarquons que les égalités

$$ac' - ca' = 0, \qquad ab' - ba' = 0$$

entraînent l'égalité

$$bc' - cb' = 0.$$

150. Il peut arriver dans la solution d'un problème, que l'on ait à écrire un système d'équations dont les coefficients soient tous nuls dans un cas particulier. Si alors les constantes c et c' sont nulles, le système d'équations se réduit à deux identités. Si l'une de ces constantes est différente de zéro, le problème est impossible.

151. Appliquons ces résultats au système

$$\begin{cases} x + \lambda y = \mu, \\ 3x + y = 2\mu. \end{cases}$$

Formons la quantité $ab' - ba'$:

$$ab' - ba' = 1 - 3\lambda.$$

1° $1 - 3\lambda \neq 0$ ou $\lambda \neq \dfrac{1}{3}$, le système a une solution unique quelle que soit la valeur donnée à μ.

2° $1 - 3\lambda = 0$ ou $\lambda = \dfrac{1}{3}$. Il peut y avoir impossibilité ou indétermination ; formons $ac' - ca'$:

$$ac' - ca' = 2\mu - 3\mu = -\mu.$$

Si $\mu = 0$, le système est indéterminé ; on peut donner à x une valeur arbitraire ; la valeur de y sera donnée par la relation

$$y + 3x = 0 \qquad \text{ou} \qquad y = -3x.$$

Si $\mu \neq 0$, le système n'a aucune solution.

Le tableau suivant résume la discussion :

$$\lambda \neq \frac{1}{3} \ldots \ldots 1 \text{ solution.}$$

$$\lambda = \frac{1}{3} \left\{ \begin{array}{l} \mu = 0 \text{ indétermination} \\ \mu \neq 0 \text{ impossibilité.} \end{array} \right. \qquad y = -3x,$$

Interprétation géométrique.

152. Intersection de deux droites. — Nous avons vu (112) que les coordonnées d'un point d'une ligne droite vérifient une équation du premier degré à deux inconnues et que, réciproquement, tout point, dont les coordonnées vérifient une telle équation, appartient à une droite bien déterminée. Autrement dit, à toute équation du premier degré entre une ou deux variables correspond une droite, dont on dit qu'elle est l'équation.

Si on considère, d'une part, deux équations du premier degré à une ou à deux inconnues et, d'autre part, les droites qu'elles représentent, les valeurs des inconnues qui satisfont simultanément aux deux équations sont les coordonnées d'un point qui appartient à la fois aux deux droites et, réciproquement, les coordonnées du point commun aux droites, si elles se coupent, satisfont à la fois aux deux équations. Le problème de la recherche des solutions d'un système de deux équations du premier degré à une ou deux inconnues est ainsi identique à celui de la recherche du point commun à deux droites.

Les résultats de la discussion précédente (149) trouvent dans cette remarque une explication géométrique simple.

1° $ab' - ba' \neq 0$; les équations ont une solution unique et les droites correspondantes se coupent ; ceci résulte d'ailleurs du fait qu'elles ne sont pas parallèles : leurs coefficients angulaires sont, en effet, $-\dfrac{a}{b}$, $-\dfrac{a'}{b'}$ et ils ne sont pas égaux, sans quoi on aurait

$$-\frac{a}{b} = -\frac{a'}{b'}, \qquad \text{ou} \qquad ab' - ba' = 0.$$

2° $ab' - ba' = 0$, $ac' - ca' \neq 0$; les équations n'ont pas de solution ; les droites ont alors même coefficient angulaire et sont parallèles ou confondues ; ce dernier cas ne peut se présenter, car leurs points situés sur l'axe $x'Ox$ ont pour abscisses respectives

$$-\frac{c}{a}, \qquad -\frac{c'}{a'},$$

quantités inégales puisque l'on suppose $ac' - ca' \neq 0$.

3° $ab' - ba' = 0$, $ac' - ca' = 0$; les équations se réduisent à une seule, tout système de solutions de la première satisfaisant à la seconde ; les droites sont, d'après ce qui précède, parallèles et rencontrent l'axe $x'Ox$ au même point; elles sont ainsi confondues, ou plutôt, il n'y a qu'une droite, dont on a mis l'équation sous deux formes différentes.

Remarquons qu'en divisant les membres des équations par a et a', on a supposé $a \neq 0$ et $a' \neq 0$; on voit aisément que ce qui précède est applicable au cas où ces deux nombres sont nuls, comme au cas où l'un d'eux seul est nul.

Reprenons ces résultats généraux en les appliquant à l'exemple précédent (151).

La seconde droite a pour coefficient angulaire -3, la première a pour coefficient angulaire $-\dfrac{1}{\lambda}$; si $-\dfrac{1}{\lambda} \neq -3$ ou $\lambda \neq \dfrac{1}{3}$, les droites ne sont pas parallèles ; il y a un point commun aux deux droites, une solution pour le système des équations.

Si $\lambda = \dfrac{1}{3}$, les droites sont parallèles à moins que μ ne soit nul, auquel cas elles passent par l'origine et il n'y a en réalité qu'une seule droite.

Inégalités.

153. Nous avons appris à résoudre des inégalités du premier degré renferment une inconnue ; tous les théorèmes établis à ce sujet sont valables pour des inégalités dans lesquelles figurent plusieurs inconnues ; mais il est malaisé d'en déduire un moyen de résoudre celles-ci à cause de la complexité des relations entre les valeurs des inconnues qui y satisfont simultanément.

La représentation géométrique des variables x, y comme coordonnées d'un point d'un plan permet de définir simplement tout ensemble de nombres x, y qui satisfont à une inégalité du premier degré à deux inconnues.

Pour mieux saisir le procédé géométrique dont nous allons parler, nous l'appliquerons d'abord au cas particulier qui a été résolu, celui d'inégalités ne renfermant chacune qu'une inconnue ; ce sera une traduction géométrique de la solution algébrique donnée (97, 99, 100).

Considérons l'inégalité

$$3x - 5 > 0 \; ;$$

elle est satisfaite pour toute valeur de x supérieure à $\dfrac{5}{3}$ et ne l'est pour aucune autre valeur de x ; si l'on trace la droite D dont l'équation est

$$3x - 5 = 0,$$

tout point M situé à droite de D a une abscisse supérieure à $\dfrac{5}{3}$; tout point M′ situé à gauche de D a une abscisse inférieure à $\dfrac{5}{3}$. Les points M ont ainsi des abscisses vérifiant l'inégalité donnée, les points M' ont des abscisses vérifiant l'inégalité

$$3x - 5 < 0.$$

Considérons encore les inégalités

$$-3y + 2 > 0, \qquad -3y + 2 < 0 ;$$

la première est vérifiée si y est inférieur à $\dfrac{2}{3}$, et la seconde si y est supérieur à $\dfrac{2}{3}$; si donc on considère la droite D' qui a pour équation

$$-3y + 2 = 0,$$

tout point M situé au-dessous de D' a une ordonnée qui satisfait à la première inégalité ; tout point M' situé au-dessus de D' a une ordonnée qui satisfait à la seconde inégalité.

Dans ces deux exemples, on voit que si l'on considère une droite parallèle à l'un des axes, c'est-à-dire dont l'équation renferme une seule variable x ou y, et si on écrit cette équation en faisant passer tous ses termes dans le premier membre, cette droite sépare le plan en deux régions : si on substitue à la variable qui figure dans le premier membre de l'équation la coordonnée correspondante d'un point d'une région, ce premier membre prend une valeur positive ; si on substitue la coordonnée d'un point de l'autre région, ce premier membre prend une valeur négative ; pour rappeler ce fait, nous dirons que la première région est la région positive de la droite, que la seconde est la région négative de la droite.

Ceci est d'ailleurs général et ne dépend nullement des exemples choisis, comme il est facile de le voir.

Soit, en effet, une droite D, parallèle à l'axe $x'Ox$, et ayant pour équation

$$ay + b = 0 ;$$

on peut l'écrire

$$a\left(y + \frac{b}{a}\right), \qquad \text{ou} \qquad a(y - y_0),$$

en posant $y_0 = -\dfrac{b}{a}.$

Si a est positif, pour tout point situé au-dessus de D, $y - y_0$ est positif, ainsi que $a(y - y_0)$ ou $ay + b$; pour tout point situé au-dessous de D, $y - y_0$ est négatif, ainsi que $a(y - y_0)$ ou $ay + b$.

De même, si a est négatif, pour tout point situé au-dessus de D, $y - y_0$ est positif et $a(y - y_0)$ ou $ay + b$ est négatif ; pour tout point situé au-dessous de D, $y - y_0$ est négatif et $a(y - y_0)$ ou $ay + b$ est positif.

Remarquons d'ailleurs que les expressions *région positive* et *région négative* de la droite ne se rapportent pas à la droite géométrique prise en elle-même, mais à la forme particulière de son équation ; il est clair que si on choisit pour équation d'une droite

$$3x - 5 = 0 \qquad \text{ou} \qquad -3x + 5 = 0,$$

on ne modifie pas la droite, mais on échange, en passant d'une équation à l'autre, les régions positive et négative.

154. Application I. — *Résoudre les inégalités simultanées*

$$x + 2 > 0, \quad 3 - x > 0, \quad y - 1 > 0, \quad y - 2 < 0.$$

Égalant à zéro les premiers membres de ces inégalités, nous obtenons les équations

$$x + 2 = 0, \quad 3 - x = 0,$$
$$y - 1 = 0, \quad y - 2 = 0,$$

qui représentent deux droites D_1, D_2, parallèles à $y'Oy$, et deux droites D'_1, D'_2, parallèles à $x'Ox$.

L'origine a pour abscisse 0, pour ordonnée 0 ; elle est donc dans la région positive de D_1, de D_2, et dans la région négative de D'_1, de D'_2.

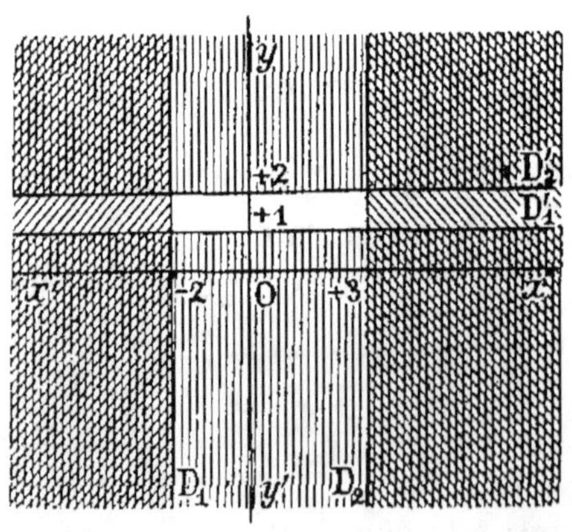

Comme les trois premières inégalités correspondent aux régions positives des droites D_1, D_2, D'_1, on devra prendre les points qui sont, par rapport à D_1, D_2, du même côté que l'origine, et, par rapport à D_1', les points qui ne sont pas du même côté que l'origine ; comme la dernière inégalité correspond à la région négative de D_2', on prendra les points situés du même côté que l'origine par rapport à D_2.

Traçant des hachures sur les régions qui ne correspondent pas aux inégalités données, il subsiste une région constituée par l'intérieur du rectangle formé par les droites D_1, D_2, D_1', D_2' ; les quatre inégalités seront vérifiées simultanément pour les ensembles de valeurs x, y qui sont coordonnées de tout point intérieur à ce rectangle et ne seront pas vérifiées simultanément pour un ensemble de valeurs x, y correspondant aux coordonnées d'un point extérieur à ce rectangle.

155. Application II. — *Résoudre l'inégalité*

$$(3 - x)(2 + x)(y - 2) < 0.$$

Le premier membre est un produit de facteurs ; il sera négatif uniquement quand le nombre des facteurs **négatifs sera** impair ; on pourrait chercher les régions négatives **relatives à** chacune des droites qui ont pour équations

$$3 - x = 0, \qquad 2 + x = 0, \qquad y - 2 = 0,$$

et ne conserver que les points qui appartiennent soit à une seule région négative, soit à trois régions négatives. Il est plus simple de remarquer que, si l'on part d'une région quelconque limitée par ces droites, le signe de chaque facteur, et, par suite, celui du produit, ne change pas quand on reste dans cette région, que le signe d'un *seul* facteur et, par suite, celui du produit, change quand on traverse une *seule* des droites qui limitent cette région. Ayant ainsi, par une expérience, déterminé le signe du produit dans la première région considérée, on en déduira le signe dans toutes les autres régions ; si on couvre de hachures celles pour lesquelles le produit est positif, les points situés dans les régions non couvertes de hachures fourniront la solution du problème.

Les trois droites D_1, D_2, D_3, dont les équations sont

$$3 - x = 0, \qquad 2 + x = 0, \qquad y - 2 = 0,$$

déterminent dans le plan six régions ; plaçons-nous à l'origine, qui est dans la région (I) ; les trois facteurs ont, quand on y

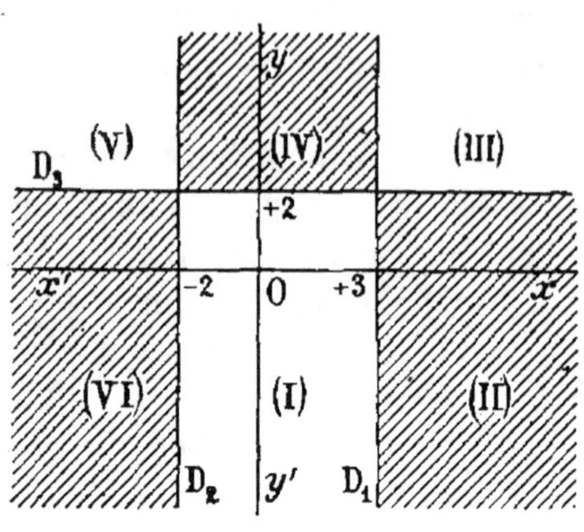

fait $x = 0$, $y = 0$, pour valeurs 3, 2 et —2 ; leur produit est négatif ; la région (I) convient ; traversons la droite D_1 pour passer dans la région (II), le produit change de signe et devient positif : la région (II) ne convient pas ; traversons la droite D_3, pour passer dans la région III, le produit redevient

négatif : la région (III) convient. En continuant ainsi et en ayant soin de ne jamais traverser deux droites à la fois, on voit que les points dont les coordonnées satisfont à l'inégalité sont exclusivement ceux qui sont situés dans les régions (I), (III), (V).

156. Région positive et région négative d'une droite quelconque. — Soit une équation du premier degré

$$ax + by + c = 0,$$

et D la droite qu'elle représente ; nous allons chercher le signe du premier membre quand on y remplace x et y par les coordonnées d'un point variable du plan.

Considérons, à cet effet, un point M_0 quelconque, non situé sur D et dont les coordonnées sont x_0, y_0 ; la quantité

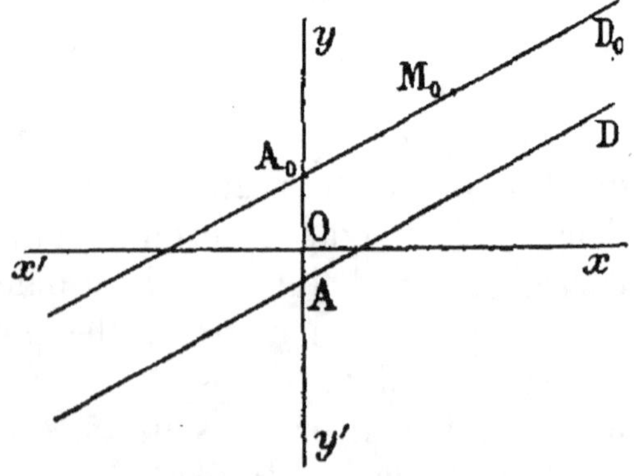

$$ax_0 + by_0 + c$$

n'est pas nulle, puisque M_0 n'est pas sur la droite D ; désignons par k_0 sa valeur ; l'équation

$$ax + by + c = k_0$$

représente une droite D_0, parallèle à D, puisque les coefficients angulaires de D et D_0 sont égaux à $-\dfrac{a}{b}$; il en résulte que tous les points de D_0 et, seulement ces points, ont des coordonnées telles que le premier membre de l'équation de la droite D acquière la valeur k_0 quand on y remplace x et y par ces coordonnées.

Nous pouvons toujours supposer que D n'est pas parallèle à $y'Oy$, ce cas ayant été traité précédemment ; si l'on désigne par A_0 le point où D_0 rencontre $y'Oy$ et par y_0 l'ordonnée de ce point, on voit que, pour tous les points de la **parallèle à D** menée par A_0, le polynome

$$ax + by + c$$

a une valeur constante k_0 et, par suite, un signe **qui est toujours le même** ; c'est celui de

$$by_0 + c:$$

Déplaçons alors A_0, le long de $y'Oy$ et, par suite, D_0 parallèlement à D de façon à balayer tout le plan ; le signe de $ax + by + c$ ne changera que si le signe de $by + c$ change, c'est-à-dire quand y passera par la valeur $-\dfrac{c}{b}$, qui correspond au point A où D rencontre $y'Oy$, ou encore quand la droite D_0 viendra coïncider avec D. On en conclut que, dans toute la région située au-dessous de D, le polynome $ax + by + c$ a un signe ; dans toute la région située au-dessus de D, il a l'autre signe ; nous retrouvons ainsi le fait que D *partage le plan en deux régions : l'une, la* RÉGION POSITIVE, *telle que la substitution à x et y des coordonnées d'un point de cette région fasse acquérir au polynome* $ax + by + c$ *une valeur positive ; l'autre, la* RÉGION NÉGATIVE, *telle que la substitution à x et y des coordonnées d'un point de cette région fasse acquérir au polynome* $ax + by + c$ *une valeur négative.*

Remarquons encore ici qu'il ne s'agit pas pour un tel partage du plan, de la droite D prise en elle-même, mais de sa représentation particulière par l'équation considérée.

157. Application. — *Résoudre les inégalités simultanées*

$$(x - y)(x + y) > 0, \qquad (x - 2)(2x + y - 8) < 0.$$

Construisons les droites qui ont pour équations :

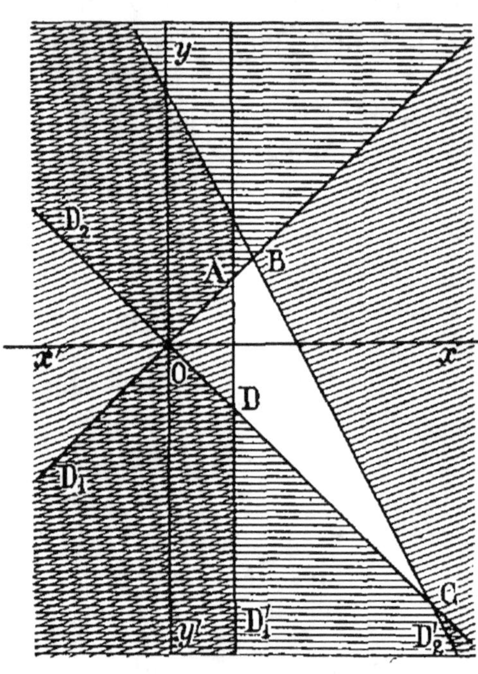

$D_1)\ x - y = 0,$

$D_2)\ x + y = 0,$

$D_1')\ x - 2 = 0,$

$D_2')\ 2x + y - 8 = 0.$

Pour résoudre la première inégalité, remarquons qu'un point situé sur $y'Oy$ fait acquérir au produit

$$(x - y)(x + y)$$

une valeur $-y^2$ qui est négative.

L'axe $y'Oy$ est ainsi, par rapport aux droites D_1, D_2 dans une région pour laquelle la première inégalité n'est pas vérifiée ; nous la couvrons de hachures ; si on traverse l'une ou l'autre des droites D_1, D_2, on passe dans la région où est $xO'x$ et pour laquelle la première inégalité est vérifiée.

Occupons-nous de la seconde inégalité ; en substituant les coordonnées 0, 0 de l'origine, on trouve un résultat positif, $+16$, pour le second produit ; la région dans laquelle est l'origine relativement aux droites D_1', D_2', ne convient pas ; quand on traverse D_1', on se trouve dans une région qui convient ; si on traverse ensuite D_2', on se trouve dans une région qui ne convient pas, et ainsi de suite.

Finalement, les deux inégalités sont simultanément vérifiées pour les points intérieurs au quadrilatère ABCD.

EXERCICES

1. Résoudre les systèmes suivants et les discuter :

$$\begin{cases} a^2 + ay + x = 0, \\ b^2 + by + x = 0 ; \end{cases} \qquad \begin{cases} \dfrac{bx}{a^2 - b^2} + \dfrac{cy}{b^2 - a^2} = \dfrac{1}{a+b}, \\ bx + cy = a + b ; \end{cases}$$

$$\begin{cases} \dfrac{x}{a} + \dfrac{y}{b} = 1, \\ \dfrac{x}{a} - \dfrac{y}{b} = 1 ; \end{cases} \qquad \begin{cases} \dfrac{a}{bx} + \dfrac{b}{ay} = a + b, \\ \dfrac{b}{x} + \dfrac{a}{y} = a^2 + b^2 ; \end{cases}$$

$$\begin{cases} ax - by = c^2, \\ (x+a)(y+b) = (x-b)(y+a) + ab ; \end{cases}$$

$$\begin{cases} (a^2 - b^2)(5x + 3y) = 2ab(4a - b), \\ a^2 y - \dfrac{ab^2 c}{a+b} + (a + b + c)bx = b^2 y + ab(a + 2b). \end{cases}$$

2. Déterminer les coefficients λ, μ de façon que le trinome

$$x^2 + \lambda x + \mu$$

s'annule pour $x = 2$ et prenne la valeur 2 pour $x = 1$.

3. Déterminer les coefficients λ, μ de façon que l'on ait

$$\frac{x + 1}{(x-1)(x-2)(x-3)} = \frac{1}{x-1} + \frac{\lambda}{x-2} + \frac{\mu}{x-3} .$$

4. Déterminer λ, μ de façon que la fraction

$$\frac{\lambda x + \mu}{x + 2}$$

ait, quel que soit x, la valeur 3.

5. Déterminer λ, μ de façon que la fraction

$$\frac{x^2 + \lambda x + 2}{x^2 + x + \mu}$$

ait la valeur 1, quel que soit x.

6. Déterminer λ, μ de façon que l'on ait

$$\frac{x^4 - x - 2}{(x^2 + 1)(x - 1)} = x + 1 + \frac{\lambda x + \mu}{x^2 + 1} - \frac{1}{x - 1}$$

pour $x = 0$ et pour $x = -1$; vérifier que les valeurs numériques des deux expressions sont alors égales quel que soit x.

7. Montrer que les points A, B, C, D, dont les coordonnées sont $(-2, +1)$, $(-3, 0)$, $(+3, -1)$, $(+4, 0)$, sont sommets d'un parallélogramme ; trouver les coordonnées du centre, les équations des côtés et des diagonales.

8. Déterminer b de façon que la droite qui a pour équation
$$2x + 3y - b = 0$$
passe par le point d'intersection des droites dont les équations sont
$$x + y - 1 = 0, \qquad 2x - 3y + 2 = 0.$$

9. Reconnaître, suivant les valeurs de λ et μ, si les droites dont les équations sont
$$x + \lambda y - 1 = 0, \qquad 2x + y + \mu = 0,$$
se coupent, sont parallèles ou sont confondues.

10. Mener par le point commun aux droites dont les équations sont
$$2x - y + 3 = 0, \qquad 3x + y - 1 = 0$$
une parallèle à la droite qui a pour équation
$$x + 4y - 1 = 0.$$

11. Trouver l'équation de la droite qui passe par le point de coordonnées $(+1, -2)$ et par le point de rencontre des droites qui ont pour équations
$$x + y - 2 = 0, \qquad 2x - y = 0.$$

12. Montrer que l'équation
$$ax + by + c + k(a'x + b'y + c') = 0$$
représente une droite passant par l'intersection des droites qui ont pour équations
$$ax + by + c = 0, \qquad a'x + b'y + c' = 0.$$
Peut-on choisir k de façon que cette droite passe par l'origine ou soit parallèle à la bissectrice de l'angle xOy ?

13. Où doit être un point qui a pour coordonnées λ, μ pour que les droites dont les équations sont
$$\lambda x + \mu y - 1 = 0, \qquad \mu x + \lambda y - 2 = 0,$$
soient parallèles ?

14. Résoudre graphiquement les inégalités simultanées :

$$\begin{cases} x - 2 > 0, \\ x + y - 6 < 0, \\ y - 3 > 0 ; \end{cases} \qquad \begin{cases} x + y - 2 > 0, \\ x - y + 4 < 0, \\ 3x + y > 0 : \end{cases} \qquad \begin{cases} x - 1 > 0, \\ x - y - 1 < 0, \\ x + y - 2 > 0 ; \end{cases}$$

$$\begin{cases} x - 2 < 0, \\ x + 2 > 0, \\ y - 2 < 0, \\ y + 2 > 0 ; \end{cases} \qquad \begin{cases} x + y - 1 > 0, \\ x - 1 > 0, \\ x + y - 2 < 0, \\ x - 2 < 0 ; \end{cases} \qquad \begin{cases} x + y - 1 < 0, \\ 2x - y > 0, \\ 3x - 1 < 0, \\ 5x - y - 1 < 0. \end{cases}$$

15. Résoudre graphiquement les inégalités

$$(x-y)(x-1)>0, \quad (x+y-1)(y-2)<0, \quad (x^2-y^2)(x^2-4)<0,$$
$$(x+y-3)(x-y)(2x+y)>0, \quad (3x-y)(x+2y-1)(x-2y+4)<0,$$
$$(x^2-4)(y^2-1)>0, \quad (x^2-y^2)(x^2-4y^2)<0, \quad (3-x)(4-y)(x+2y)>0.$$

16. Résoudre graphiquement les systèmes

$$\begin{cases} x+y=0, \\ x-2<0, \\ y-1<0; \end{cases} \qquad \begin{cases} x-y-1>0, \\ x-2<0, \\ 2x-y-3=0; \end{cases} \qquad \begin{cases} x-2y-2=0, \\ x+y<0, \\ x-y>0; \end{cases}$$

$$\begin{cases} x-2>0, \\ y-1>0, \\ x+y-1>0, \\ y-x+1=0; \end{cases} \qquad \begin{cases} x^2-4<0, \\ y^2-4<0, \\ x+y-1=0; \end{cases} \qquad \begin{cases} (x-y)^2-1>0, \\ (x+y-2)(x-1)<0, \\ 2x+y-2=0; \end{cases}$$

$$\begin{cases} (x+y)^2-1>0, \\ x(y-2)<0, \\ 2x+3y-6=0; \end{cases} \qquad \begin{cases} (2x+y)(y-x+1)>0, \\ (y-2)(x-3)<0, \\ x-4y+9=0; \end{cases}$$

$$\begin{cases} x^2-4<0, \\ (x-2y+2)(x-2y-2)<0, \\ x-y-1=0. \end{cases}$$

17. Quelle doit être l'équation de la droite qui joint les points de coordonnées $(-2, +1)$, $(-1, +2)$ pour que le point de coordonnées $(-2, -1)$ soit dans sa région positive, en supposant que la valeur absolue du terme constant soit 1 ?

18. Trouver les points dont les coordonnées font acquérir à la fraction

$$\frac{2x+3y-1}{x-y+2}$$

des valeurs comprises entre -1 et $+1$.

19. a et b étant les coordonnées d'un point P, reconnaître suivant la position de ce point si le système

$$\begin{cases} ax+by-1=0, \\ bx+ay+a=0, \end{cases}$$

a une solution.

Dans le cas où il a une solution, où doit être P pour que la valeur de x trouvée soit positive ?

20. Trouver les points dont les coordonnées font acquérir à

$$\frac{x+y}{x-y}+\frac{x-y}{x+y}$$

des valeurs comprises entre -3 et $+3$.

CHAPITRE IX

Problèmes du premier degré à plusieurs inconnues.

158. Les remarques faites au sujet des problèmes du premier degré à une inconnue ne sont pas spéciales à ces problèmes et s'appliquent également aux problèmes contenant plusieurs inconnues ; sans revenir sur ce sujet, il suffira de donner ici quelques exemples de résolution de tels problèmes.

Problème I. — *Trouver un nombre de trois chiffres sachant : 1° que la somme des chiffres est* 14 *; 2° que le chiffre des centaines est la somme du chiffre des unités et du chiffre des dizaines ; 3° que la différence entre ce nombre et le nombre renversé est* 495.

Soient x, y, z les chiffres des unités, dizaines, centaines du nombre ; la première condition s'exprime par l'équation

$$x + y + z = 14 ;$$

la seconde condition, par l'équation

$$z = x + y.$$

Pour écrire la troisième condition, il suffit de remarquer que le nombre étant la somme de ses unités de différents ordres, est égal à

$$100z + 10y + x.$$

Le nombre renversé sera égal à

$$100x + 10y + z ;$$

la troisième condition donne l'équation

$$100z + 10y + x - (100x + 10y + z) = 495.$$

Les chiffres x, y, z doivent alors vérifier le système

$$\begin{cases} x + y + z = 14, \\ z = x + y, \\ 99z - 99x = 495, \end{cases}$$

ou

$$\begin{cases} x + y + z = 14, \\ z = x + y, \\ z - x = 5. \end{cases}$$

Remplaçant la première équation par l'équation obtenue en ajoutant membre à membre les deux premières, il vient

$$\begin{cases} 2z = 14, \\ z = x + y, \\ z - x = 5, \end{cases}$$

ou

$$\begin{cases} z = 7, \\ 7 = x + y, \\ 7 - x = 5, \end{cases}$$

ou

$$\begin{cases} z = 7, \\ y = 5, \\ x = 2. \end{cases}$$

Les solutions, devant être des chiffres du système décimal, sont assujetties à la seule condition d'être des entiers inférieurs à 10 ; les nombres 7, 5, 2 conviennent au problème, et le nombre cherché est le nombre 752.

159. Problème II. — *Inscrire dans un triangle, dont la base a 5^m et la hauteur 6^m, un rectangle de périmètre égal à 5^m et dont un côté soit situé sur la base du triangle.*

Soit le triangle ABC, et MNPQ un rectangle inscrit dans ce triangle ; désignons par x et y les côtés inconnus du rectangle.

Les triangles AMN, ABC étant semblables, leurs hauteurs sont proportionnelles à leurs bases :

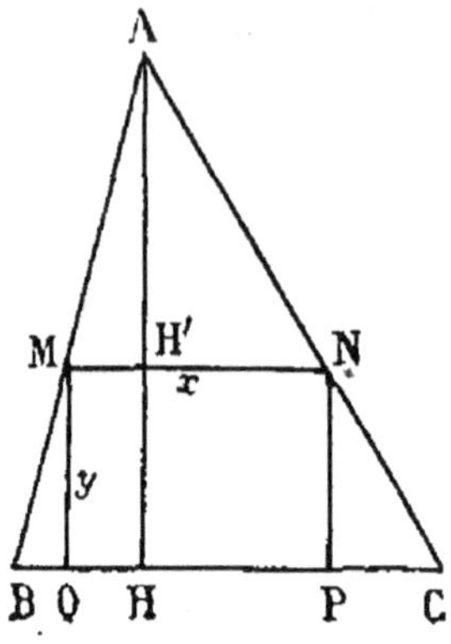

$$\frac{AH'}{AH} = \frac{MN}{BC},$$

ou

$$\frac{6-y}{6} = \frac{x}{5}.$$

On a, d'autre part, en écrivant que le périmètre est égal à 5,

$$2x + 2y = 5.$$

Les inconnues doivent vérifier le système

$$\begin{cases} \dfrac{x}{5} = \dfrac{6-y}{6}, \\ 2x + 2y = 5, \end{cases}$$

ou, remplaçant dans la seconde équation x par sa valeur tirée de la première,

$$\begin{cases} x = 5\dfrac{6-y}{6}, \\ 5\dfrac{6-y}{3} + 2y = 5, \end{cases}$$

système qui est vérifié par

$$\begin{cases} x = \dfrac{35}{2}, \\ y = -15. \end{cases}$$

Discussion. — Ces valeurs ne conviennent pas au problème, x et y représentant des longueurs et devant dès lors être des nombres positifs. *Le problème est impossible.*

160. Problème III. — *Deux mobiles parcourent une ligne droite d'un mouvement uniforme ; au même instant, ils passent en un point O de cette droite ; 3 secondes après, leur distance est 12 mètres ; trouver les vitesses de ces mobiles, sachant que la somme de ces vitesses est 2.*

Soient x et y les vitesses des deux mobiles ; les vecteurs qui déterminent les positions de ces mobiles au bout de 3 secondes sont mesurés par

$$3x \qquad \text{et} \qquad 3y.$$

La distance des mobiles sera donc

$$3x - 3y \qquad \text{ou} \qquad 3y - 3x,$$

suivant que la première ou la seconde de ces quantités est positive ; nous pouvons toujours supposer que ce soit la première ; nous avons l'équation

$$3x - 3y = 12,$$

et, d'autre part, on a entre x et y l'équation

$$x + y = 2.$$

Les nombres x, y sont solutions du système

$$\begin{cases} 3x - 3y = 12, \\ x + y = 2, \end{cases} \qquad \text{ou} \qquad \begin{cases} x - y = 4, \\ x + y = 2, \end{cases}$$

qui est vérifié par

$$\begin{cases} x = 3, \\ y = -1. \end{cases}$$

Discussion. — Les inconnues étant uniquement assujetties à vérifier les équations du problème, les nombres 3 et —1 résolvent la question. Ces nombres étant de signes différents, les mobiles parcourent la droite en sens différents.

161. Problème IV. — *Trouver un nombre de deux chiffres, sachant que la somme de ces chiffres est* 7 *et que la différence entre le nombre donné et ce nombre renversé est* 9a.

Soient x le chiffre des unités et y le chiffre des dizaines ; la somme de ces chiffres étant **7**, on a

$$x + y = 7.$$

Le nombre donné est égal à

$$x + 10y,$$

et le nombre renversé est égal à

$$y + 10x.$$

Écrivant que la différence de ces nombres est $9a$, on a

$$x + 10y - (y + 10x) = 9a,$$

ou

$$y - x = a.$$

x et y doivent satisfaire au système

$$\begin{cases} x + y = 7, \\ y - x = a, \end{cases}$$

équivalent au système

$$\begin{cases} y = \dfrac{a + 7}{2}, \\ x = \dfrac{7 - a}{2}. \end{cases}$$

Discussion. — Les inconnues x et y doivent être des nombres *entiers, positifs, inférieurs* à 10.

$\dfrac{7 + a}{2}$ est toujours positif ; ce nombre sera entier si a est un nombre *entier impair* ; de plus ce nombre sera inférieur à 10 si $7 + a$ est inférieur à 20, ou si a est inférieur à 13. On ne peut donc admettre pour a que les valeurs 1, 3, 5, 7, 9, 11.

$\dfrac{7 - a}{2}$ sera positif si a est inférieur à 7 ; les seules valeurs de a sont donc 1, 3, 5, et, pour ces valeurs, le problème est possible.

Ajoutons que si a est 7, le problème admet pour solution 70 ; le nombre renversé étant 07 ou 7.

162. Problème V. — *Dans une réunion d'hommes et de femmes, on fait une collecte ; chaque femme donne 1 franc ; chaque homme donne une somme a ; trouver le nombre d'hommes et le nombre de femmes, sachant que le nombre total des* *personnes présentes est* 21 *et que la somme produite par la collecte est* 63 *francs.*

Soit x le nombre d'hommes et y le nombre de femmes ; ces inconnues vérifient le système

$$\begin{cases} x + y = 21, \\ ax + y = 63. \end{cases}$$

Pour résoudre ce système, remplaçons la seconde équation par l'équation obtenue en retranchant membre à membre les équations du système

$$\begin{cases} x + y = 21, \\ (a - 1)x = 42. \end{cases}$$

Si $a - 1$ *n'est pas nul,* on en déduit

$$\begin{cases} y = \dfrac{21(a - 3)}{a - 1}, \\ x = \dfrac{42}{a - 1}. \end{cases}$$

Si $a - 1$ *est nul,* les équations sont incompatibles.

Discussion. — 1° $a - 1 \neq 0$. Dans cette hypothèse, les équations ont un système unique de solutions ; pour que ces solutions conviennent au problème, il faut qu'elles soient *entières* et *positives.*

$\dfrac{42}{a - 1}$ étant un nombre positif, a doit être supérieur à 1 ;

ce nombre devant être entier, a doit être tel que l'on ait

$$\frac{42}{a - 1} = k,$$

k étant un entier positif quelconque ; on en déduit que a est de la forme

$$1 + \frac{42}{k}.$$

$\dfrac{21(a - 3)}{a - 1}$ étant positif, il faut que $a - 3$ soit positif, c'est-à-dire que a soit supérieur à 3 ; le nombre k doit être tel que

$$1 + \frac{42}{k} > 3, \qquad \text{ou} \qquad \frac{42}{k} > 2 ;$$

k doit être inférieur à **21**.

La valeur de y, étant alors égale à

$$21 - k,$$

sera entière et positive.

En résumé, si a est de la forme

$$1 + \frac{42}{k},$$

k étant un entier inférieur à **21**, le problème admet une solution.

$2°\ a - 1 = 0$. Le problème est impossible, les équations étant incompatibles ; il est d'ailleurs évident que, dans ce cas, les conditions imposées sont contradictoires.

163. Problème VI. — *Inscrire dans un triangle de base a et de hauteur h un rectangle de périmètre donné* $2p$.

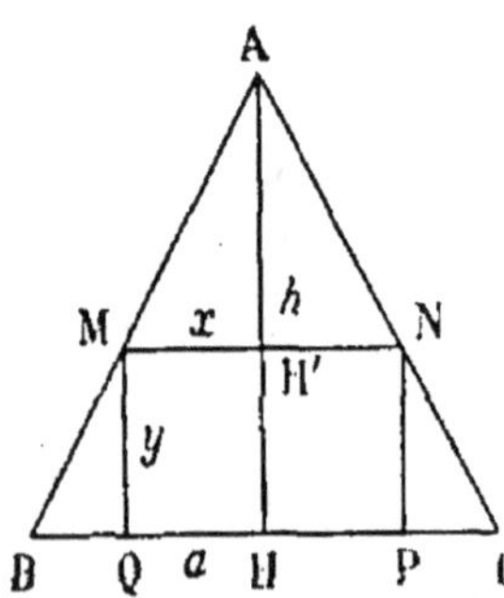

Soient x et y les côtés MN et MQ du rectangle ; le périmètre étant $2p$, on a

$$x + y = p.$$

D'autre part, les triangles semblables AMN, ABC donnent

$$\frac{\text{MN}}{\text{BC}} = \frac{\text{AH}'}{\text{AH}}, \qquad \text{ou} \qquad \frac{x}{a} = \frac{h - y}{h}.$$

Tirant x de cette équation, et portant dans la première, on obtient le système

$$\begin{cases} x = a\dfrac{h - y}{h}, \\[2mm] a\dfrac{h - y}{h} + y = p, \end{cases}$$

ou $\qquad\qquad \text{I} \begin{cases} x = a\dfrac{h - y}{h}, \\[2mm] y(h - a) = h(p - a). \end{cases}$

La seconde équation donne

$$y = h\frac{p-a}{h-a},$$

et la première $\qquad x = a\frac{h-p}{h-a}.$

Discussion. — Le problème sera possible et aura une solution si la valeur trouvée pour y est positive et inférieure à h; ce sont les seules conditions géométriques ; au point de vue algébrique, la résolution du système donne comme condition $h - a \neq 0$.

Exprimons les conditions géométriques :

$$0 < h\frac{p-a}{h-a} < h.$$

Nous distinguerons deux cas :

1° $h > a$; y sera positif, si l'on a $p > a$.

Nous pouvons chasser le dénominateur $h - a$, qui est positif, et la seconde condition devient

$$h(p-a) < h(h-a),$$

ou, divisant par h, qui est positif,

$$p - a < h - a,$$
$$p < h.$$

Le problème sera donc possible si l'on a

$$a < p < h.$$

2° $h < a$; y sera positif si l'on a $p < a$.

En multipliant les deux termes de la seconde inégalité par le facteur négatif $h - a$, il faut changer le sens de cette inégalité, qui devient

$$h(p-a) > h(h-a),$$

ou

$$p > h.$$

Le problème est alors possible si l'on a

$$a > p > h.$$

Pour résoudre le système d'équations (I), nous avons supposé $h — a \neq 0$.

Si $h = a$ et si $p \neq a$, ce système est impossible, il n'y a pas de solution au problème.

Si $h = a = p$, le système se réduit à la seule équation

$$x = a \frac{h — y}{h} = a — y.$$

Cette valeur de x convient si y est compris entre 0 et a et le problème est indéterminé ; cela revient à dire que l'énoncé donne une propriété commune à tous les rectangles inscrits : *Si dans un triangle dont la base égale la hauteur, on inscrit un rectangle, son périmètre est constant.*

EXERCICES

1. Les termes d'une suite de nombres sont tels que le terme de rang n soit la valeur numérique d'un binome du premier degré en n, dont les coefficients sont constants ; trouver ces coefficients sachant que le troisième terme a pour valeur 30 et que le cinquième terme a pour valeur 52. Que peut-on dire de deux termes dont les rangs diffèrent d'un nombre p ?

2. Les termes d'une suite de nombres ont pour valeurs les valeurs numériques d'un trinome du second degré dans lequel on remplace la variable par le rang du terme considéré ; les coefficients du trinome sont des nombres constants, entiers, positifs ou négatifs. Quels sont les coefficients de ce trinome et quels seront ceux qui auront la plus petite valeur absolue, si le second et le troisième sont égaux et si le cinquième est nul ?

3. Une personne partage sa fortune en deux parts proportionnelles à 4 et 11 ; elle place la première à 6 %, la seconde à 4 % et le revenu annuel ainsi constitué est 2 380^{fr}. Quelle est la fortune de cette personne ? (B. E.)

4. Deux cyclistes partent en même temps de deux villes A et B, distantes de d kilomètres et vont à la rencontre l'un de l'autre ; le premier ayant fait k kilomètres de plus que le second, ils se rencontrent au bout d'un temps t. Quelles sont leurs vitesses ?

5. Un libraire reçoit d'un éditeur 273 volumes, les uns marqués au prix de 9^{fr}, les autres au prix de 10^{fr},50 : ils sont livrés par douzaines et, pour chaque douzaine, il lui est donné gratuitement un volume en plus ; on lui fait, en outre, une remise de 10 %. Combien a-t-il reçu de volumes de chaque espèce, s'il a payé 2 170^{fr},80 ?

6. Trouver les rayons d'une couronne circulaire connaissant son épaisseur e et le rapport de son aire à celle du cercle médian.

7. Si, à une certaine quantité de vin, on ajoute 80 litres d'eau, le prix du litre du mélange est inférieur de $0^{fr},80$ à celui du litre de vin ; si on avait ajouté 40 litres d'eau, le prix du litre du mélange aurait été inférieur de $0^{fr},30$ à celui du litre de vin. Combien y avait-il de litres de vin et quel en était le prix ?

8. Deux lingots d'argent et de cuivre ont pour titres respectifs 0,9 et 0,8 ; combien faut-il prendre de chacun d'eux pour obtenir, en les fondant ensemble, un alliage contenant p^{g} d'argent et p'^{g} de cuivre ?

9. Une voiture automobile parcourt une route plate de 48^{km}, puis une montée de 12^{km} ; elle met $1^h 52^{mn}$ pour faire le trajet ; si les distances parcourues étaient échangées, les 48^{km} étant en montée et les 12^{km} en route plate, le temps nécessaire pour effectuer le parcours serait $2^h 58^{mn}$; quelles sont les vitesses en route plate et en montée ?

10. Une tige de fer AB a pour longueur 3^{dm} ; on place à côté de cette tige une tige A'C'B' formée d'une tige A'C' d'acier non trempé et d'une tige C'B' d'acier trempé, de sorte que A et A' coïncident, ainsi que B et B'. Quelles doivent être les longueurs A'C', C'B' pour que ces coïncidences aient lieu à toute température ? Les coefficients de dilatation linéaires sont : 0,000012 pour le fer, 0,00001 pour l'acier non trempé et 0,000013 pour l'acier trempé.

11. Deux morceaux de fer pèsent respectivement 200^g et 300^g et sont à une même température initiale ; on plonge le premier dans une masse d'eau (vase compris) de 336^g, le second dans une masse d'eau (vase compris) de 448^g, ces masses d'eau étant à une même température initiale. Les températures finales sont respectivement $45°$ et $44°$; quelles étaient les températures initiales, sachant que la chaleur spécifique du fer est 0,112 ?

12. Deux vases A et B renferment chacun de l'eau et du vin ; de A, on retire une quantité A' du mélange qu'il contient ; de B, on retire une quantité B' du mélange qu'il contient ; on verse ensuite A' dans le vase B, B' dans le vase A. Peut-on déterminer A' et B' par l'une des conditions suivantes :
1° Les rapports des volumes d'eau et de vin contenus dans A et des volumes d'eau et de vin contenus dans B n'ont pas changé ;
2° Ces rapports se sont échangés ;
3° Ces rapports sont devenus égaux et le volume A' + B' a une valeur donnée ?

13. Deux cyclistes parcourent une piste circulaire et partent en même temps d'un point A. La somme des chemins qu'ils ont parcourus, au bout de 6 secondes, équivaut à la longueur de la piste ; au bout de $3^s,5$, ils occupent des positions diamétralement opposées ; en combien de temps chacun d'eux parcourt-il la piste ?

14. Inscrire dans un demi-cercle un rectangle dont deux sommets consécutifs appartiennent au diamètre et dont la diagonale ait une longueur donnée.

15. Deux capitaux sont placés au même taux, le premier pendant 4 ans, le second pendant 6 ans. Trouver ces capitaux et le taux auquel ils sont placés, sachant que la somme des capitaux est 25 000^{fr}, que l'intérêt du premier est 3 320^{fr} et l'intérêt du second est 2 520^{fr}.

16. Le plus grand des dénominateurs de deux fractions est 20. La fraction qui a pour termes les sommes des termes des deux fractions est égale à $\dfrac{2}{9}$; la fraction qui a pour termes les différences des termes des deux fractions est égale à $\dfrac{1}{2}$. Trouver ces fractions, sachant que la somme des numérateurs est double de la différence des dénominateurs.

17. Trouver un nombre de trois chiffres sachant que la somme des chiffres est 16, que la somme du chiffre des centaines et du chiffre des unités est égale au double du chiffre des dizaines moins 5 et que la différence entre le nombre donné et le nombre retourné est 495.

18. Un train, ayant marché pendant 1^h, est obligé de s'arrêter pendant $\dfrac{1}{2}$ heure ; il a ensuite une vitesse qui est égale aux $\dfrac{4}{5}$ de sa vitesse primitive et arrive à destination avec un retard de 1$^h\dfrac{1}{4}$. Si l'accident s'était produit 30^{km} plus loin le retard aurait été de 1^h. Calculer la vitesse du train et la distance parcourue.

19. Trouver trois nombres dont la somme soit 45, et tels que le premier soit égal à la différence des deux autres et que la somme du premier et du troisième soit 28.

20. Trouver un nombre de deux chiffres tel qu'il soit le produit par 6 de la somme de ses chiffres diminuée de 4.

21. Un alliage d'or et de cuivre pèse 14^{kg},7 ; plongé dans l'eau, il est équilibré par un poids de 13^{kg},85 ; plongé dans un autre liquide, sa perte de poids est 0^{kg},68 ; calculer les poids d'or et de cuivre et la densité du dernier liquide, la densité de l'or étant 19,6 et celle du cuivre 8,4. (On admettra que la perte de poids est égale au poids du liquide déplacé.)

22. On donne les côtés a, b, c d'un triangle ; des sommets de ce triangle comme centres, on décrit des cercles tangents extérieurement deux à deux. Calculer les rayons de ces cercles.

23. Connaissant les côtés a, b, c d'un triangle, calculer les distances d'un sommet aux points de contact du cercle inscrit qui sont sur les côtés aboutissant à ce sommet.
Même question pour les cercles exinscrits.

24. Calculer les dimensions d'un parallélépipède rectangle, sachant qu'elles sont proportionnelles aux nombres a, b, c et que la surface totale est k^2.

25. Étant donné un triangle ABC, de côtés a, b, c, déterminer un point M tel que les surfaces des triangles MAB, MBC, MCA soient proportionnelles aux nombres α, β, γ.

26. Dans un triangle ABC, on connaît le côté BC, le pied H de la hauteur issue de A, le point de contact D du cercle inscrit avec le côté BC ; calculer les deux autres côtés.

27. On donne deux droites parallèles AA′, BB′ et la perpendiculaire AB, de longueur a, à ces droites. Deux cercles tangents entre eux extérieurement sont tangents en C et C′ à AB, l'un d'eux étant tangent à AA′, l'autre à BB′. Calculer leurs rayons connaissant le rapport k des distances de leurs centres au milieu de CC′.

28. On considère le rectangle formé par les droites dont les équations sont $x = 2a$, $x = -2a$, $y = a$, $y = -a$ et un parallélogramme inscrit dans ce rectangle, n'ayant pas deux sommets sur un même côté du rectangle. Calculer les coefficients angulaires des diagonales, connaissant la somme des carrés des côtés et la différence des carrés des diagonales.

29. Dans un triangle ABC, on donne le côté BC, le point de contact du cercle inscrit avec BC et le rapport k dans lequel le centre de ce cercle partage la bissectrice issue de A. Calculer les côtés du triangle.

30. Étant donné un quadrilatère ABCD, déterminer une droite qui rencontre les côtés opposés AD, BC en des points P, Q tels que les rapports $\dfrac{PA}{QB}$, $\dfrac{PD}{QC}$ aient des valeurs données.

LIVRE II

ÉQUATIONS DU SECOND DEGRE

CHAPITRE I

Résolution de l'équation du second degré.

164. L'équation du second degré à une inconnue ne renferme que des termes du second degré, du premier degré et des termes connus ; si l'on réunit tous ces termes dans le premier membre et si l'on réduit les termes semblables, on a pour type général de l'équation du second degré à une inconnue

$$ax^2 + bx + c = 0,$$

a, b, c étant des quantités connues.

Avant d'aborder la résolution de cette équation, il sera utile d'examiner quelques cas particuliers, suivant que l'une ou l'autre des quantités b, c est nulle.

165. Premier cas : $c = 0$. — L'équation se réduit alors à

$$ax^2 + bx = 0.$$

Si l'on met x en facteur on peut écrire

$$x(ax + b) = 0.$$

Ce produit de deux facteurs ne peut être nul que si l'un des facteurs est nul ; l'équation sera donc vérifiée si l'on a

$$x = 0 \quad \text{ou} \quad ax + b = 0,$$
$$x = 0 \quad \text{ou} \quad x = -\frac{b}{a}.$$

L'équation a deux racines, dont l'une est nulle.

Exemple : L'équation

$$x^2 - 5x = 0,$$

ou
$$x(x - 5) = 0,$$

a pour racines 0 et 5.

Remarquons que si $b = 0$, ces deux racines se réduisent à une seule, qui est 0.

166. Deuxième cas : $b = 0$. — L'équation se réduit à

$$ax^2 + c = 0,$$

que l'on peut écrire sous la forme

$$x^2 + \frac{c}{a} = 0.$$

Si $\dfrac{c}{a}$ est positif, la somme des nombres positifs x^2 et $\dfrac{c}{a}$ est essentiellement positive et ne peut s'annuler ; l'équation n'a donc pas de racine.

Telle est l'équation

$$x^2 + 3 = 0.$$

Si $\dfrac{c}{a}$ est négatif, on peut écrire

$$x^2 = -\frac{c}{a},$$

$-\dfrac{c}{a}$ étant alors un nombre positif ; la dernière forme donnée à l'équation ramène le problème à la recherche de la racine carrée du nombre $-\dfrac{c}{a}$. On a vu (15) que ce nombre a toujours deux racines carrées représentées par

$$+\sqrt{-\frac{c}{a}} \qquad \text{et} \qquad -\sqrt{-\frac{c}{a}}.$$

L'équation proposée a deux racines opposées.

EXEMPLES : L'équation

$$x^2 - 4 = 0, \qquad \text{ou} \qquad x^2 = 4,$$

a pour racines $+ 2$ et $- 2$.

L'équation

$$4x^2 - 25 = 0, \qquad \text{ou} \qquad x^2 = \frac{25}{4},$$

a pour racines

$$+ \frac{5}{2} \qquad \text{et} \qquad - \frac{5}{2}.$$

167. Cas général. — Pour résoudre l'équation dans le cas général, on ramène la forme de l'équation à la forme précédente ; traitons d'abord quelques exemples numériques.

EXEMPLE I. — Résoudre l'équation

$$(1) \qquad\qquad x^2 - 5x + 6 = 0.$$

x^2 et $- 5x$ peuvent être considérés comme les deux premiers termes du développement du carré du binome

$$x - \frac{5}{2},$$

le dernier terme de ce carré étant $\frac{25}{4}$.

Ajoutant et retranchant $\frac{25}{4}$ dans le premier membre de l'équation donnée, cette équation prend la forme

$$x^2 - 5x + \frac{25}{4} + 6 - \frac{25}{4} = 0,$$

ou

$$\left(x - \frac{5}{2} \right)^2 - \frac{1}{4} = 0,$$

ou

$$(2) \qquad\qquad \left(x - \frac{5}{2} \right)^2 = \frac{1}{4}.$$

Le nombre $x - \frac{5}{2}$, ayant pour carré $\frac{1}{4}$, doit être égal à l'un des nombres $+\dfrac{1}{2}$, $-\dfrac{1}{2}$, qui sont les racines carrées de $\dfrac{1}{4}$; on peut donc satisfaire à l'équation (2), et, par suite, à l'équation (1), en donnant à x une valeur telle que

$$x - \frac{5}{2} = \frac{1}{2}, \qquad \text{ou} \qquad x = 3,$$

ou une valeur telle que

$$x - \frac{5}{2} = -\frac{1}{2}, \qquad \text{ou} \qquad x = 2,$$

c'est-à-dire que l'équation a deux racines qui sont les nombres 2 et 3.

168. EXEMPLE II. — Résoudre l'équation

$$4x^2 - 20x + 25 = 0.$$

Divisant les deux membres de cette équation par le coefficient 4 de x^2, nous formons l'équation équivalente

$$x^2 - 5x + \frac{25}{4} = 0.$$

Le premier membre de cette équation étant le carré du binome

$$x - \frac{5}{2},$$

nous pouvons la mettre sous la forme

$$\left(x - \frac{5}{2}\right)^2 = 0.$$

Le carré de $x - \dfrac{5}{2}$ ne pouvant s'annuler que si le binome lui-même s'annule, l'équation équivaut à l'équation

$$x - \frac{5}{2} = 0.$$

Elle a donc une solution unique, $\dfrac{5}{2}$.

169. EXEMPLE III. — Résoudre l'équation

$$x^2 - 4x + 11 = 0.$$

x^2 et $-4x$ peuvent être considérés comme les deux premiers termes du développement du carré du binome

$$x - 2,$$

le dernier terme de ce carré étant 4.

Ajoutant et retranchant 4 dans le premier membre de l'équation donnée, cette équation prend la forme

$$x^2 - 4x + 4 + 11 - 4 = 0,$$

ou
$$(x - 2)^2 + 7 = 0.$$

Le premier membre, étant une somme de deux quantités essentiellement positives, $(x - 2)^2$ et 7, ne peut s'annuler : l'équation proposée n'a aucune racine.

170. Résolution de l'équation générale du second degré. — Soit l'équation

$$(1) \qquad ax^2 + bx + c = 0,$$

dans laquelle le coefficient a est essentiellement supposé différent de zéro ; divisant les deux membres de l'équation par a, nous formons l'équation équivalente

$$(2) \qquad x^2 + \frac{b}{a}x + \frac{c}{a} = 0.$$

x^2 et $\frac{b}{a}x$ peuvent être considérés comme les deux premiers termes du développement du carré du binome

$$x + \frac{b}{2a},$$

le dernier terme de ce carré étant $\frac{b^2}{4a^2}.$

Ajoutant et retranchant $\dfrac{b^2}{4a^2}$ dans le premier membre de cette équation, elle prend la forme

$$x^2 + \frac{b}{a}x + \frac{b^2}{4a^2} - \frac{b^2}{4a^2} + \frac{c}{a} = 0,$$

ou

$$(3) \qquad \left(x + \frac{b}{2a}\right)^2 - \frac{b^2 - 4ac}{4a^2} = 0.$$

Différents cas peuvent se présenter :

1° $b^2 - 4ac > 0$. — On peut alors écrire

$$\left(x + \frac{b}{2a}\right)^2 = \frac{b^2 - 4ac}{4a^2},$$

la quantité qui figure dans le second membre étant positive.

Si le nombre x, racine de l'équation donnée, existe, il est tel que le carré de $x + \dfrac{b}{2a}$ soit égal à $\dfrac{b^2 - 4ac}{4a^2}$, c'est-à-dire que $x + \dfrac{b}{2a}$ est égal à une des deux racines carrées de $\dfrac{b^2 - 4ac}{4a^2}$; on doit donc avoir

$$x + \frac{b}{2a} = \sqrt{\frac{b^2 - 4ac}{4a^2}}, \qquad \text{ou} \qquad x + \frac{b}{2a} = -\sqrt{\frac{b^2 - 4ac}{4a^2}},$$

ce qui donne pour x les deux valeurs

$$-\frac{b}{2a} + \sqrt{\frac{b^2 - 4ac}{4a^2}} \qquad \text{et} \qquad -\frac{b}{2a} - \sqrt{\frac{b^2 - 4ac}{4a^2}}.$$

Si a est positif, on a

$$\sqrt{\frac{b^2 - 4ac}{4a^2}} = \frac{\sqrt{b^2 - 4ac}}{2a},$$

et si a est négatif, on a

$$\sqrt{\frac{b^2 - 4ac}{4a^2}} = \frac{-\sqrt{b^2 - 4ac}}{2a},$$

de telle sorte que, dans tous les cas, nous trouvons deux racines données par les formules

$$x' = \frac{-b + \sqrt{b^2 - 4ac}}{2a},$$

$$x'' = \frac{-b - \sqrt{b^2 - 4ac}}{2a}.$$

REMARQUE. — Dans le cas particulier où le coefficient de x est pair, on peut simplifier ces formules. Soit, en effet, $b = 2b'$; on a

$$\genfrac{}{}{0pt}{}{x'}{x''} = \frac{-2b'}{2a} \pm \sqrt{\frac{4b'^2 - 4ac}{4a^2}} = \frac{-b' \pm \sqrt{b'^2 - ac}}{a}.$$

171. 2° $b^2 - 4ac = 0$. — Dans cette hypothèse, l'équation (3) se réduit à

$$\left(x + \frac{b}{2a}\right)^2 = 0 \, ;$$

le premier membre ne peut s'annuler que si le binome

$$x + \frac{b}{2a}$$

s'annule ; c'est-à-dire que l'équation a une seule racine,

$$x = -\frac{b}{2a}.$$

REMARQUE. — Si l'on applique les formules établies dans le cas précédent, elles donnent toutes les deux la même valeur $-\frac{b}{2a}$; on dit alors que l'équation a une *racine double*.

172. 3° $b^2 - 4ac < 0$. — L'équation (3) peut s'écrire sous la forme

$$\left(x + \frac{b}{2a}\right)^2 + \frac{4ac - b^2}{4a^2} = 0,$$

$4ac - b^2$ est alors une quantité positive, ainsi que $4a^2$; d'ailleurs, quelle que soit la valeur donnée à x, le carré du binome est positif ou nul ; il en résulte que le premier membre de l'équation, étant la somme de deux quantités positives, ne peut s'annuler.

L'équation n'a aucune racine.

173. En résumé, l'équation du second degré

$$ax^2 + bx + c = 0$$

n'a *aucune racine* si l'on a $b^2 - 4ac < 0$;

a *une seule racine*, égale à $-\dfrac{b}{2a}$, si l'on a $b^2 - 4ac = 0$;

a *deux racines* égales à $\dfrac{-b \pm \sqrt{b^2 - 4ac}}{2a}$, si l'on a

$$b^2 - 4ac > 0.$$

174. REMARQUE. — Dans le cas particulier où les coefficients a et c ont des signes différents, le produit ac est négatif et la différence $b^2 - 4ac$ est positive ; l'équation a alors deux racines.

175. EXEMPLES. — L'équation

$$x^2 - 5x + 9 = 0$$

n'a pas de racine, la quantité $b^2 - 4ac$ étant ici égale à

$$25 - 4 \times 9 = -11.$$

L'équation $\qquad 9x^2 - 12x + 4 = 0$

a une seule racine égale à $\dfrac{6}{9}$, la quantité $b'^2 - ac$ étant égale à

$$36 - 4 \times 9 = 0.$$

L'équation $\qquad x^2 - 7x + 10 = 0$

a deux racines égales à

$$\frac{7 + \sqrt{49 - 40}}{2} \qquad \text{et} \qquad \frac{7 - \sqrt{49 - 40}}{2},$$

ou $$\frac{7+3}{2} = 5 \qquad \text{et} \qquad \frac{7-3}{2} = 2.$$

L'équation $\qquad x^2 - 6x + 1 = 0$

a deux racines que l'on obtient par les relations en b' :

$$3 + \sqrt{9-1} = 3 + \sqrt{8} \qquad \text{et} \qquad 3 - \sqrt{9-1} = 3 - \sqrt{8}.$$

Relations entre les coefficients et les racines.

176. La résolution de l'équation du second degré permet de calculer les racines connaissant les coefficients de l'équation ; proposons-nous maintenant, en supposant connues les racines, d'en déduire les coefficients de l'équation ; les relations entre ces quantités résultent du théorème suivant :

Théorème. — *Lorsque l'équation*

$$ax^2 + bx + c = 0$$

a deux racines, la somme de ces racines est égale à $-\dfrac{b}{a}$ *et le produit de ces racines est égal à* $\dfrac{c}{a}$.

Soient les racines

$$x' = \frac{-b + \sqrt{b^2 - 4ac}}{2a},$$

$$x'' = \frac{-b - \sqrt{b^2 - 4ac}}{2a}.$$

On a

$$x' + x'' = \frac{-b + \sqrt{b^2-4ac} - b - \sqrt{b^2-4ac}}{2a} = \frac{-2b}{2a} = -\frac{b}{a},$$

$$x'x'' = \frac{(-b + \sqrt{b^2 - 4ac})(-b - \sqrt{b^2 - 4ac})}{2a \times 2a}.$$

Remarquons que le numérateur est le produit de la somme des nombres $-b$ et $\sqrt{b^2 - 4ac}$ par leur différence ; il est donc égal (40) à la différence des carrés de ces nombres :

$$x'x'' = \frac{(-b)^2 - (\sqrt{b^2 - 4ac})^2}{4a^2}$$

ou
$$x'x'' = \frac{b^2 - b^2 + 4ac}{4a^2} = \frac{4ac}{4a^2} = \frac{c}{a}.$$

177. Application. — Ce théorème permet de reconnaître, sans résoudre l'équation, le signe de chaque racine de l'équation, *après s'être assuré que cette équation a des racines*, en cherchant le signe de $b^2 - 4ac$.

Si le produit $\dfrac{c}{a}$ est positif, les deux racines ont même signe (11) ; elles ont alors le signe de leur somme $-\dfrac{b}{a}$ (2).

Si le produit $\dfrac{c}{a}$ est négatif, les racines ont des signes différents (11) ; la plus grande en valeur absolue a le signe de la somme (2).

EXEMPLES. — I. Soit l'équation

$$3x^2 - 5x + 1 = 0.$$

La quantité $b^2 - 4ac$, égale à $25 - 12$, étant positive, l'équation a deux racines.

Leur produit $\dfrac{c}{a} = \dfrac{1}{3}$ étant positif, elles ont même signe.

Leur somme $-\dfrac{b}{a} = \dfrac{5}{3}$ étant positive, elles sont positives.

II. Soit l'équation

$$2x^2 + 4x + 1 = 0.$$

Cette équation a deux racines, $b'^2 - ac$ étant égale à

$$2^2 - 2 = 2.$$

Le produit des racines $\dfrac{1}{2}$ est positif, les racines ont même signe.

La somme $-\dfrac{4}{2}$ étant négative, les racines sont négatives.

III. Soit l'équation

$$x^2 - 3x - 4 = 0.$$

a et c ayant des signes différents, cette équation a des racines. Le produit -4 étant négatif, ces racines ont des signes différents. La somme 3 étant positive, la racine positive a la plus grande valeur absolue.

IV. Soit l'équation

$$x^2 - 4x + 25 = 0.$$

La quantité $b'^2 - ac$ est ici égale à $2^2 - 25 = -21$; l'équation n'ayant pas de racine, il n'y a pas lieu d'appliquer les résultats précédents.

CHAPITRE II

ÉQUATIONS QUI SE RAMÈNENT AU SECOND DEGRÉ

Équation bicarrée.

178. On appelle *équation bicarrée* une équation du quatrième degré ne renfermant pas l'inconnue avec un exposant impair; une telle équation a donc des termes du quatrième degré, du second degré et des termes connus; si l'on considère cette équation par rapport au carré de l'inconnue, elle est du second degré et on peut en effectuer la résolution.

EXEMPLE I. — Résoudre l'équation $x^4 - 10x^2 + 9 = 0$. Désignant x^2 par y, x^4 sera représenté par y^2 et, si une racine x' vérifie l'équation bicarrée, son carré y' devra vérifier l'équation

$$y^2 - 10y + 9 = 0.$$

Cette équation du second degré a deux racines 1 et 9.

La solution 1 est le carré de la solution de l'équation bicarrée; inversement, la solution de l'équation bicarrée dont le carré est 1 est égale à $+1$ ou -1.

De même, les solutions de l'équation bicarrée qui correspondent à la solution 9 sont les nombres $+3$ et -3, racines carrées de 9.

L'équation bicarrée a donc quatre solutions, $+1$, -1, $+3$, -3. Elle n'en a pas d'autre.

EXEMPLE II. — Résoudre l'équation $x^4 + 10x^2 - 11 = 0$.
Posant, comme précédemment,

$$x^2 = y,$$

le nombre y doit vérifier l'équation du second degré

$$y^2 + 10y - 11 = 0,$$

équation dont les racines sont -11 et $+1$.

Une solution de l'équation bicarrée, étant telle que son carré vérifie l'équation du second degré en y, ne peut être que la racine carrée de l'un des nombres — 11 ou + 1. Le premier de ces nombres, étant négatif, n'a pas de racine carrée ; le second nombre, 1, a deux racines carrées, + 1 et — 1. L'équation bicarrée a donc alors les deux seules racines + 1 et — 1.

EXEMPLE III. — Résoudre l'équation $x^4 + x^2 + 1 = 0$.

Si un nombre x' vérifie cette équation, son carré y' doit vérifier l'équation du second degré

$$y^2 + y + 1 = 0.$$

Cette équation n'ayant pas de solution, aucun nombre n'est tel que son carré vérifie cette équation ; par suite, aucun nombre n'est racine de l'équation bicarrée.

179. Cas général. — Les exemples qui précèdent montrent comment on peut résoudre une équation bicarrée et dans quelles circonstances elle a ou n'a pas de solution ; nous pouvons maintenant considérer l'équation bicarrée la plus générale ; elle est de la forme

$$ax^4 + bx^2 + c = 0.$$

Prenons comme inconnue auxiliaire $x^2 = y$, y est assujettie à vérifier l'équation du second degré

$$ay^2 + by + c = 0.$$

A toute racine positive y' de cette équation, correspondent pour x deux valeurs opposées, ces valeurs étant solutions de l'équation bicarrée.

A une racine négative y'' ne correspond aucune valeur de x, par suite aucune solution pour l'équation bicarrée.

En se reportant au chapitre précédent, on peut résumer la discussion dans le tableau suivant :

$$
b^2 - 4ac > 0
\begin{cases}
\dfrac{c}{a} > 0 \begin{cases} -\dfrac{b}{a} > 0 & \text{2 rac. } y \text{ positives} & \text{4 solutions.} \\[2ex] -\dfrac{b}{a} < 0 & \text{2 rac. } y \text{ négatives} & \text{0 solution.} \end{cases} \\[4ex]
\dfrac{c}{a} < 0 \qquad\qquad \text{1 rac. } y \text{ positive et 1 négative} \quad \text{2 solutions.} \\[4ex]
\dfrac{c}{a} = 0 \begin{cases} -\dfrac{b}{a} > 0 & \text{1 rac. } y \text{ positive et 1 nulle} & \text{3 sol. (1 nulle).} \\[2ex] -\dfrac{b}{a} < 0 & \text{1 rac. } y \text{ négative et 1 nulle} & \text{1 sol. nulle.} \end{cases}
\end{cases}
$$

$$b^2 - 4ac = 0 \ldots \ldots \begin{cases} -\dfrac{b}{a} > 0 & \text{1 rac. } y \text{ positive} & \text{2 solutions.} \\[2mm] -\dfrac{b}{a} < 0 & \text{1 rac. } y \text{ négative} & \text{0 solution.} \\[2mm] -\dfrac{b}{a} = 0 & \text{1 rac. } y \text{ nulle} & \text{1 sol. nulle.} \end{cases}$$

$$b^2 - 4ac < 0 \qquad\qquad\qquad \text{0 rac. } y \qquad\qquad\qquad \text{0 solution.}$$

Équations irrationnelles.

180. On peut, en appliquant la règle du n° 70, faire disparaître les radicaux et, dans certains cas particuliers, obtenir une équation du second degré.

EXEMPLE I. — Soit l'équation $6 + \sqrt{4 - x^2} = 3x$.
Isolant le radical, nous formons l'équation équivalente

$$\sqrt{4 - x^2} = 3x - 6.$$

Élevant au carré les deux membres de l'équation :

$$4 - x^2 = 9x^2 - 36x + 36$$

ou
$$10x^2 - 36x + 32 = 0,$$

équation dont les racines sont 2 et $\dfrac{8}{5}$.

La racine 2, annulant $4 - x^2$ et $3x - 6$, vérifie bien l'équation donnée ; la racine $\dfrac{8}{5}$, faisant acquérir au second membre de cette équation une valeur négative, ne convient pas à cette équation.

EXEMPLE II. — Soit l'équation $\dfrac{x + \sqrt{x^2 - 1}}{x - \sqrt{x^2 - 1}} = x$.

Chassons le dénominateur, en le supposant différent de zéro :

$$x + \sqrt{x^2 - 1} = x^2 - x\sqrt{x^2 - 1},$$

ou, en isolant le radical,

$$\sqrt{x^2 - 1}\,(1 + x) = x(x - 1).$$

Élevant au carré les deux membres de cette équation, il vient

$$(x^2 - 1)(1 + x)^2 = x^2(x - 1)^2,$$

ou
$$(x^2 - 1)(1 + x)^2 - x^2(x - 1)^2 = 0,$$

et, mettant $x - 1$ en facteur,

$$(x - 1)[(x + 1)^3 - x^2(x - 1)] = 0.$$

Ce produit s'annule quand un facteur est nul ; nous avons pour première solution $x = 1$; il reste l'équation

$$(x + 1)^3 - x^2(x - 1) = 0,$$
$$4x^2 + 3x + 1 = 0,$$

qui n'a pas de racines.

La seule solution possible est donc 1 ; mais il faut, de plus, que cette solution n'annule pas le dénominateur $x - \sqrt{x^2 - 1}$, ce que l'on vérifie aisément ; enfin, le nombre 1 annulant les deux membres de l'équation irrationnelle, vérifie bien cette équation.

181. Dans certains cas, l'élévation au carré conduit à une équation de degré supérieur au second ; la méthode précédente n'est plus applicable ; on peut alors essayer de faire un changement d'inconnue comme pour l'équation bicarrée.

Exemple. — Soit l'équation $x^2 - 3x + 5\sqrt{x^2 - 3x} - 14 = 0$.

Posons $\qquad\qquad y = \sqrt{x^2 - 3x}$;

y doit vérifier l'équation

$$y^2 + 5y - 14 = 0,$$

dont les racines sont 2 et — 7.

y devant être positif, la seule racine acceptable est **2** ; les valeurs de x correspondantes sont alors telles que

$$2 = \sqrt{x^2 - 3x},$$

ou $\qquad\qquad 4 = x^2 - 3x,$

ou $\qquad\qquad x^2 - 3x - 4 = 0,$

équation qui a pour racines 4 et — 1.

L'équation proposée a donc pour racines 4 et — 1.

EXERCICES

1. Résoudre les équations

$$x^2 - 61x + 840 = 0, \qquad -9x^2 + x + 1 = 0,$$
$$5x^2 - 3x - 11 = 0, \qquad 4x^2 - 7x + 1 = 0,$$
$$x^2 + 3x - 180 = 0, \qquad -3x^2 - 11x + 5 = 0.$$

2. Trouver les signes des racines de ces équations, sans les résoudre.

3. Résoudre les équations

$$3x^2 + \frac{2x}{3} - 25 = 0, \qquad x^2 - \frac{3}{4}x = 3x + 1,$$

$$\frac{x^2}{2} - \frac{x}{3} = 2(x+2), \qquad \frac{3}{5}x^2 + \frac{5}{3}x = \frac{20}{3},$$

$$\frac{2}{x+3} + \frac{5}{x} = 2, \qquad \frac{2}{x-1} = \frac{3}{x-2} + \frac{2}{x-4},$$

$$\frac{2x+7}{2x-3} + \frac{3x-2}{x+1} = 5, \qquad \frac{x-5}{x+3} + \frac{x-8}{x-3} = \frac{80}{x^2-9} + \frac{1}{2}.$$

4. Quelles valeurs faut-il attribuer à m pour que les équations suivantes aient des racines :

$$x^2 - 5x + m = 0, \qquad 3x^2 - 6(m+1)x + 3m^2 - 1 = 0,$$

$$(m-1)x^2 - 2mx + m - 2 = 0, \qquad x^2 - 2(2m+3)x + 9 = 0,$$

$$\frac{2m+x}{2m-x} + \frac{m-2x}{m+2x} = \frac{8}{3}, \qquad \frac{x(3x-m)}{4x+m} = \frac{m}{12},$$

$$\frac{x+m}{x+3m} + \frac{3m}{x+m} = 2, \qquad \frac{x+m}{x-m} + 2\frac{x-m}{x+m} + m = 0 ?$$

5. Trouver, suivant les valeurs attribuées à m, les signes des racines de ces équations.

6. Résoudre les équations

$$x^4 - 29x^2 + 100 = 0, \qquad x^4 - x^2 - 12 = 0, \qquad x^4 - 6x^2 + 9 = 0,$$

$$5x^4 - 12x^2 + 1 = 0, \qquad 3x^4 + 4x^2 - 1 = 0, \qquad 7x^4 - 3x^2 - 11 = 0,$$

$$\frac{2}{x^2+3} + \frac{5}{x^2} = 2, \qquad \frac{2}{x^2-1} = \frac{3}{x^2-2} + \frac{2}{x^2-4},$$

$$\frac{x^2+2}{x^2-4} + \frac{x^2+3}{x^2-2} + 5 = 0.$$

★ 7. Trouver, suivant les valeurs données à m, le nombre des racines des équations

$$x^4 - 5x^2 - m^2 = 0, \qquad (m-1)x^4 - 2mx^2 + m - 2 = 0,$$

$$\frac{x^2+m}{m} + \frac{m}{x^2+m} = 2, \qquad \frac{2x^2-3m}{x^2+4m} + \frac{3x^2+2m}{4x^2-m} = \frac{10}{7},$$

$$\frac{2}{x^2(1-x^2)} = \frac{x^2}{x^2-1} - \frac{2m}{x^2} + 2m,$$

$$m\left(x^2 + \frac{1}{x^2}\right) + 3\left(\frac{1}{x^2} - x^2\right) - 2m = 0.$$

★ 8. Résoudre les équations

$$x^6 - 9x^3 + 8 = 0, \qquad 27x^6 - 217x^3 + 8 = 0,$$

$$x^6 - 37x^3 - 1728 = 0, \qquad 8x^6 + 9x^3 + 1 = 0,$$

$$\left(x+\frac{1}{x}\right)^2+2\left(x+\frac{1}{x}\right)-15=0, \quad \left(x+\frac{1}{x}\right)^2-8\left(x+\frac{1}{x}\right)+7=0,$$

$$(x^2+5x-2)^2-5(x^2+3x+1)(x^2+5x-2)+4(x^2+3x+1)^2=0,$$

$$68(x^2+x-1)^2-34(x^2+x-1)(x^2+6x-2)+5(x^2+6x-2)^2=0.$$

★ **9.** Résoudre les équations

$$x+\sqrt{169-x^2}=17, \qquad x+\sqrt{5x+10}=8,$$

$$\sqrt{1-\sqrt{x^4-x^2}}=x-1, \qquad \sqrt{x+5}+\sqrt{3x+4}=\sqrt{6x+49},$$

$$60-4\sqrt{x^2+x+6}=x^2+x+6,$$

$$x^2-2x+6\sqrt{x^2-2x+5}=11,$$

$$\sqrt{x+4}+\sqrt{2x+6}=\sqrt{7x+14}, \qquad \sqrt{9x+40}+2\sqrt{x+7}=\sqrt{x},$$

$$\sqrt{3x^3}-\sqrt{3x^3+13}+\frac{1}{\sqrt{x^3}}=0.$$

10. Calculer la somme des carrés et des cubes des racines des équations du nᵒ 1 sans résoudre ces équations.

11. Former les équations qui ont pour racines les racines des équations du nᵒ 1 augmentées de 2 ou ces racines multipliées par —3, sans résoudre ces équations.

12. Discuter l'équation $2x-m=\sqrt{x-2m}$. (*Arts et Métiers.*)

13. Déterminer m de façon que la somme des carrés des racines de l'équation $(m-1)x^2+2mx+1-m=0$ soit égale à 18.

14. Si on désigne par a et b les coordonnées d'un point d'un plan, reconnaître suivant sa position si l'équation $ax^2-(2a+b)x+a-b=0$ a des racines et quels sont leurs signes. (*Arts et Métiers.*)

15. Étant donnée l'équation $x^2+2\lambda x+1=0$, calculer, sans la résoudre, la somme des valeurs numériques du trinome x^2+x+1, dans lequel on remplace successivement x par chacune des racines de l'équation ; déterminer λ de façon que cette somme soit égale à 6.

16. Étant donnée l'équation $x^2+3\lambda x+3+2\lambda=0$, déterminer λ de façon que la fraction $\dfrac{x^2+x+1}{x^2-x+1}$ prenne la même valeur numérique quand on y remplace x par l'une ou l'autre des racines.

17. Déterminer les valeurs x', x'' de x pour lesquelles la fraction $\dfrac{12x^2+4x+3}{12x^2-4x+3}$ a une valeur donnée λ ; montrer que x' et x'' sont liées par une relation indépendante de λ.

18. a et b étant les coordonnées d'un point d'un plan, où doit être ce point pour que la fraction $\dfrac{x^2 + ax + b}{x^2 + bx + a}$ prenne des valeurs numériques égales quand on substitue à x les racines de l'équation

$$x^2 + 5x + 2 = 0 \,?$$

19. Étant donnée l'équation $x^2 + 2(1 - \lambda)x + \lambda + 1 = 0$, montrer que, quel que soit λ, le point qui a pour abscisse la somme des racines et pour ordonnée le produit de ces racines est sur un segment de droite ; comment ce segment est-il limité ?

CHAPITRE III

Trinome du second degré.

182. La résolution de l'équation du second degré permet de trouver les valeurs particulières qui annulent le trinome ; mais elle ne donne aucune indication sur les valeurs numériques de ce trinome, quand on donne à x des valeurs quelconques. Il est souvent utile de connaître le signe de la valeur numérique du trinome, et, inversement, la connaissance de ce signe permet de reconnaître des propriétés des racines, sans qu'il soit nécessaire de résoudre l'équation ; on évite ainsi des expressions compliquées, dont le maniement serait délicat. Ces différentes questions trouvent leur solution dans les théorèmes suivants :

183. **Théorème I.** — *Le trinome du second degré peut être mis sous la forme du produit du coefficient de x^2 par une* SOMME DE DEUX CARRÉS, *par un* CARRÉ, *ou par une* DIFFÉRENCE DE DEUX CARRÉS, *suivant que $b^2 - 4ac$ est négatif, nul ou positif.*

Soit le trinome $\qquad ax^2 + bx + c.$

Mettant a en facteur, il vient

$$a\left[x^2 + \frac{b}{a}\, x + \frac{c}{a} \right],$$

ou, considérant x^2 et $\dfrac{b}{a}\, x$ comme les deux premiers termes du développement du carré du binome $x + \dfrac{b}{2a}$ (170) :

$$a\left[\left(x + \frac{b}{2a} \right)^2 + \frac{4ac - b^2}{4a^2} \right]$$

1° $b^2 - 4ac < 0$, $4ac - b^2$ est alors positif, ainsi que $\dfrac{4ac - b^2}{4a^2}$, et la quantité entre crochets est la somme du carré de $x + \dfrac{b}{2a}$ et du nombre positif $\dfrac{4ac - b^2}{4a^2}$, qui peut être considéré comme le carré d'un nombre ; le trinome est donc le produit de a par une *somme de deux carrés*.

2° $b^2 - 4ac = 0$. — Le trinome est dans ce cas de la forme

$$a\left(x + \frac{b}{2a}\right)^2,$$

produit de a par *un carré*.

3° $b^2 - 4ac > 0$. — Dans ce cas on peut écrire le trinome sous la forme

$$a\left[\left(x + \frac{b}{2a}\right)^2 - \frac{b^2 - 4ac}{4a^2}\right].$$

$b^2 - 4ac$ étant positif, il en est de même de $\dfrac{b^2 - 4ac}{4a^2}$, et la quantité entre crochets est la différence du carré du binome $x = \dfrac{b}{2a}$ et de $\dfrac{b^2 - 4ac}{4a^2}$, qui peut être considéré comme le carré d'un nombre ; le trinome est donc le produit de a par une *différence de deux carrés*.

184. Corollaire I. — *Si $b^2 - 4ac$ n'est pas positif, le trinome n'a jamais un signe différent de celui du coefficient de x^2.*

Supposant $b^2 - 4ac$ négatif, le trinome est, *quel que soit x*, le produit de a par une somme de deux carrés, somme essentiellement positive ; le produit, c'est-à-dire le trinome, a donc une valeur du signe de a.

Supposant $b^2 - 4ac$ nul, le trinome est le produit de a par le carré de $x + \dfrac{b}{2a}$; il a donc le signe de a, sauf pour la valeur $-\dfrac{b}{2a}$ donnée à x, pour laquelle le trinome s'annule.

On voit que, dans aucun cas, la valeur du trinome ne peut être d'un signe différent de celui de a.

185. Corollaire II. — *Si, donnant à x une valeur numérique, le trinome prend une valeur de signe différent de celui de a, l'équation obtenue en égalant le trinome à zéro a deux racines.*

D'après le corollaire précédent, $b^2 - 4ac$ ne peut être ni négatif, ni nul, sans quoi la valeur du trinome aurait le signe de a, ou serait nulle ; on a donc

$$b^2 - 4ac > 0,$$

condition qui exprime que l'équation

$$ax^2 + bx + c = 0$$

a des racines.

186. Corollaire III. — *Si, donnant à x deux valeurs distinctes, le trinome prend des valeurs de signes différents, l'équation obtenue en égalant le trinome à zéro a des racines.*

En effet, quel que soit le signe de a, l'une des valeurs du trinome a le signe de a ; l'autre un signe différent ; ce qui, d'après le corollaire II, prouve que l'équation

$$ax^2 + bx + c = 0$$

a des racines.

Application I. — Donnons à x la valeur zéro, le trinome prend la valeur c ; par suite, si c et a ont des signes différents, l'équation a des racines, résultat trouvé plus haut.

REMARQUE. — Pour abréger le langage, les racines de l'équation

$$ax^2 + bx + c = 0$$

sont appelées *racines du trinome*

$$ax^2 + bx + c.$$

Application II. — Démontrer que l'équation

$$(x - a)(x - b) - 5 = 0$$

a deux racines.

Si l'on remplace x par a dans le premier membre de l'équation, on obtient la valeur -5, de signe contraire à celui du coefficient de x^2 dans le développement de ce premier membre; l'équation a donc des racines.

On voit que ce procédé s'appliquera surtout quand le premier membre se présentera sous forme de somme ou différence de termes, dont un ou plusieurs s'annulent pour la valeur de x que l'on considère.

187. Théorème II. — *Si le trinome du second degré a deux racines, on peut le mettre sous la forme du produit de a par un produit de deux facteurs, qui sont les différences entre x et les racines du trinome.*

Nous avons vu que le trinome avait la forme

$$a\left[\left(x + \frac{b}{2a}\right)^2 - \frac{b^2 - 4ac}{4a^2}\right].$$

$\dfrac{b^2 - 4ac}{4a^2}$, étant ici positif, a deux racines carrées, et on peut écrire le trinome sous la forme

$$a\left[\left(x + \frac{b}{2a}\right)^2 - \left(\sqrt{\frac{b^2 - 4ac}{4a^2}}\right)^2\right],$$

ou

$$a\left[x + \frac{b}{2a} + \sqrt{\frac{b^2 - 4ac}{4a^2}}\right]\left[x + \frac{b}{2a} - \sqrt{\frac{b^2 - 4ac}{4a^2}}\right],$$

ou

$$a\left[x - \left(-\frac{b}{2a} - \sqrt{\frac{b^2 - 4ac}{4a^2}}\right)\right]\left[x - \left(-\frac{b}{2a} + \sqrt{\frac{b^2 - 4ac}{4a^2}}\right)\right],$$

c'est-à-dire $\qquad a(x - x')(x - x''),$

x' et x'' étant les racines du trinome.

188. Corollaire. — *Si le trinome du second degré a des racines, il prend une valeur du signe du coefficient de x^2 quand on donne à x une valeur non comprise entre les racines ; il prend une valeur du signe contraire à celui du coefficient de x^2 quand on donne à x une valeur comprise entre les racines.*

Le trinome étant mis sous la forme

$$a(x - x')(x - x''),$$

x étant supposé inférieur aux deux nombres x', x'', chacun des binomes $x - x'$, $x - x''$ est négatif; leur produit est positif et le trinome a le signe de a. x étant supposé supérieur aux deux nombres x', x'', chacun des binomes $x - x'$, $x - x''$ est positif; leur produit est positif et le trinome a le signe de a.

Enfin, si x est supérieur à x' et inférieur à x'' (en supposant $x' < x''$), le binome $x - x'$ est positif et le binome $x - x''$ est négatif; leur produit est négatif et le trinome a un signe différent de celui de a.

Inégalité du second degré.

189. Les théorèmes précédents permettent de résoudre l'inégalité du second degré; ayant fait passer tous les termes dans un membre, on est ramené à une inégalité de la forme

$$ax^2 + bx + c \gtrless 0;$$

le signe du premier membre est déterminé par les considérations qui précèdent.

Exemple I. — Résoudre l'inégalité

$$x^2 - 5x + 6 > 0.$$

Ce trinome a des racines 2 et 3; le trinome sera positif pour toutes les valeurs de x inférieures à 2 et pour toutes les valeurs de x supérieures à 3; l'inégalité sera vérifiée pour ces seules valeurs.

Exemple II. — Résoudre l'inégalité

$$-x^2 + 3x - 2 > 0.$$

Ce trinome a des racines 1, 2; le trinome sera positif, c'est-à-dire du signe contraire au coefficient de x^2, pour les valeurs de x comprises entre 1 et 2 ; l'inégalité n'est donc vérifiée que si x varie de 1 à 2.

EXEMPLE III. — Résoudre l'inégalité

$$x^2 + x + 1 > 0.$$

Ici, $b^2 - 4ac$ étant négatif, le trinome a toujours le signe du coefficient de x^2 ; l'inégalité est donc vérifiée pour toutes les valeurs de x.

Place d'un nombre par rapport aux racines.

190. Les théorèmes relatifs au signe du trinome permettent de déterminer la place qu'occupe un nombre par rapport aux racines d'une équation du second degré, sans résoudre cette équation.

Si l'on substitue ce nombre α dans le premier membre de l'équation, le trinome prend une valeur numérique déterminée ; nous distinguerons deux cas :

1° Elle a le signe du coefficient de x^2 ; ayant établi que l'équation a des racines, le nombre α n'est pas entre ces racines ; il est ou inférieur aux *deux racines* ou supérieur aux *deux racines* ; on a une des deux dispositions

$$\alpha \quad x' \quad x'',$$
$$x' \quad x'' \quad \alpha.$$

On voit que pour connaître la place de α par rapport aux nombres x', x'', il suffit de connaître sa place par rapport, soit à l'un de ces nombres, soit à un nombre compris entre x' et x''.

Si l'on connaît un nombre compris entre x' et x'', la question sera résolue ; par exemple, si a et c ont des signes différents, ce nombre sera zéro ; donc on aura la première disposition si α est négatif, et la seconde si α est positif.

Dans le cas général, il suffit de comparer α à la demi-somme $-\dfrac{b}{2a}$ des racines ; si $\alpha < -\dfrac{b}{2a}$, on a la première disposition ; si $\alpha > -\dfrac{b}{2a}$, on a la seconde disposition. Ce résultat tient à ce fait que la demi-somme de deux nombres est comprise entre ces nombres.

Soit, en effet, $x' < x''$; on a

$$x' + x'' < x'' + x'',$$

$$\frac{x' + x''}{2} < x''.$$

De même, $x' < x''$,

$$x' + x' < x'' + x',$$

$$x' < \frac{x' + x''}{2}.$$

$2°$ Le premier membre de l'équation a un signe différent du coefficient de x^2 ; on sait que l'équation a des racines et que α est compris entre ces racines.

Applications.

Les théorèmes précédents permettent de discuter des équations bicarrées, des équations irrationnelles et de résoudre des inégalités qui renferment l'inconnue sous l'une des formes où elle figure dans ces équations; il suffira, pour le faire comprendre, de donner quelques exemples.

191. Discussion d'équations. — EXEMPLE I. — *Discuter l'équation* $x^4 - (m+1)x^2 + 2 = 0$.

Posons $x^2 = y$; nous aurons à résoudre l'équation

$$y^2 - (m+1)y + 2 = 0.$$

Cette équation aura des racines, si l'on a

$$(m+1)^2 - 8 \geqslant 0.$$

De plus, leur produit sera toujours positif; leur somme sera positive, si $m + 1 > 0$ ou $m > -1$.

m est donc assujetti à être supérieur à -1 et à vérifier l'inégalité

$$m^2 + 2m - 7 \geqslant 0.$$

Le trinome $m^2 + 2m - 7$ a des racines, $-1 - \sqrt{8}$ et $-1 + \sqrt{8}$; m devra donc être inférieur ou supérieur à ces racines.

Comme la plus petite est inférieure à -1, m doit être supérieur à la plus grande : $m > -1 + \sqrt{8}$; c'est la seule condition; l'équation bicarrée a alors 4 solutions. Si $m < -1 + \sqrt{8}$, elle n'a pas de solution. Si $m = -1 + \sqrt{8}$, elle n'en a que 2.

EXEMPLE II. — *Discuter l'équation* $x + 1 = \sqrt{3x - m}$.

Pour résoudre cette équation, nous élevons les deux membres au carré :

$$(x + 1)^2 = 3x - m,$$

ou
$$x^2 - x + 1 + m = 0.$$

Les solutions de l'équation proposée vérifient certainement cette dernière équation ; la réciproque peut n'être pas exacte ; pour qu'une racine de l'équation

$$x^2 - x + 1 + m = 0$$

convienne, il faut que l'expression $\sqrt{3x - m}$ existe, c'est-à-dire que $3x - m$ soit positif; or, cela a lieu puisque $3x - m$ a ici même valeur numérique que le carré de $x + 1$; il faut, de plus, (70) que la valeur trouvée pour x rende positif le premier membre $x + 1$ de l'équation donnée.

En résumé, l'équation proposée n'a de racine que si l'équation finale en a et si l'une d'elles au moins est supérieure à -1.

L'équation finale a des racines, si l'on a

$$1 - 4(1 + m) \geqslant 0 \qquad \text{ou} \qquad m \leqslant -\frac{3}{4}.$$

Pour reconnaître si ces racines sont inférieures ou supérieures à -1, substituons -1 dans le premier membre de l'équation du second degré ; pour simplifier, nous désignerons par $f(-1)$ le résultat de cette substitution :

$$f(-1) = 1 + 1 + 1 + m = 3 + m.$$

$3 + m$ est négatif, si m est inférieur à -3 ; l'équation a alors des racines entre lesquelles est -1 ; la plus grande convient seule ; si m est compris entre -3 et $-\frac{3}{4}$, $3 + m$ est positif et -1 est inférieur aux deux racines ou leur est supérieur; la demi-somme $\frac{1}{2}$ est supérieure à -1, les deux racines sont donc supérieures à -1 et conviennent.

Enfin, si $m = -\frac{3}{4}$, l'équation a la seule racine $\frac{1}{2}$, qui convient ; si $m = -3$, l'équation a les racines -1 et 2 ; la première convient, puisqu'elle annule les deux membres de l'équation donnée ; la seconde, parce qu'elle est supérieure à -1.

Il est commode de résumer en un tableau le résultat de cette discussion.

m	$-\infty$	-3	$-\dfrac{3}{4}$	$+\infty$
b^2-4ac $f(-1)$	$\begin{array}{c}+\\-\\ \text{1 sol.}\end{array}$	$\begin{array}{c}+\\+\\ \text{2 sol.}\end{array}$		pas de solution

$$\text{2 sol.} \qquad \text{1 sol.} = \frac{1}{2}$$

192. Résolution d'inégalités. Exemple I. — *Résoudre l'inégalité* $x^4 - 3x^2 - 4 > 0$.

Si nous posons $x^2 = y$, l'inégalité devient

$$y^2 - 3y - 4 > 0 \, ;$$

le premier membre est un trinome du second degré, dont les racines sont -1 et 4 ; comme y est essentiellement positif, on ne peut le faire varier que de 0 à 4, puis de 4 à $+\infty$; dans le premier cas, le trinome est négatif ; dans le second, il est positif. L'inégalité est vérifiée pour $y > 4$.

Mais x^2 étant égal à y, on devra avoir $x^2 > 4$, ou $x^2 - 4 > 0$, ce qui exige que x ne soit pas compris entre -2 et $+2$; x doit donc être ou inférieur à -2, ou supérieur à $+2$.

Exemple II. — *Résoudre l'inégalité* $\sqrt{3x^2 - 1} < 2x + 1$.

Si le second membre est négatif, l'inégalité n'est pas vérifiée, puisque le premier est toujours positif ; il faut donc d'abord que $2x + 1$ soit positif, ou que x soit supérieur à $-\dfrac{1}{2}$. De plus, le premier membre n'aura de valeur que si $3x^2 - 1$ est positif, c'est-à-dire si x n'est pas compris entre $-\dfrac{1}{\sqrt{3}}$ et $+\dfrac{1}{\sqrt{3}}$.

Nous avons donc déjà les conditions suivantes :

$$x > -\frac{1}{2} \qquad \text{et} \qquad x < -\frac{1}{\sqrt{3}} \qquad \text{ou} \qquad x > \frac{1}{\sqrt{3}} \, ;$$

mais, si l'on remarque que $-\dfrac{1}{2}$ est plus grand que $-\dfrac{1}{\sqrt{3}}$, on voit que l'on ne peut avoir simultanément

$$x > -\frac{1}{2} \qquad \text{et} \qquad x < -\frac{1}{\sqrt{3}},$$

de telle sorte que les seules conditions compatibles sont

$$x > -\frac{1}{2} \qquad \text{et} \qquad x > \frac{1}{\sqrt{3}},$$

qui se réduisent à la dernière.

Ceci posé, les deux membres de l'inégalité

$$\sqrt{3x^2 - 1} < 2x + 1$$

étant positifs, on peut les élever au carré, et on obtient, sous les conditions précédentes, l'inégalité équivalente

$$3x^2 - 1 < 4x^2 + 4x + 1,$$
$$x^2 + 4x + 2 > 0.$$

Le trinome qui figure dans le premier membre a les racines $-2 - \sqrt{2}$ et $-2 + \sqrt{2}$; il sera positif si x est inférieur à $-2 - \sqrt{2}$ ou si x est supérieur à $-2 + \sqrt{2}$; le premier cas ne peut se présenter, x étant déjà supérieur à $\frac{1}{\sqrt{3}}$; il faut donc que x soit supérieur à la fois à $-2 + \sqrt{2}$ et $\frac{1}{\sqrt{3}}$, ce qui revient à dire que x doit être supérieur à $\frac{1}{\sqrt{3}}$.

EXEMPLE III. — *Résoudre l'inégalité* $\sqrt{3x^2 - 1} > 2x + 1$.

Le premier membre n'existe que si x n'est pas compris entre $-\frac{1}{\sqrt{3}}$ et $+\frac{1}{\sqrt{3}}$; quant au second membre, il peut être positif ou négatif; nous distinguerons deux cas :

1° $2x + 1 < 0$, ou $x < -\frac{1}{2}$; l'inégalité est toujours vérifiée si x est en même temps inférieur à $-\frac{1}{\sqrt{3}}$, puisqu'il ne peut ici être supérieur à $\frac{1}{\sqrt{3}}$; ceci revient à dire que x est inférieur à $-\frac{1}{\sqrt{3}}$, plus petit des deux nombres $-\frac{1}{2}$ et $-\frac{1}{\sqrt{3}}$;

2° $2x + 1 > 0$, ou $x > -\frac{1}{2}$; les deux membres de l'inégalité étant positifs, on peut les élever au carré :

$$3x^2 - 1 > 4x^2 + 4x + 1,$$
$$x^2 + 4x + 2 < 0.$$

Remarquons que si x vérifie cette inégalité, $3x^2 - 1$, qui est supérieur à $(2x + 1)^2$, est certainement positif; *il n'y a donc pas lieu de tenir compte de la condition* $x < -\dfrac{1}{\sqrt{3}}$, ou $x > \dfrac{1}{\sqrt{3}}$; elle est vérifiée.

x doit alors être compris entre les racines $-2-\sqrt{2}$ et $-2+\sqrt{2}$ du trinome ; d'autre part, x, devant être supérieur à $-\dfrac{1}{2}$, ne peut être inférieur à $-2+\sqrt{2}$, qui est plus petit que $-\dfrac{1}{2}$; l'inégalité ne peut être vérifiée.

En résumé, l'inégalité est vérifiée pour les valeurs de x inférieures à $-\dfrac{1}{\sqrt{3}}$ et seulement pour ces valeurs.

EXERCICES

1. Décomposer en un produit de facteurs les trinomes
$$x^2 - 15x + 50,$$
$$12x^2 - x - 1,$$
$$3x^2 - 12x + 5,$$
$$(a^2 - 4b^2)x^2 + 2(a^2 + 2b^2)x + a^2 - b^2.$$

2. Résoudre les inégalités
$$x^2 - 7x + 10 > 0, \qquad x^2 - 42x + 80 < 0,$$
$$3 + \frac{1}{x-1} > \frac{1}{2x+1}, \qquad \frac{x^2 - 5x + 1}{x^2 - 3x + 2} < 1.$$

3. Démontrer que l'équation
$$A(x-a) + B(x-b) + C(x-a)(x-b) =$$
a toujours des racines, si A et B ont même signe.

4. Pour quelles valeurs de λ l'une des racines de
$$3x^2 + (\lambda - 1)x + 3\lambda + 2 = 0$$
est-elle supérieure à 3, et l'autre inférieure à 2 ?

5. Classer, suivant les valeurs de λ, les racines de l'équatio
$$(3\lambda - 1)x^2 - 2(3\lambda + 1)x + 3\lambda = 0$$
par rapport aux nombres 1 et -1.

6. Même question pour l'équation
$$x^2 - (5\lambda + 2)x - \lambda + 3 = 0.$$

★7. Discuter les équations suivantes :

$$x^4 - 2(m+1)x^2 + m - 1 = 0, \qquad mx^4 - (m-2)x^2 + m - 1 = 0,$$
$$x^4 - 2(m-2)x^2 - 2m = 0, \qquad (1+m)x^4 - 2(m-1)x^2 - m + 3 = 0.$$

★8. Discuter les équations suivantes :

$$x + 1 = \sqrt{x - m}, \qquad\qquad 3x + 5 = \sqrt{x^2 - 2mx + 1},$$
$$2x + m = \sqrt{x^2 + 1}, \qquad\qquad x - m = \sqrt{x + 2},$$
$$x^2 + 2x - 2m\sqrt{x^2 + 2x} + 1 = 0, \quad x^2 - 3x - 2m\sqrt{x^2 - 3x + 1} + m = 0.$$

★9. Résoudre les inégalités suivantes :

$$x^4 - 5x^2 + 4 > 0, \qquad x^4 + 5x^2 - 36 < 0,$$
$$x^4 - x^2 + 1 > 0, \qquad x^4 + x^2 - 6 > 0.$$

★10. Résoudre les inégalités suivantes :

$$x^2 + 1 > \sqrt{2 - x^2}, \qquad\qquad 2x + 1 < \sqrt{x + 2},$$
$$x + 3 < \sqrt{2x^2 + x - 5}, \qquad\qquad x^2 - 3x + 2 < \sqrt{x^4 + 4},$$
$$x^2 - 3x - 3\sqrt{x^2 - 3x + 2} > 0, \qquad x^2 + x - 5\sqrt{x^2 + x + 1} + 5 < 0.$$

11. Déterminer m de façon que l'équation

$$(m + 5)x^2 + (2m - 3)x + m - 1 = 0$$

ait deux racines x', x'' liées par la relation $x' - 3x'' = 1$; quelles sont ces racines ? (*Arts et Métiers.*)

12. Si a et b désignent les coordonnées d'un point d'un plan, reconnaître suivant la position de ce point si les équations suivantes ont des racines et quels sont alors les signes de ces racines :

$$ax^2 + (a + b)x + b = 0, \qquad x^2 - (a + 2b)x + b^2 = 0,$$
$$ax^2 + (a - b + 1)x + a = 0, \quad (a + b)x^2 - 2(a^2 - b^2)x + (a - b)^3 = 0.$$

13. a et b étant les coordonnées d'un point d'un plan, où doit se trouver ce point pour que les racines de l'équation $x^2 + ax + b = 0$ fassent acquérir à $x^2 - 5x + 4$ des valeurs de signes différents ?

14. Résoudre les inégalités

$$\frac{x^2 - 4}{x^2 - 4x + 3} > 0, \quad \frac{x^2 - 5x + 6}{x^2 + 5x + 6} < 0, \quad \frac{x^2 + x + 2}{x^2 - 7x + 6} < 0,$$

$$\frac{x + 3}{x^2 - 4x + 1} > 0, \quad \frac{(x + 1)(x^2 - 5x + 6)}{x^3 - x^2 + x} < 0, \quad \frac{x^4 - 10x^2 + 9}{(x - 1)(x^2 - 2x + 1)} < 0.$$

15. Peut-on déterminer a et b de façon que la fraction

$$\frac{x^2 + ax + b}{x^2 + 1}$$

soit comprise : 1° entre -2 et $+2$, quel que soit x ; 2° entre -1 et $+1$, quel que soit x ?

16. Simplifier les fractions suivantes :

$$\frac{x^2-7x+6}{x^3-1}, \qquad \frac{x^4-1}{x^2-3x+2}, \qquad \frac{x^2-4x+4}{x^2-7x+10}.$$

17. Effectuer les opérations suivantes :

$$\frac{x^2+8x+15}{x^2+7x+10}-\frac{x-1}{x+2}, \qquad \frac{1}{x^2+3x+2}-\frac{1}{x^2+5x+6},$$

$$\frac{1+x}{1-x}+\frac{2x}{x^2-1}, \qquad \frac{4x-2}{x^2-3x+2}+\frac{3x-12}{x^2-5x+6}+\frac{2x}{x^2-7x+12}.$$

18. Quelles valeurs peuvent prendre les fractions

$$\frac{x^2+x-2}{x+3}, \qquad \frac{2x+3}{2x^2+x-1}, \qquad \frac{x^2-4x+\lambda^2}{x^2+4x+\lambda^2}?$$

★ 19. Quelles valeurs peuvent prendre les expressions

$$\frac{x+\sqrt{x-1}}{x-\sqrt{x-1}}, \qquad x-1-\sqrt{x^2+x+1}\,?$$

★ 20. Les coordonnées d'un point d'un plan étant a, b, où doit être ce point pour que les valeurs numériques de

$$\frac{2x+\sqrt{x^2+x+2}}{2x-\sqrt{x^2+x+2}}$$

soient de signes contraires quand on y remplace x successivement par les racines de l'équation $x^2+ax+b=0$?

CHAPITRE IV

PROBLÈMES DU SECOND DEGRÉ

Systèmes d'équations simultanées.

193. La mise en équations de problèmes peut conduire à des systèmes d'équations où les inconnues entrent au second degré et au premier degré ; nous nous bornerons ici au cas où l'une des équations renferme une inconnue au premier degré ; on peut alors de cette équation tirer la valeur de cette inconnue et suivre la méthode de substitution adoptée dans le cas du premier degré ; la seule différence provient du degré de l'équation finale. Sans entrer dans de longs détails à ce sujet, nous montrerons, par des exemples, comment on peut résoudre de tels systèmes d'équations.

Exemple I. — Résoudre le système

$$\begin{cases} x + y = a, \\ xy = b. \end{cases}$$

Tirant x de la première équation, et portant dans la seconde, nous formons le système équivalent

$$\begin{cases} x = a - y, \\ ay - y^2 = b. \end{cases}$$

La dernière équation fournit deux solutions, en supposant $a^2 - 4b$ positif ; à chacune de ces valeurs correspond pour x une valeur déterminée : il semble donc qu'il y ait deux systèmes de solutions ; mais si l'on remarque que les valeurs de y ont pour somme a, on voit que ces solutions ne sont autres que les nombres x et y qu'il faut associer.

Le problème qui consiste à trouver deux nombres, connaissant leur somme et leur produit, est ramené à la résolution d'une équation du second degré ayant pour coefficient de x^2 l'unité, pour coefficient de x la somme changée de signe, et pour terme indépendant le produit.

EXEMPLE II. — Résoudre le système

$$\begin{cases} x^2 - 2y^2 = 1, \\ xy + y^2 = 2. \end{cases}$$

La seconde équation étant du premier degré par rapport à x, résolvons cette équation, en regardant y comme quantité connue ; le système devient

$$\begin{cases} \dfrac{(2-y^2)^2}{y^2} - 2y^2 = 1, \\ x = \dfrac{2-y^2}{y}, \end{cases}$$

ou

$$\begin{cases} y^4 + 5y^2 - 4 = 0, \\ x = \dfrac{2-y^2}{y}. \end{cases}$$

L'équation bicarrée en y a deux solutions, égales à

$$\pm \sqrt{\dfrac{-5 + \sqrt{41}}{2}},$$

et à chacune d'elles correspond une valeur pour x.

Problèmes.

194. Problème I. — *Un marchand vend un meuble* 39 *francs et gagne ainsi autant pour cent que le meuble lui coûtait ; trouver le prix d'achat de ce meuble.*

Soit x le prix cherché, le bénéfice étant le produit du prix de revient par $\dfrac{x}{100}$, sera égal à $\dfrac{x^2}{100}$; on doit donc avoir

$$x + \frac{x^2}{100} = 39,$$

ou $$x^2 + 100x - 3\,900 = 0.$$

Cette équation a pour racines 30 et — 130.

Discussion. — Le nombre cherché doit être essentiellement positif ; la seule solution du problème est donc 30.

Problème II. — *Calculer les côtés d'un rectangle connaissant la surface a^2 du rectangle et sa diagonale l.*

Soient x et y les côtés du rectangle ; on doit avoir

$$\begin{cases} xy = a^2, \\ x^2 + y^2 = l^2. \end{cases}$$

Tirant y de la première équation, il vient

$$\begin{cases} y = \dfrac{a^2}{x}, \\ x^2 + \dfrac{a^4}{x^2} = l^2, \end{cases}$$

ou $$\begin{cases} y = \dfrac{a^2}{x}, \\ x^4 - l^2 x^2 + a^4 = 0. \end{cases}$$

x est donné par une équation bicarrée ; pour résoudre cette équation, posons $x^2 = z$; il vient

$$z^2 - l^2 z + a^4 = 0.$$

A chaque racine de cette équation correspondent deux valeurs pour x et deux pour y.

Discussion. — L'équation bicarrée a des racines si

$$l^4 - 4a^4 \geqslant 0,$$

les racines en z étant alors positives, nous avons quatre valeurs pour x ; mais x devant être essentiellement positif, nous ne devons prendre que les deux valeurs positives ; à chacune d'elles correspond pour y une valeur ; il semble qu'il y ait deux systèmes de solutions ; en réalité, les deux systèmes se réduisent à un seul,

$$x' = \sqrt{\frac{l^2 + \sqrt{l^4 - 4a^4}}{2}}, \qquad y' = \sqrt{\frac{l^2 - \sqrt{l^4 - 4a^4}}{2}} ;$$

le second système est le précédent dans lequel on change x en y et y en x.

On a, en effet,

$$x'' = \sqrt{\frac{l^2 - \sqrt{l^4 - 4a^4}}{2}}, \qquad y'' = \sqrt{\frac{l^2 + \sqrt{l^4 - 4a^4}}{2}}.$$

195. Dans les problèmes précédents, les inconnues étaient assujetties à la seule condition d'être positives ; en général, les conditions de possibilité du problème sont plus complexes ; nous nous bornerons au cas où les inconnues doivent être comprises entre des limites α, β.

Une inconnue étant donnée par une équation du second degré, il faut reconnaître la place des nombres α, β par rapport aux racines ; on est donc conduit à substituer α et β dans le premier membre de l'équation, après avoir reconnu l'existence des racines.

Toutefois, comme dans la discussion on devra *toujours* faire ces substitutions, on peut les faire dès le début ; on peut, dans certains cas, éviter ainsi de former la quantité $b^2 - 4ac$. Il faut simplement remarquer que ces substitutions sont des calculs préliminaires et qu'il serait incorrect de dire que l'on détermine ainsi la place des nombres α, β par rapport aux racines, dont on n'a pas encore établi l'existence.

Exemple I. — *On donne les côtés a, b, c d'un triangle et on demande de déterminer la longueur x qu'il faut retrancher de chaque côté pour que le triangle dont les côtés sont $a - x$, $b - x$, $c - x$ soit rectangle.*

Supposons $a > b > c$; l'hypoténuse sera alors $a - x$, et on devra avoir

$$(a - x)^2 = (b - x)^2 + (c - x)^2$$

ou

$$x^2 - 2(b + c - a)x + b^2 + c^2 - a^2 = 0,$$

équation du second degré, qui permet de calculer x ; en supposant que cette équation ait des racines, elles sont données par

$$b + c - a \pm \sqrt{(b + c - a)^2 - b^2 - c^2 + a^2}.$$

Discussion. — Le nombre x, représentant une longueur doit être positif ; de plus, pour que l'on puisse construire un triangle avec les longueurs $a - x$, $b - x$, $c - x$, il faut que ces nombres soient positifs, ce qui aura lieu si le plus petit, $c - x$, est positif.

Une racine convient donc si x est compris entre 0 et c.

Formons $f(0)$ et $f(c)$:

$$f(0) = b^2 + c^2 - a^2,$$
$$f(c) = c^2 - 2(b + c - a)c + b^2 + c^2 - a^2$$
$$= (a - b)(2c - a - b).$$

Cette dernière quantité est négative, si $a > b > c$; l'équation a donc des racines et, c étant entre ces racines, une seule est inférieure à c et peut convenir si elle est positive, c'est-à-dire, si $f(0)$ est positif ou $b^2 + c^2 - a^2 > 0$.

Cette condition exprime que le triangle donné est acutangle.

Remarquons d'ailleurs que les nombres $a - x$, $b - x$, $c - x$ sont bien tels que le plus grand est inférieur à la somme des deux autres.

Exemple II. — *On considère une demi-circonférence de diamètre AB, et la tangente BT ; trouver sur la courbe un point M tel que si l'on abaisse la perpendiculaire MP sur la tangente et si l'on joint A à M, la somme* AM + 2MP *soit égale à une longueur donnée l.*

Désignons par r le rayon de la circonférence et prenons comme inconnue x la longueur MP ; si l'on projette M en Q, la longueur BQ est égale à x, et on a

$$\overline{AM}^2 = AQ \times AB = (2r - x) \cdot 2r.$$

L'équation du problème est donc

$$\sqrt{2r(2r - x)} + 2x = l.$$

Isolant le radical et élevant les deux membres au **carré**, il vient successivement :

$$(1) \qquad \sqrt{2r(2r - x)} = l - 2x,$$

$$2r(2r - x) = (l - 2x)^2,$$

$$(2) \qquad 4x^2 - 2(2l - r)x + l^2 - 4r^2 = 0,$$

équation du second degré dont les racines, en supposant qu'elles existent, sont

$$\frac{2l - r \pm \sqrt{(2l - r)^2 - 4(l^2 - 4r^2)}}{4}.$$

Discussion. — Pour que le problème soit possible, il faut que l'équation (2) ait des racines, et que ces racines rendent $l - 2x$ positif (70) ; telles sont les conditions algébriques. En regardant la figure, on voit que x doit être positif et inférieur à $2r$.

En résumé, une racine doit être positive, inférieure à $\dfrac{l}{2}$ et à $2r$.

Remarquons que tout nombre x qui vérifie l'équation (1) fait acquérir une valeur déterminée au second membre ; il doit donc en être de même pour le premier membre ; on est donc assuré que $2r(2r - x)$ est positif ; on peut affirmer que x est inférieur à $2r$; les seules conditions imposées à x sont donc

$$0 < x < \frac{l}{2}.$$

Substituant 0 et $\dfrac{l}{2}$, on a

$$l^2 - 4r^2 \qquad \text{et} \qquad r(l - 4r).$$

Ces expressions changent de signe quand l passe par les valeurs $2r$ et $4r$.

Formons le tableau des valeurs de l et des signes des substitutions qui correspondent à ces valeurs.

l	0	$2r$	$4r$	$\dfrac{17r}{4}$
$l^2 - 4r^2$	$-$	$+$	$+$	
$r(l - 4r)$	$-$	$-$	$+$	
	$x'\ \ 0\ \ \dfrac{l}{2}\ \ x''$	$0\ \ x'\ \ \dfrac{l}{2}\ \ x''$	$0\ \ x'\ \ x''\ \ \dfrac{l}{2}$	
	pas de solution.	1 solution	2 solutions	pas de racine.

On voit immédiatement que, l étant inférieur à $2r$, l'équation du second degré a des racines, entre lesquelles sont 0 et $\dfrac{l}{2}$; le problème n'a donc pas de solution.

l variant de $2r$ à $4r$, l'équation a encore des racines et $\dfrac{l}{2}$ est situé entre ces racines, 0 étant inférieur aux deux racines ; la plus petite racine est donc comprise entre 0 et $\dfrac{l}{2}$ et le problème a une solution.

Si l est supérieur à $4r$, on ne sait pas si l'équation a des racines, car les résultats de substitution sont du signe du coefficient de x^2 ; formons $b'^2 - ac$:

$$b'^2 - ac = r(17r - 4l) ;$$

cette quantité est positive si l est inférieur à $\dfrac{17r}{4}$. l variant de $4r$ à $\dfrac{17r}{4}$, 0 et $\dfrac{l}{2}$ ne sont pas compris entre les racines ; on connaîtra la place des racines en comparant leur demi-somme $\dfrac{2l - r}{4}$ à 0 et $\dfrac{l}{2}$.

Cette demi-somme est positive, l étant supérieur à $4r$; de plus, elle est inférieure à $\dfrac{l}{2}$: on a

$$\frac{2l - r}{4} < \frac{l}{2},$$
$$2l - r < 2l,$$

inégalité vérifiée. Les deux racines conviennent au problème.

Enfin, si l est supérieur à $\dfrac{17r}{4}$, il n'y a pas de solution.

Pour compléter, il reste à étudier ce qui arrive si l a les valeurs particulières $2r$, $4r$, $\dfrac{17r}{4}$; ceci ne présente **aucune** difficulté, et on voit que pour :

$l = 2r$, il y a une racine nulle qui convient ;

$l = 4r$, les deux racines $2r$ et $\dfrac{3r}{2}$ conviennent ;

$l = \dfrac{17r}{4}$, la racine unique convient. .

EXERCICES

1. Résoudre les systèmes suivants :

$$\begin{cases} 3x^2 - 4xy = 20, \\ x - 2y = 4 ; \end{cases} \qquad \begin{cases} x + y = 3, \\ xy = -10 ; \end{cases} \qquad \begin{cases} x - y = -2, \\ xy = 99 ; \end{cases}$$

$$\begin{cases} x^2 + y^2 = 34, \\ xy = -15 ; \end{cases} \qquad \begin{cases} x^2 - y^2 = \dfrac{5}{36}, \\ 6xy = 1 ; \end{cases} \qquad \begin{cases} 225(x^2 + y^2) = 34, \\ x + y = \dfrac{2}{15} ; \end{cases}$$

$$\begin{cases} \dfrac{1}{x^2} + \dfrac{1}{y^2} = 10, \\ \dfrac{1}{x} + \dfrac{1}{y} = -2 ; \end{cases} \qquad \begin{cases} \dfrac{1}{x^2} - \dfrac{1}{y^2} = 24, \\ \dfrac{1}{x} + \dfrac{2}{y} = 7 ; \end{cases} \qquad \begin{cases} \dfrac{3}{x} + \dfrac{4}{y} = -5, \\ \dfrac{1}{xy} = -2. \end{cases}$$

2. Résoudre et discuter les systèmes suivants :

$$\begin{cases} x + y = m, \\ xy = 5 ; \end{cases} \qquad \begin{cases} x + y = m + 2, \\ xy = 1 ; \end{cases} \qquad \begin{cases} x^2 + y^2 = 2m - 3, \\ xy = m + 5 ; \end{cases}$$

$$\begin{cases} x^2 + y^2 - 2x - 3 = 0, \\ y + 3x = m ; \end{cases} \qquad \begin{cases} 2xy - 4x + 1 = 0, \\ y = mx + 3 ; \end{cases} \qquad \begin{cases} x^2 + 2xy - y^2 - 2x = m, \\ y = x + 2m. \end{cases}$$

3. Résoudre les systèmes suivants :

$$\begin{cases} x^2 + y^2 = 26, \\ xy = 5 ; \end{cases} \qquad \begin{cases} x^2 - y^2 = 7, \\ xy = 12 ; \end{cases} \qquad \begin{cases} x^2 + y^2 - 2x = 3, \\ x^2 + y^2 + 3y = 0 ; \end{cases}$$

$$\begin{cases} x^2 + xy + y^2 = \dfrac{7}{36}, \\ x^2 + y^2 = \dfrac{13}{36} ; \end{cases} \qquad \begin{cases} x^2 - xy = 2, \\ xy + y^2 = 6 ; \end{cases} \qquad \begin{cases} x^2 + xy + y^2 = 39, \\ 2x^2 + 3xy + y^2 = 63. \end{cases}$$

★ **4.** Résoudre les systèmes suivants :

$$\begin{cases} x^3 + y^3 = 28, \\ x + y = 4 ; \end{cases} \qquad \begin{cases} x^3 - y^3 = \dfrac{65}{8}, \\ x - y = \dfrac{5}{2} ; \end{cases} \qquad \begin{cases} xy^2 - x^2y = 20, \\ xy = -4 ; \end{cases}$$

$$\begin{cases} x^4 - y^4 = 15, \\ x^2 + y^2 = 5 ; \end{cases} \qquad \begin{cases} x^4 + y^4 = 97, \\ xy = -6 ; \end{cases} \qquad \begin{cases} x^4 + y^4 = 626. \\ x + y = 4 ; \end{cases}$$

$$\begin{cases} \dfrac{x^2}{y} + \dfrac{y^2}{x} = -\dfrac{19}{36}, \\ x + y = \dfrac{1}{6} ; \end{cases} \qquad \begin{cases} x^3 + y^2 + xy + x + y = 1, \\ xy = m(x + y) ; \end{cases} \qquad \begin{cases} x^2 + y^2 + xy - 1 = 0, \\ xy + 3(x + y) = m. \end{cases}$$

5. Deux capitaux sont placés à 6 %. Leur somme est 60 000 fr. ; le premier, qui est resté placé 4 mois de plus que le second, a produit 3800 francs ; le second a rapporté 1500 francs. Trouver ces capitaux.

6. Trouver deux nombres sachant que leur produit augmenté de 1 égale le double de la différence de leurs carrés et que leur somme est 16.

7. Deux courriers partent d'une même ville et parcourent une distance de 504^{km} ; le premier fait 500^{m} de plus que le second par heure et arrive 1^{h}24^{mn} avant le second. Quelles sont les vitesses ?

8. Trouver trois nombres entiers consécutifs tels que leur produit soit les $\dfrac{48}{7}$ du carré du nombre intermédiaire.

9. Trouver cinq nombres entiers consécutifs tels que leur produit soit égal au produit de leur moyenne arithmétique par 504.

10. Un rectangle est équivalent à un carré de côté 7^{m},5 ; si l'on augmente ses dimensions de 0^{m},5, la surface est augmentée de 8$^{\text{m2}}$,75 ; quelles sont les dimensions ?

11. Trouver trois nombres sachant que l'un d'eux est égal à la demi-somme des deux autres, que la somme de leurs carrés est 435 et que la somme des produits de ces nombres pris deux à deux est 327.

12. Trouver les côtés de l'angle droit d'un triangle rectangle sachant que leur somme est a et l'hypoténuse b ; appliquer à

$$a = 14, \qquad b = 10.$$

13. Calculer les côtés de l'angle droit d'un triangle rectangle sachant que le périmètre est $2p$ et la hauteur h ; cas où $p = 6$, $h = 2,4$.

14. On considère un triangle rectangle ABC, dans lequel on connaît l'hypoténuse BC $= 2a$ et la somme $2m$ du côté AB et de la médiane correspondante. Calculer le côté AB.

15. Dans un demi-cercle de diamètre $AB = 2r$, inscrire un trapèze convexe ABCD dont une base soit AB et le périmètre $2p$.

16. Calculer la hauteur et le rayon d'un cylindre droit de surface totale $2\pi a^2$ et inscrit dans une sphère de rayon r.

17. Sur le diamètre AB d'un cercle, on prend un point P situé au milieu du rayon ; trouver sur le cercle un point M tel que la somme des distances du point P aux droites MA, MB soit égale à une longueur l. Inconnues $MA = x$ et $MB = y$.

18. Étant donné un carré ABCD de côté a, on demande de mener une droite CMN qui coupe les côtés AB, AD ou leurs prolongements en M et N de façon que MN ait une longueur $k \cdot AN$.

19. Étant donné un cône droit de rayon r et d'apothème l, à quelle distance du sommet faut-il le couper par un plan parallèle à la base pour que les surfaces totales des deux parties soient égales ?

20. Trouver les côtés d'un triangle rectangle connaissant le périmètre $2p$ et le rayon r du cercle inscrit.

21. Trouver dans un cercle de rayon r une corde telle que la somme de cette corde et de sa distance au centre soit une longueur donnée l.

22. Trouver, sur une demi-circonférence de diamètre $AB = 2r$, un point M tel que, si l'on abaisse MP perpendiculaire à ce diamètre, la somme $MP + AP$ soit une longueur donnée l.

23. Un cône de révolution a pour rayon r et pour hauteur h ; à quelle distance du centre de la base faut-il mener une corde AB pour que le triangle SAB, ayant pour sommet le sommet du cône, ait une aire donnée m^2 ?

24. Même problème, en supposant que la somme de la base et de la hauteur du triangle SAB soit une longueur donnée l.

25. A quelle distance du centre d'une sphère de rayon r faut-il mener un plan, pour qu'en ajoutant à chaque calotte l'aire de la section, les deux sommes soient dans un rapport donné m ?

26. Calculer les côtés de l'angle droit d'un triangle rectangle dont l'hypoténuse est a, sachant que le volume engendré par le triangle tournant autour de l'hypoténuse est πb^3.

27. On donne deux cônes de révolution égaux SAB, S'A'B', placés de façon que les plans des cercles de base AB, A'B' soient parallèles et que le sommet de chacun des cônes soit dans le plan de base de l'autre. On les coupe par un plan P parallèle aux bases et situé entre les plans de bases ; ce plan coupe le premier cône suivant un cercle CD, le second suivant un cercle C'D'.

On désigne par r, l, h le rayon, l'arête, la hauteur de chacun des cônes, par x la distance du sommet S au point de rencontre du plan P et de l'arête SA, par y la distance du sommet S au plan P.

1° Déterminer x de façon que le rapport de la somme des aires latérales des deux troncs de cône ABCD, A'B'C'D' à l'aire latérale du cône SAB soit égal à λ.

2° Déterminer y de façon que le rapport de la somme des volumes des troncs de cône ABCD, A'B'C'D' au volume du cône SAB soit égal à un nombre donné μ.

28. Étant donné un triangle ABC rectangle en A, trouver sur le côté AB un point M tel que

$$MA + MC = \lambda . MB.$$

29. On donne une droite AB et un point C, équidistant de A et B, trouver sur AB ou son prolongement un point M tel que

$$\frac{\overline{MB}^2 + \overline{MC}^2}{\overline{MA}^2 + \overline{MC}^2} = k^2.$$

30. On donne une sphère de rayon R. A quelle distance du centre faut-il mener un plan pour que la pyramide ayant pour sommet le centre de la sphère et pour base le carré inscrit dans le cercle de section ait une surface totale donnée ?

31. Dans un trapèze ABCD, rectangle en A et D, on connaît $AB = a$, la somme $BC + CD$ est égale à $3a$ et on sait que le volume engendré par la rotation du trapèze autour de AB est $\frac{4}{3}\pi m^3$. Calculer les côtés.

32. Calculer les côtés d'un rectangle, connaissant les distances a et b d'un sommet aux milieux des côtés issus du sommet opposé.

33. Trouver sur une demi-circonférence de diamètre $AB = 2R$ un point M tel que, MP étant la corde parallèle à AB, on ait

$$\overline{AM}^2 + \overline{MP}^2 = k^2.$$

34. Étant donné un angle de 120° yOz et un cercle de rayon R tangent à Oy et Oz, on demande de trouver sur Oy et Oz deux points A et B tels que AB soit une tangente au cercle et que le triangle ACB soit rectangle en C, C étant situé à la distance a du point O sur la perpendiculaire menée en O au plan yOz.

35. Dans un trapèze ABCD, les angles A et B sont droits, les diagonales sont rectangulaires, le côté CD a une longueur l et la somme des bases est m. Calculer les côtés.

36. Trouver le rayon de base et la hauteur d'un segment sphérique à une base, sachant que sa surface totale est πa^2 et que son volume est dans un rapport k avec celui d'un cylindre ayant pour hauteur celle du segment et pour base un grand cercle de la sphère.

37. Calculer les bases et la hauteur d'un trapèze rectangle ABCD, connaissant le côté oblique $BC = a$, la moyenne géométrique k des bases et la distance l de l'extrémité D de la grande base au côté BC.

38. Déterminer le côté AB d'un triangle rectangle en A, **connaissant** le côté AC $= b$ et la différence $3BC - AB = l$. (*Bacc.*)

39. On donne un triangle équilatéral ABC, de côté a.

1° Déterminer, sur la perpendiculaire menée de C au côté BC, un point M tel que le rapport $\dfrac{MA}{MB}$ ait une valeur donnée m. Discuter.

On évaluera, en millimètres, la longueur MC dans les deux cas suivants :

$$1° \ a = 10^{cm}, \qquad m = 0,5 ; \qquad 2° \ a = 10^{cm}, \qquad m = 0,4.$$

2° m étant choisi de façon que le problème présente deux solutions M', M", montrer que les points de contact des tangentes menées de C à une circonférence passant par M' et M" sont à une distance du point C indépendante de m.

Construire graphiquement M' et M" de façon que M'M" ait pour longueur a. Quelle est la valeur de m correspondant à ce cas de figure ? (*Bourses des lycées et collèges de garçons.*)

40. On donne un cercle et une tangente à ce cercle. Mener une corde CD parallèle à la tangente de façon que le rectangle, formé par cette corde, la tangente et les perpendiculaires menées des extrémités de la corde, ait une diagonale donnée l. (*Saint-Cyr.*)

41. Étant donnée une demi-circonférence de diamètre AB $= a$, trouver sur le prolongement du diamètre un point P tel que, si on mène de ce point la tangente PM, on ait la relation

$$\overline{AP}^2 = \overline{AM}^2 + \overline{MP}^2 + a^2.$$

On suppose B situé entre A et P. (*Arts et Métiers.*)

42. Trouver sur une demi-circonférence de centre O, limitée par un diamètre AB, un point D tel que, si on mène la corde DE parallèle à AB et qu'on joigne D et A, la somme des cordes AD et DE soit égale à une longueur donnée l. Discuter.

Nota. On distinguera deux cas de figures suivant que l'arc AD est inférieur ou est supérieur à un quart de circonférence. (*Bacc.*)

43. On considère un carré fixe OABC de côté a ; le vecteur $\overline{OA}$ détermine le sens positif sur un axe $x'Ox$; un segment MM' porté sur cet axe est vu de B sous un angle droit.

1° Établir entre les abscisses des points M, M' une relation indépendante de la position du segment MM'.

2° Déterminer M et M' de façon que

$$\overline{CM}^2 + \overline{CM'}^2 = k^2.$$

Discuter et indiquer une solution géométrique.

3° Montrer que le cercle circonscrit au triangle MCM' passe par un second point fixe, et trouver le lieu de son centre.

4° Construire le triangle MCM' pour lequel le rayon de ce cercle a une valeur donnée. (*Bacc.*)

44. On donne une sphère de rayon R et un de ses diamètres AB.

Un plan, perpendiculaire à AB, mené à la distance x, inférieure à R, de A, coupe la sphère suivant un cercle C et on circonscrit le long de ce cercle, le cône S qui est limité au cercle C.

On demande de déterminer x de manière que la somme de l'aire latérale du cône et de la calotte limitée à C et comprenant B soit dans un rapport donné k avec l'aire de la calotte limitée à C et comprenant A.   (*Bacc.*)

45. Calculer les bases d'un trapèze isocèle connaissant le côté l non parallèle aux bases, le rayon R du cercle circonscrit et la somme $2p$ des bases. Discussion.

Distinguer les cas où le centre du cercle circonscrit est à l'intérieur du trapèze de ceux où il est à l'extérieur. (*Saint-Cyr.*)

46. Trouver les côtés d'un triangle, sachant qu'ils forment une progression arithmétique de raison a et connaissant le rapport k de l'aire du triangle à celle du rectangle construit sur les plus petits côtés.

47. Trouver la base et la hauteur d'un triangle isocèle, connaissant les rayons r et R du cercle inscrit et du cercle circonscrit.

48. Dans un trapèze isocèle ABCD, I et J sont les milieux des bases AB et CD ; on donne $AB = 2a$, $AD = 2a$, $IJ + 3DJ = l$; calculer le côté DC.

49. Trouver les côtés d'un trapèze isocèle circonscrit à un cercle de rayon R, sachant que le volume engendré par sa rotation autour de la grande base est $8\pi m R^2$.

50. Déterminer les bases d'un trapèze rectangle connaissant la hauteur h, la surface $\frac{1}{2}hm$ et le produit k^2 de ses diagonales.

LIVRE III

VARIATIONS DES FONCTIONS

CHAPITRE I

Variations du trinome du second degré.

196. Après avoir étudié comment varie l'expression $ax + b$, nous allons de la même façon chercher dans quel sens le trinome du second degré $ax^2 + bx + c$ varie quand on donne à x des valeurs croissant de $-\infty$ à $+\infty$; nous commencerons par quelques exemples numériques.

EXEMPLE I. — *Étudier les variations de $y = x^2$.*

L'expression algébrique x^2 a une valeur numérique pour toute valeur de x ; le carré d'un nombre augmente avec ce nombre, si ce nombre est positif ; il diminue quand le nombre croît, si ce nombre est négatif.

La fonction $y = x^2$ est donc décroissante, quand x varie de $-\infty$ à 0 et croissante quand x varie de 0 à $+\infty$; on dit qu'elle passe par un *minimum* pour $x = 0$.

Nous pouvons remarquer que si l'on donne à x deux valeurs opposées, x^2 reprend la même valeur ; et si x prend des valeurs de plus en plus grandes en valeur absolue, il en est de même de y.

La représentation de cette fonction est alors immédiate : x étant négatif et très grand en valeur absolue, y est positif et très grand ; la courbe part d'en haut et à gauche ; si x croît, y décroît, le point se rapproche de Ox' et de Oy ; quand x

s'annule, y s'annule et la courbe passe à l'origine, pour s'éloigner ensuite à droite et en haut.

REMARQUE. — A deux valeurs opposées de x correspondent des points M et M' projetés en P et P', à égales distances de l'origine ; les ordonnées de ces points étant égales, la figure PP'M'M est un rectangle et l'axe Oy est perpendiculaire à MM' en son milieu.

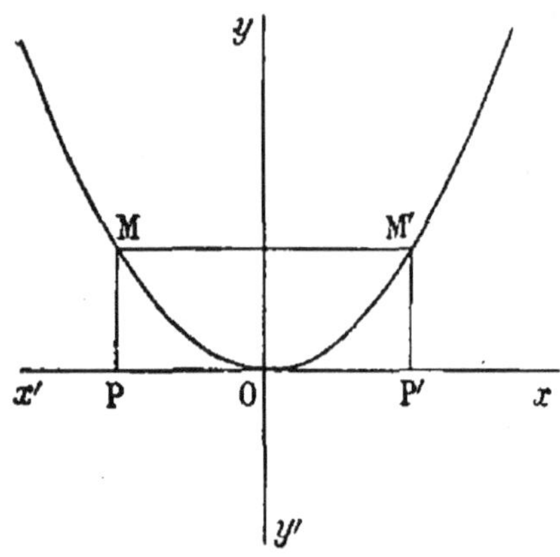

L'axe Oy est un axe de symétrie de la courbe, qui est d'ailleurs une *parabole*.

EXEMPLE II. — *Étudier les variations de* $y = -(x-1)^2$.

L'expression $-(x-1)^2$ a une valeur numérique pour toute valeur de x ; cette valeur numérique est toujours négative.

Pour étudier le sens des variations de y, remarquons que les nombres $(x-1)^2$ et $-(x-1)^2$ sont toujours opposés ; ils varient en sens inverse l'un de l'autre et il nous suffira de connaître les variations de $(x-1)^2$ pour en déduire celles de $y = -(x-1)^2$.

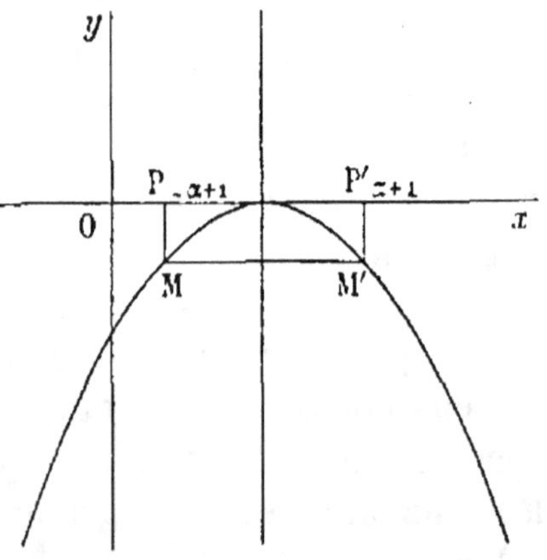

$(x-1)^2$ est un carré qui varie comme $x-1$, quand $x-1$ est positif, et en sens inverse, quand $x-1$ est négatif ; le changement de signe de $x-1$ ayant lieu pour $x=1$, on voit que $(x-1)^2$ décroît quand x varie de $-\infty$ à 1 et croît quand x varie de 1 à $+\infty$; par suite, y croît quand x varie de $-\infty$ à 1 et décroît ensuite, la fonction y a un *maximum* pour $x=1$.

La représentation graphique est immédiate ; nous remarquerons que si l'on donne à x des valeurs $-\alpha+1$ et $\alpha+1$, y a la même valeur ; on en déduit, comme dans l'exemple précédent, que les points de la courbe sont deux à deux symétriques par rapport à la parallèle à $y'Oy$ menée par le point d'abscisse 1.

Remarque. — Transportons l'origine au point de l'axe $x'Ox$ qui a pour abscisse 1 ; si x' est l'abscisse d'un point dans le nouveau système d'axes, on a (20)

$$x = x' + 1$$

et la fonction y est alors

$$y = -x'^2,$$

ce qui ramène son étude à celle qui a été faite dans l'exemple précédent.

197. Continuité. — En traçant la courbe, nous avons supposé implicitement que lorsque les valeurs de x variaient par degrés insensibles, celles de y ne variaient pas brusquement, c'est-à-dire que y variait d'une *façon continue* ; nous préciserons en disant que l'on peut toujours choisir la variation de x assez petite pour que la variation correspondante de y soit aussi petite qu'on le veut ; y sera alors *fonction continue* de x.

Établissons cette propriété pour la fonction x^2 ; si 2 est une valeur de x et h sa variation, la variation de y sera

$$(2 + h)^2 - 2^2 = 4h + h^2.$$

On peut écrire cette expression

$$h(4 + h) ;$$

assujettissons h à être inférieur à 1 en valeur absolue ; la parenthèse sera inférieure en valeur absolue à 5, et si l'on a

$$h < \frac{\varepsilon}{5},$$

la variation de y sera bien inférieure à ε en valeur absolue, quel que soit le nombre ε.

198. Théorème I. — *Le trinome du second degré est une fonction continue de x.*

Nous allons montrer que l'on peut faire varier x assez peu pour que la variation correspondante du trinome soit inférieure en valeur absolue à un nombre donné ε.

Le trinome a, pour $x = x_0$ et $x = x_0 + h$, les valeurs

$$ax_0^2 + bx_0 + c \qquad \text{et} \qquad a(x_0 + h)^2 + b(x_0 + h) + c.$$

Sa variation est

$$a(x_0 + h)^2 + b(x_0 + h) + c - (ax_0^2 + bx_0 + c)$$
$$= h(2ax_0 + b) + ah^2;$$

écrivons-la sous la forme

$$h(2ax_0 + b + ah).$$

Nous pouvons imposer, pour première condition, que la valeur absolue de h soit inférieure à 1 et le crochet a une valeur absolue inférieure à

$$2 \mid ax_0 \mid + \mid b \mid + \mid a \mid = M.$$

Il en résulte que, si h est en valeur absolue inférieur à $\dfrac{\varepsilon}{M}$, la variation de y sera, en valeur absolue, inférieure à ε ; la fonction est continue.

199. Théorème II. — *Le trinome $ax^2 + bx + c$ décroît quand x varie de $-\infty$ à $-\dfrac{b}{2a}$ et croît quand x varie de $-\dfrac{b}{2a}$ à $+\infty$, si a est positif ; il croît quand x varie de $-\infty$ à $-\dfrac{b}{2a}$ et décroît quand x varie de $-\dfrac{b}{2a}$ à $+\infty$, si a est négatif.*

Son minimum, dans le premier cas, son maximum, dans le second cas, a lieu pour $x = -\dfrac{b}{2a}$ et est égal à $\dfrac{4ac - b^2}{4a}$.

Nous établirons d'abord les deux propriétés suivantes :

Les deux expressions y et $Y = y + k$, k étant une constante, varient dans le même sens ; en effet, si l'on donne à y deux valeurs y_1 et y_2 ($y_2 > y_1$), Y a les valeurs

$$Y_1 = y_1 + k \qquad \text{et} \qquad Y_2 = y_2 + k.$$

y_2 étant supérieur à y_1, Y_2 est supérieur à Y_1, c'est-à-dire que Y croît en même temps que y.

En second lieu, les fonctions y et $Y = ay$, a étant une constante, varient dans le même sens, si a est positif, en sens contraire, si a est négatif.

Donnons à y les valeurs y_1 et y_2 ($y_2 > y_1$); les valeurs de Y sont

$$Y_1 = ay_1 \qquad \text{et} \qquad Y_2 = ay_2,$$

et la différence

$$Y_2 - Y_1 = a(y_2 - y_1)$$

a le signe de a; elle est positive, si a est positif, et Y croît comme y; elle est négative, si a est négatif, et Y décroît si y croît.

Ceci posé, on peut écrire le trinome sous la forme (183)

$$a\left[\left(x + \frac{b}{2a}\right)^2 + \frac{4ac - b^2}{4a^2}\right].$$

Il varie comme la quantité entre crochets, si a est positif, en sens contraire, si a est négatif.

L'expression $\qquad \left(x + \frac{b}{2a}\right)^2 + \frac{4ac - b^2}{4a^2}$

varie dans le même sens que

$$\left(x + \frac{b}{2a}\right)^2.$$

Ce carré varie comme $\quad x + \dfrac{b}{2a},$

si cette quantité est positive, c'est-à-dire si $x > -\dfrac{b}{2a}$ et en sens contraire, si cette quantité est négative, c'est-à-dire si $x < -\dfrac{b}{2a}.$

En résumé, a étant positif, le trinome décroît quand x varie de $-\infty$ à $-\dfrac{b}{2a}$, croît quand x varie de $-\dfrac{b}{2a}$ à $+\infty$; il passe par un minimum pour $x = -\dfrac{b}{2a}$; la valeur du trinome est alors $a\dfrac{4ac - b^2}{4a^2}$ ou $\dfrac{4ac - b^2}{4a}$.

Le contraire a lieu si a est négatif.

200. Remarque I. — Si l'équation $ax^2 + bx + c = 0$ a deux racines, le maximum ou le minimum du trinome correspond à la valeur de x égale à la demi-somme des racines ; si l'équation a une seule racine, le maximum ou le minimum correspond à cette racine et est nul.

201. Remarque II. — *Si l'on donne à x deux valeurs équidistantes de $-\dfrac{b}{2a}$, le trinome prend des valeurs égales.*

Soient $-\alpha - \dfrac{b}{2a}$ et $+\alpha - \dfrac{b}{2a}$ ces valeurs de x ; les valeurs correspondantes du trinome sont

$$a\left[(-\alpha)^2 + \dfrac{4ac - b^2}{4a^2}\right] \quad \text{et} \quad a\left[(\alpha)^2 + \dfrac{4ac - b^2}{4a^2}\right] ;$$

elles sont égales, puisque les carrés de α et $-\alpha$ sont égaux.

202. Théorème III. — *Le trinome du second degré augmente indéfiniment en valeur absolue en même temps que x.*

Nous pouvons supposer le coefficient a positif ; la démonstration serait la même si a était négatif ; il faut établir que pour x très grand en valeur absolue, le trinome positif prend des valeurs supérieures à tout nombre donné positif A, ce qui revient à résoudre l'inégalité

$$(1) \qquad ax^2 + bx + c > A,$$

$$(2) \qquad ax^2 + bx + c - A > 0.$$

Le nombre A étant très grand, $c - A$ est négatif ; a étant positif, le trinome (2) a une racine positive x' et une racine négative x'' ; pour toute valeur de x non comprise entre x' et x'', l'inégalité est vérifiée ; il en résulte que si x est suffisamment grand en valeur absolue (*), le trinome (1), qui est positif, est supérieur à A.

D'ailleurs si $c - A$ était positif et que le trinome (2) eût des racines, la démonstration subsisterait ; s'il n'avait pas de racine, il serait constamment positif.

Dans l'hypothèse où a est négatif, le trinome peut prendre des valeurs négatives inférieures à tout nombre négatif $- A$.

203. Représentation graphique. — 1° $a > 0$. Si x est

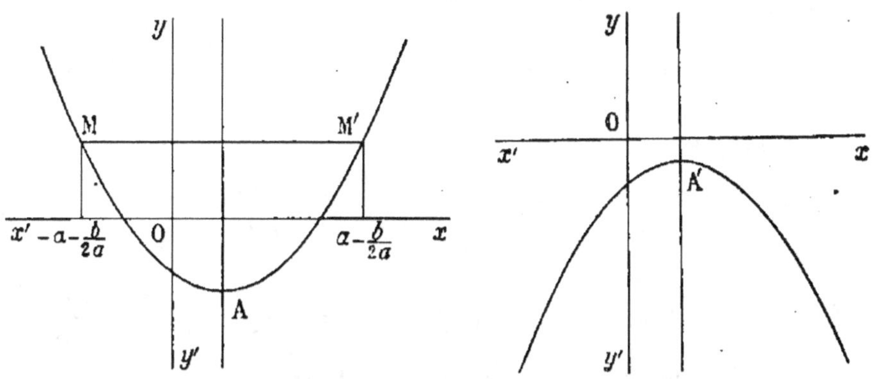

très grand en valeur absolue et négatif, le trinome est positif et très grand ; il décroît quand x croît jusqu'à $-\dfrac{b}{2a}$, passe par un minimum égal à $\dfrac{4ac - b^2}{4a}$; la courbe part donc d'en haut et à gauche et se rapproche de $y'Oy$ et $x'Ox$; elle descend jusqu'en A, point qui correspond au minimum, pour remonter ensuite vers la droite.

2° $a < 0$. La courbe figurative est alors analogue à la précédente, mais tournée en sens inverse.

REMARQUE I. — Si l'on prend deux points M et M' d'abscisses $- \alpha - \dfrac{b}{2a}$ et $+ \alpha - \dfrac{b}{2a}$, les ordonnées sont égales ; ces deux points situés sur une parallèle à $x'Ox$ sont symétriques

____

(*) Cela aura lieu si la valeur absolue de x est supérieure à celles de x' et de x'', car alors x sera ou inférieur à x'' ou supérieur à x'.

par rapport à la parallèle à $y'Oy$ menée par le point A d'abscisse $-\dfrac{b}{2a}$; cette droite est un *axe de symétrie* de la courbe.

REMARQUE II. — La courbe coupe ou ne coupe pas l'axe $x'Ox$ suivant que le trinome a ou n'a pas de racines ; il est facile de retrouver, à l'aide du signe du maximum ou du minimum, la condition pour que l'équation du second degré ait des racines.

REMARQUE III. — La relation

$$y = a\left[\left(x + \frac{b}{2a}\right)^2 + \frac{4ac - b^2}{4a^2}\right]$$

peut s'écrire

$$y - \frac{4ac - b^2}{4a} = a\left(x + \frac{b}{2a}\right)^2.$$

Si l'on prend pour origine le point $x = -\dfrac{b}{2a}$, $y = \dfrac{4ac - b^2}{4a}$, les formules de transformation (20) donnent

$$x' = x + \frac{b}{2a}, \qquad y' = y - \frac{4ac - b^2}{4a},$$

et la relation devient $\qquad y' = ax'^2$.

La courbe est une parabole.

204. De même que la résolution de certaines équations peut être ramenée à celle d'équations du second degré, de même l'étude des variations de fonctions d'apparence très compliquée peut être faite en combinant les résultats obtenus pour une succession de fonctions simples ; nous allons indiquer par quelques exemples comment on peut procéder.

205. Exemple I. — *Étudier les variations de $x^6 - 4x^3 + 5$.*

Posons $\qquad y = x^6 - 4x^3 + 5, \qquad z = x^3.$

y prend alors la forme

$$y = z^2 - 4z + 5.$$

C'est, par rapport à z, un trinome du second degré dont nous connaissons les variations, résumées dans le tableau suivant:

z	$-\infty$		2		$+\infty$
y	$+\infty$	décroît	1	croît	$+\infty$

D'autre part, z varie toujours dans le même sens que x ; il en résulte que, x croissant de $-\infty$ à $+\infty$, z croît de $-\infty$ à $+\infty$; mais, ici, une valeur de z nous intéresse particulièrement : c'est la valeur 2 pour laquelle y est minimum ; à cette valeur correspond pour x la valeur $\sqrt[3]{2}$.

Nous sommes ainsi conduits à faire varier d'abord x de $-\infty$ à $\sqrt[3]{2}$, z varie alors de $-\infty$ à 2 et y décroît de $+\infty$ à 1 ; si x varie de $\sqrt[3]{2}$ à $+\infty$, z croît de 2 à $+\infty$ et y croît de 1 à $+\infty$; le tableau suivant résume la discussion ;

x	$-\infty$		$\sqrt[3]{2}$		$+\infty$
z	$-\infty$	croît	2	croît	$+\infty$
y	$+\infty$	décroît	1	croît	$+\infty$

La courbe représentative des variations de y par rapport à x a manifestement une forme analogue à celle qui a été indiquée au sujet du trinome du second degré, mais elle n'a pas d'axe de symétrie.

206. Exemple II. — *Étudier les variations de $x^4 + 3x^2 + 1$.*

Posons $$y = x^4 + 3x^2 + 1, \qquad z = x^2.$$

y peut s'écrire $$y = z^2 + 3z + 1.$$

C'est un trinome du second degré par rapport à z ; il a un minimum pour $z = -\dfrac{3}{2}$; il décroît quand z varie de $-\infty$ à $-\dfrac{3}{2}$ et croît quand z varie de $-\dfrac{3}{2}$ à $+\infty$, si toutefois *on peut donner toutes les valeurs à z.*

D'autre part, z est toujours positif, décroît de $+\infty$ à 0 quand x varie de $-\infty$ à 0, et croît de 0 à $+\infty$ quand x varie de 0 à $+\infty$.

Combinons ces deux résultats : z est ici toujours positif ; y varie donc toujours dans le même sens que z. On en conclut que y décroît quand x varie de $-\infty$ à 0, et croît quand x varie de 0 à $+\infty$. D'ailleurs, si x est $-\infty$, z est $+\infty$ et y est $+\infty$; si $x = 0$, $z = 0$ et $y = 1$; si x est $+\infty$, z est $+\infty$, y est $+\infty$.

Le tableau suivant résume les résultats :

x	$-\infty$		0		$+\infty$
z	$+\infty$	décroît	0	croît	$+\infty$
y	$+\infty$	décroît	1	croît	$+\infty$

La courbe représentative est encore analogue à celle qui correspond au trinome du second degré.

Remarquons que si l'on change x en $-x$, y conserve la même valeur ; la courbe est symétrique par rapport à Oy.

207. Exemple III. — *Étudier les variations de*

$$x^4 - 8x^2 + 3.$$

Posons $\qquad y = x^4 - 8x^2 + 3, \qquad z = x^2.$

y peut s'écrire $\qquad y = z^2 - 8z + 3.$

C'est un trinome du second degré par rapport à z ; il a un minimum -13 pour $z = 4$; il décroît de $+\infty$ à -13 si z croît de $-\infty$ à 4, et croît de -13 à $+\infty$ si z croît de 4 à $+\infty$.

D'autre part, z est toujours positif, décroît de $+\infty$ à 0 si x varie de $-\infty$ à 0, et croît de 0 à $+\infty$ si x varie de 0 à $+\infty$.

Mais nous avons vu que la valeur 4 de z jouait un rôle important dans l'étude de la fonction y ; il convient donc d'introduire les valeurs de x pour lesquelles z est égal à 4 ; ces valeurs sont -2 et $+2$.

Ceci fait, nous ferons varier x de $-\infty$ à $+\infty$ en nous arrêtant aux valeurs remarquables qui se sont introduites, soit à propos de z, soit à propos de y ; ces valeurs sont -2, 0, $+2$.

1° x *varie de* $-\infty$ *à* -2 ; z, qui est positif, décroît de $+\infty$ à $+4$.

y, pour les valeurs de z comprises entre 4 et $+\infty$, varie dans le même sens que z ; y décroît donc ici.

2° x *varie de* -2 *à* 0 ; z décroît de 4 à 0.

y, pour les valeurs de z comprises entre $-\infty$ et 4, varie en sens inverse de z ; y croît donc ici, puisque z est entre 0 et 4.

3° x *varie de* 0 *à* 2 ; z croît de 0 à 4.

y, pour les valeurs de z comprises entre $-\infty$ et 4, varie en sens inverse de z ; y décroît donc ici, puisque z est entre 0 et 4.

4° x *varie de* 2 *à* $+\infty$; z croît de 4 à $+\infty$.

y, pour les valeurs de z comprises entre 4 et $+\infty$, varie dans le même sens que z ; y croît.

Ces résultats (*) sont résumés dans le tableau ci-dessous ;

x	$-\infty$		-2		0		$+2$		$+\infty$
z	$+\infty$	↘	4	↘	0	↗	4	↗	$+\infty$
y	$+\infty$	↘	-13	↗	3	↘	-13	↗	$+\infty$
			min.		max.		min.		

Pour construire la courbe, nous remarquerons que y conserve

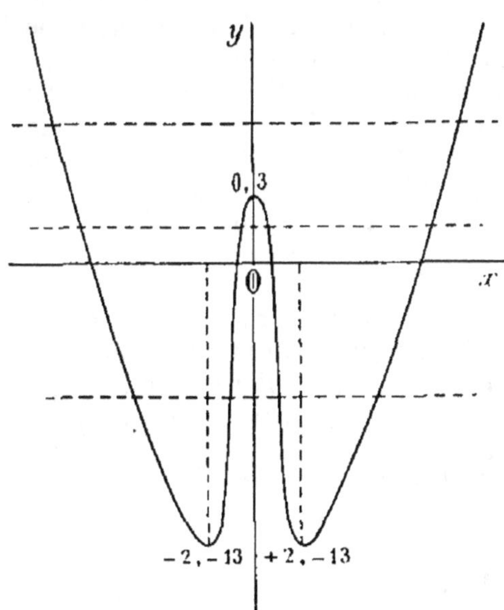

la même valeur quand on donne à x deux valeurs opposées ; on en conclut, comme nous l'avons déjà vu (196), que la courbe a Oy pour axe de symétrie ; son tracé est très simple ; nous remarquerons qu'elle coupe l'axe Ox en 4 points, qui correspondent à la valeur 0 pour y ; ceci prouve que l'équation bicarrée

$$x^4 - 8x^2 + 3 = 0$$

a 4 racines.

REMARQUE. — Si on considère y comme étant un nombre donné, l'équation

$$x^4 + 8x^3 + 3 = y$$

a autant de racines qu'il y a de points de la courbe qui ont pour ordonnée y ; on voit alors sur la figure que :

Si y est inférieur à -13, l'équation n'a pas de racine ;

Si y est égal à -13, l'équation a deux racines ;

Si y est compris entre -13 et 3, l'équation a quatre racines ;

Si y est égal à 3, l'équation a trois racines ;

Si y est supérieur à 3, l'équation a deux racines.

208. Méthode générale. — On a pu voir par ces trois exemples que le procédé employé était toujours le même : on essaye de faire apparaître dans la fonction y que l'on veut étudier une fonction intermédiaire z, de telle façon que x n'intervienne que dans z ; on étudie alors y par rapport à z que l'on fait varier de

---

(*) Au lieu d'écrire *croît* nous avons mis une flèche dans le sens ascendant, et au lieu d'écrire *décroît* nous avons mis une flèche dans le sens descendant ; on saisit mieux ainsi l'ensemble du tableau.

$- \infty$ à $+ \infty$; puis on étudie z par rapport à x, que l'on fait varier de $- \infty$ à $+ \infty$. En combinant les résultats trouvés, on en déduit la façon dont varie y, quand x varie de $- \infty$ à $+ \infty$.

Observons que ce procédé était très simple dans les deux premiers exemples, parce que nous n'avons eu à considérer simultanément pour x et z que deux intervalles qui se correspondaient exactement ; dans le troisième exemple, la question était plus compliquée, et il a été nécessaire de considérer toute une série d'intervalles. On peut aisément imaginer d'autres cas où le nombre des intervalles serait encore plus grand et il serait presque impossible de ne pas se perdre dans l'enchevêtrement des intervalles relatifs à y et à z ; pour procéder d'une façon sûre, il importe de pouvoir saisir d'un coup d'œil toutes les particularités des variations ; à cet effet, il suffira de résumer dans des tableaux les résultats trouvés ; nous avons déjà eu l'occasion de remarquer que ces tableaux, analogues à une représentation graphique, avaient pour effet de soulager les efforts d'attention qu'exige l'étude des variations d'une fonction ; ceci est plus net encore dans le cas actuel.

Supposons que l'on connaisse une fonction z de x et une fonction y de z ; si à une valeur x_0 de x correspond une valeur y_0 de y ; si, de plus, à la valeur y_0 de y correspond une valeur z_0 de z, on peut dire qu'à x_0 correspond y_0 ; il en résulte que y sera une fonction de x définie dans certains intervalles ; elle sera définie par l'intermédiaire de la fonction z ; nous dirons que y est une *fonction de fonction* de x.

Pour étudier les variations d'une fonction y de fonction de x, la fonction intermédiaire étant z :

1° *On étudiera les variations de z par rapport à x, en faisant varier x de $- \infty$ à $+ \infty$;*

2° *On étudiera les variations de y par rapport à z, en faisant varier z de $- \infty$ à $+ \infty$, sans se préoccuper de x ;*

3° *Ayant dressé les tableaux de variations, on cherchera dans le premier les valeurs de x remarquables, ainsi que les valeurs correspondantes de z ; on introduira ces valeurs dans le second tableau ; on cherchera les valeurs remarquables de z dans le second tableau et on calculera les valeurs correspondantes de x, que l'on introduira dans le premier tableau ;*

4° *On dressera un tableau final dans lequel figureront toutes les valeurs remarquables ainsi trouvées pour x, ainsi que les valeurs correspondantes de z et de y ; il y aura ainsi une série d'intervalles dans lesquels le premier tableau indique comment varie z par rapport à x ; le second tableau indique comment dans ces mêmes intervalles y varie par rapport à z ; si y varie dans le sens de z, on conclura que y varie dans le sens indiqué pour z ; si y ne varie pas dans le sens de z, on conclura que y varie dans le sens contraire à celui qui a été indiqué pour z.*

En employant cette méthode, on ne risque pas de se tromper, mais il est manifeste qu'il y a des cas simples, comme ceux que nous avons examinés, où on peut se dispenser de ces précautions.

Applications.

209. Résolution d'inégalités. — L'étude des variations du trinome du second degré nous a conduits à la construction d'une courbe dont les coordonnées des points vérifient, à l'exclusion de tout autre point, une équation $y = ax^2 + bx + c$, que l'on peut écrire

$$(1) \qquad y - ax^2 - bx - c = 0,$$

$$(2) \qquad ax^2 + bx + c - y = 0.$$

Cette équation est appelée l'équation de la courbe ; son premier membre, quand elle est mise sous l'une des formes (1) ou (2) est un polynome du premier degré en y, du second degré en x et ne renfermant aucun terme où figurent à la fois x et y. On peut, comme on l'a fait pour le polynome du premier degré par rapport à x et y, se proposer d'en étudier le signe quand on y remplace x et y par les coordonnées d'un point du plan.

Donnons à x une valeur x_0 ; le polynome du premier degré en y

$$y - ax_0^2 - bx_0 - c$$

change de signe en s'annulant et seulement en s'annulant, c'est-à-dire, quand y reçoit la valeur y_0 pour laquelle

$$y_0 - ax_0^2 - bx_0 - c = 0,$$

autrement dit, quand x_0 et y_0 sont coordonnées d'un point de la courbe dont (1) est l'équation. Il en résulte que la parallèle à l'axe $y'Oy$ qui a pour équation $x = x_0$, et qui rencontre la courbe au seul point A, est partagée par ce point en deux régions AA′, AA″ : les coordonnées x_0, y d'un point de AA′ font acquérir au polynome $y - ax^2 - bx - c$ une valeur négative, puisque, pour un tel point,

$$y < y_0 \qquad \text{et} \qquad y_0 - ax_0^2 - b x_0 - c = 0 \,;$$

les coordonnées de tout point de la région AA'' font acquérir au polynome une valeur positive.

Prenons une autre parallèle $B'BB''$ à $y'Oy$ qui rencontre la courbe en B; pour tout point de BB', le polynome est négatif; il est positif pour tout point de BB''. On en conclut que la courbe sépare le plan en deux régions : les coordonnées d'un point de l'une d'elles font acquérir au polynome une valeur positive; les coordonnées d'un point de l'autre font acquérir au polynome une valeur négative; nous les appellerons, pour abréger, *région positive* et *région négative* de la courbe.

Il est clair que l'équation

$$(3) \qquad \alpha y + \beta x^2 + \gamma x + \delta = 0$$

représente une courbe analogue à la précédente, et, si on écrit le premier membre sous la forme

$$\alpha \left(y + \frac{\beta}{\alpha} x^2 + \frac{\gamma}{\alpha} x + \frac{\delta}{\alpha} \right),$$

on peut répéter relativement au polynome P placé entre parenthèses ce qui a été dit plus haut; comme, d'autre part, le signe du polynome donné, premier membre de l'équation (3), est celui de P si α est positif et n'est pas celui de P si α est négatif, on voit que, relativement à la courbe qui correspond à l'équation (3), il existe également une région positive et une région négative séparées l'une de l'autre par la courbe.

Remarquons qu'ici encore, comme lorsqu'il s'agissait du signe du premier membre de l'équation d'une droite (153, 156), la région positive et la région négative ne se rapportent pas à la courbe géométrique elle-même, mais à la forme de l'équation qui la représente.

210. Il est clair que l'existence de région positive et de région négative entraîne les mêmes conséquences que celles que nous en avons déduites relativement aux inégalités du premier degré ; un exemple suffira à montrer l'usage qu'on peut en faire.

EXEMPLE. — *Résoudre graphiquement les inégalités simultanées*

$$x^2 - 2x - 2y + 1 > 0, \qquad 2y + 2x - 1 > 0,$$
$$2y - 2x - 1 < 0.$$

Construisons la courbe représentée par l'équation

$$x^2 - 2x - 2y + 1 = 0, \qquad \text{ou} \qquad y = \frac{1}{2}(x-1)^2,$$

et les droites représentées par les équations

$$2y + 2x - 1 = 0, \qquad 2y - 2x - 1 = 0.$$

La première est une parabole tangente à l'axe Ox au point **A**

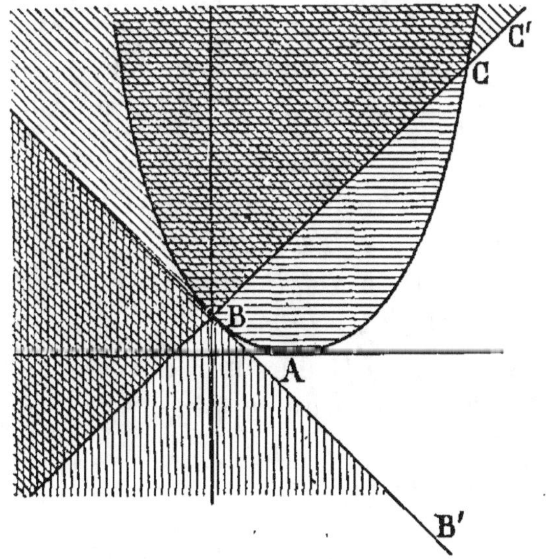

dont l'abscisse est 1 ; la seconde est une parallèle à la seconde bissectrice menée par le point B de Oy dont l'ordonnée est $\dfrac{1}{2}$, et la troisième est une parallèle à la première bissectrice menée par le même point.

Comme les différentes régions sont limitées par la parabole et les droites, il est utile, pour bien les définir, de connaître les points où la parabole et les droites se rencontrent ; à cet effet, on résoudra les systèmes

$$\begin{cases} x^2 - 2x - 2y + 1 = 0, \\ 2y + 2x - 1 = 0, \end{cases} \qquad \begin{cases} x^2 - 2x - 2y + 1 = 0, \\ 2y - 2x - 1 = 0. \end{cases}$$

Le premier système a une solution unique $x = 0$, $y = \dfrac{1}{2}$; on dit que la droite est tangente en B à la parabole. Le second système a deux solutions, $x = 0$, $y = \dfrac{1}{2}$ et $x = 4$, $y = \dfrac{9}{2}$, qui correspondent aux points B et C.

Il reste à déterminer pour chaque ligne sa région positive et sa région négative ; on voit immédiatement que l'origine est dans la région positive de la parabole, dans les régions négatives des deux droites ; nous avons mis des hachures dans les régions qui ne conviennent pas à la fois aux trois inégalités ; celles-ci seront vérifiées simultanément quand on donnera à x et y des valeurs qui sont les coordonnées d'un point de la région limitée par les demi-droites BB′, CC′ et l'arc BAC, et ne seront vérifiées pour aucun autre système de valeurs de x et y.

211. Variation d'une grandeur géométrique. — L'étude faite précédemment est purement algébrique et ne se rapporte qu'à des expressions algébriques ; on peut l'utiliser pour étudier les variations de grandeurs susceptibles d'être mesurées par des nombres qui dépendent de la mesure d'une autre grandeur variable.

EXEMPLE. — *Étant donné un triangle acutangle* ABC, *dont la base* BC *a* 5^m *et la hauteur* 6^m, *on trace un rectangle dont deux sommets sont sur* BC, *les deux autres étant sur* AB *et* AC ; *étudier la variation de l'aire du rectangle.*

En désignant par y la distance à BC du côté du rectangle qui lui est parallèle, la mesure de l'aire du rectangle est (159)

$$\frac{5y(6 - y)}{6}.$$

Étudier comment varie l'aire, c'est étudier les variations de ce polynome du second degré quand y varie de 0 à 6 ; il a un maximum pour $y = 3$, croît de 0 à 7,5 quand y croît de 0 à 3, décroît de 7,5 à 0 quand y croît de 3 à 6 et prend des valeurs égales si y a des valeurs $3 - \alpha$ et $3 + \alpha$.

L'aire du rectangle croît donc quand son côté MN, parallèle

à BC, se déplace de BC en M'N', position équidistante de BC
et de A, est maxima pour M'N' et décroît ensuite ; elle a des
valeurs égales quand MN occupe des positions symétriques
par rapport à M'N'.

212. Dans cet exemple, l'aire était constamment représentée par une même expression algébrique ; il n'en est pas toujours ainsi : il peut arriver que, suivant les intervalles dans
lesquels se trouve la variable, l'expression algébrique de la
grandeur considérée varie ; il faudra alors étudier successivement les variations dans chaque intervalle partiel qui correspond à une même expression algébrique et réunir ensuite les
différents résultats obtenus.

EXEMPLE. — *Étant donné un triangle acutangle* ABC, *dont
la base* BC *a* 5^m *et la hauteur* 6^m, *on trace un rectangle dont
deux sommets sont sur* BC *ou son prolongement, les deux
autres étant sur* AB *et* AC *ou leurs prolongements ; étudier
comment varie l'aire du rectangle quand le côté parallèle à* BC
se déplace.

Appelant y la distance du côté MN parallèle à BC à la base
BC, on voit aisément que l'expression de l'aire du rectangle
est

$$\frac{5y(6+y)}{6}, \qquad \frac{5y(6-y)}{6}, \qquad \frac{5y(y-6)}{6}.$$

suivant que MN est au-dessous de BC, entre BC et A ou au-
dessus de A.

Dans le premier cas, le polynome $\dfrac{5y(6+y)}{6}$ croît constam-

ment avec y ; dans le second cas, déjà examiné, le polynome
$\dfrac{5y(6-y)}{6}$ croît quand y varie de 0 à 3, décroît quand y varie
de 3 à 6 ; dans le troisième cas, le polynome $\dfrac{5y(y-6)}{6}$ croît

constamment quand y augmente à partir de 6.

Si au lieu de déplacer MN à partir de BC, on déplace MN
toujours dans le même sens de bas en haut, on voit que l'aire
varie comme le polynome correspondant dans les deux der-

niers cas, mais en sens inverse de la variation trouvée dans le premier cas, puisque y va alors constamment en décroissant. En résumé, quand MN se rapproche de BC et est au-dessous de BC, l'aire diminue jusqu'à zéro, puis quand MN varie de BC à M'N', l'aire augmente de 0 à 7,5 pour décroître jusqu'à zéro, valeur atteinte quand MN passe par A ; l'aire croît ensuite constamment.

REMARQUE. — L'introduction des nombres positifs et négatifs permet ici et dans un grand nombre de cas de donner une solution plus simple du problème relatif à la variation d'une grandeur ; c'est ce que nous montrerons dans cet exemple.

Les deux dernières expressions algébriques de l'aire ne diffèrent que par le signe ; on peut dire dans les deux derniers cas que l'aire est la valeur absolue de $\dfrac{5y(6-y)}{6}$ quand y est positif ; de plus, si on convient de définir le côté MN par le vecteur perpendiculaire à BC, mesuré positivement quand MN est au-dessus de BC, négativement quand MN est au-dessous de BC, on devra remplacer y par $-y$ dans la première expression, de sorte que l'aire sera toujours mesurée par $\left| \dfrac{5y(6-y)}{6} \right|$ quand y variera de $-\infty$ à $+\infty$.

Ceci posé, pour étudier comment varie l'aire, on étudiera comment varie le polynome unique $\dfrac{5y(6-y)}{6}$; l'aire variera dans le même sens quand ce polynome sera positif, en sens contraire quand ce polynome sera négatif ; le tableau suivant résume ainsi l'étude des variations :

y	$-\infty$		0		3		6		$-\infty$
$\dfrac{5y(6-y)}{6}$		↗		↗		↘		↘	
aire		↘	0	↗	7,5	↘	0	↗	

Nous avons conservé dans l'intervalle (0, 6) le sens des variations du polynome, qui est positif ; nous avons changé ce sens dans les deux autres intervalles, où le polynome est négatif.

213. Discussion d'une équation. — Nous avons déjà signalé (207) que l'étude des variations d'une fonction $y = f(x)$ et la construction de la courbe correspondante permettaient de discuter le nombre des racines de l'équation $f(x) = \lambda$, quand λ peut prendre diverses valeurs ; nous n'y insisterons pas davantage ici, nous réservant de revenir plus loin sur ce sujet et de montrer que les deux questions sont intimement liées l'une à l'autre.

EXERCICES

1. Sachant que a est compris entre -3 et $+7$, que b est compris entre $+2$ et $+10$, et que h est un nombre dont la valeur absolue est inférieure à $\dfrac{1}{100}$, trouver une limite supérieure de la valeur absolue de chacune des différences suivantes :

$$(a + h)(b + h) - ab, \qquad (a + h)^2 - a^2, \qquad (b + h)^2 - b^2,$$
$$(a + h)^2(b + h) - a^2 h, \qquad (a + h)(b + h)^2 - ab^2.$$

2. Trouver une limite supérieure de la valeur absolue que l'on peut attribuer à h, pour que la différence $f(x + h) - f(x)$ ait une valeur absolue inférieure à $\dfrac{1}{1\,000}$, en supposant successivement que $f(x)$ est

$$3x + 4, \qquad -5x + 6, \qquad x^2 + 2x - 3, \qquad -x^2 - 7x + 4,$$

et que : 1° x a la valeur 1 ; 2° x est simplement assujetti à être compris entre -1 et 0 ou entre -2 et -1.

3. Étudier les variations de

$$x^2 + 1, \qquad 3x^2 + 2, \qquad -4x^2 + 5, \qquad -x^2 - 2,$$
$$x^2 + x + 1, \qquad x^2 + 4x - 5, \qquad x^2 + 7x - 1,$$
$$-2x^2 + 2x - 1, \qquad -3x^2 + x + 4, \qquad -5x^2 - 6x + 2.$$

4. Déterminer λ de façon que le maximum d'un des trinomes

$$-x^2 + 2\lambda x + 1, \qquad -2x^2 + x + \lambda - 1,$$

soit égal à 2.

5. Déterminer λ et μ de façon que le trinome

$$x^2 + \lambda x + \mu$$

prenne la valeur 1 pour $x = 2$ et soit minimum pour $x = 3$.

6. Déterminer λ et μ de façon que le trinome

$$x^2 + \lambda x + \mu$$

prenne la valeur 2 pour $x = 1$ et que son minimum soit égal à $\dfrac{7}{4}$.

7. Dans la différence $(x+h)^3 - x^3$, on peut mettre h en facteur ; quelle est la plus grande valeur absolue du coefficient de h si h varie de $-\dfrac{1}{10}$ à $+\dfrac{1}{10}$ et si x est compris entre -1 et $+1$? En déduire une limite supérieure de la valeur absolue de cette différence.

8. Étudier les variations, par rapport à x, de

$$x^2 + y^2, \qquad x^2 - y^2, \qquad x^3 + y^3, \qquad x^2 + y^2 - 2x + 3y,$$
$$x^3 + y^3 + x^2 + y^2 + x + y, \qquad xy(x^2 + xy + y^2),$$

sachant que $x + y = 1$.

9. Entre quelles limites faut-il faire varier x pour que l'un des trinomes

$$x^2 + x - 1, \qquad x^2 - 3x + 2, \qquad x^2 - 6x + 8$$
$$-3x^2 + 6x + 1, \qquad -x^2 + 2x - \dfrac{1}{4}, \qquad -x^2 + 2x + 3$$

ait une valeur absolue inférieure ou égale à $\dfrac{3}{4}$? Pour quelles valeurs de x cette valeur absolue $\dfrac{3}{4}$ est-elle atteinte ?

★10. Étudier les variations de

$$x^6 - 6x^3 + 5, \qquad 3x^6 + 2x^3 - 1, \qquad -x^6 + 4x^3 - 3,$$
$$x^4 + 3x^2 - 1, \qquad -x^4 - 3x^2 + 4, \qquad x^4 + x^2 - 5,$$
$$x^4 - 2x^2 + 3, \qquad x^4 - 3x^2 - 1, \qquad -x^4 + x^2 - 2.$$

★11. Étudier les variations de

$$(x^2 + x + 1)^2 - 2(x^2 + x + 1) + 3, \qquad (x^2 + 3x)^2 + 4(x^2 + 3x) - 5,$$
$$(x^2 + 3x - 2)^2 - 2x^2 - 6x, \qquad (x^2 - 2x + 1)^2 + 4x^2 - 8x.$$

★12. Étudier les variations de

$$x + \sqrt{x - 1} + 3, \qquad 3x - 5\sqrt{x + 2} + 2,$$
$$x^2 + x + 4\sqrt{x^2 + x} - 1, \qquad 3x^2 - x + 2\sqrt{3x^2 - x} + 4.$$

13. Résoudre graphiquement les inégalités

$$y - x^2 - x - 1 > 0, \qquad x^2 + y - 2x + 1 < 0, \qquad 3y^2 + 4x + y > 0,$$
$$(y - x)(y^2 - x - 2y) > 0, \qquad (y + x)(2x^2 + 3x + 3y) < 0,$$
$$(y^2 - 2x)(x^2 - 2y) > 0, \qquad (y^2 + y + 2x)(x^2 + x + 2y) < 0,$$
$$(y^2 + 3y + 4x)(x^2 + 3x + 4y)(x + y) < 0,$$
$$(x + y)(x + y - 1)(y^2 + 3y + 4x)(x^2 + 3x + 4y) > 0.$$

14. On considère une droite qui a pour équation

$$5x + 4y - 1 = 0;$$

déterminer sur cette droite les points dont les coordonnées satisfont à l'une des inégalités précédentes.

15. Résoudre graphiquement les systèmes d'inégalités

$$\begin{cases} y^2 - x - y > 0, \\ x + y - 1 < 0; \end{cases} \qquad \begin{cases} y^2 + 2x + 3y < 0, \\ 2x + y - 1 > 0; \end{cases}$$

$$\begin{cases} y^2 - 2x > 0, \\ x^2 - 2y > 0, \\ 2x + 2y + 1 < 0; \end{cases} \qquad \begin{cases} y^2 + y + 2x < 0, \\ x^2 + x + 2y > 0, \\ x - y > 0. \end{cases}$$

16. Trouver le maximum de l'aire d'un rectangle de périmètre $2p$.

17. Étudier les variations de l'aire d'un triangle rectangle d'hypoténuse a.

18. Dans un triangle isocèle ABC, les côtés AB, AC ont pour longueur a; étudier les variations de la hauteur issue de B.

19. Un point M décrit un cercle de diamètre AB; si P est sa projection sur AB, étudier les variations de $\overline{AM}^2 + \overline{AP}^2$, de $\overline{AM}^2 - \overline{AP}^2$ et de $\overline{AM}^2 + \overline{MP}^2$.

20. Autour d'un point C du diamètre AB d'un cercle, pivote une corde PQ; étudier les variations de l'aire du triangle APQ.

21. Un parallélépipède rectangle a pour base un carré de côté x variable; la somme de ses arêtes est une constante $4a$; étudier les variations de la surface totale.

22. On projette un point M d'un cercle en P sur un diamètre AB et on projette P en Q sur le rayon OM; étudier les variations de la différence et de la somme des longueurs OP et OQ.

23. D'un point M fixe pris dans le plan d'un cercle, on mène une sécante MPQ et on projette le milieu I de PQ en R sur le diamètre OM; étudier les variations de la différence des longueurs MR et OI, quand OR varie.

24. Un cône de révolution a son sommet sur une sphère de rayon r; sa base, de rayon R, est dans le plan tangent à la sphère au point diamétralement opposé au sommet. On coupe la sphère et le cône par un plan parallèle à la base du cône; étudier les variations de l'aire de la couronne circulaire limitée par les sections du cône et de la sphère.

25. On donne deux droites rectangulaires qui se coupent en un point O. On prend un point A sur l'une d'elles, un point B sur l'autre. On donne les longueurs $OA = a$, $OB = b$.

Soit M un point quelconque du segment de droite AB. On projette M en P sur OA, en Q sur OB.

1° Déterminer M de façon que le triangle OPQ ait une surface donnée m^2.

2° On suppose que M décrit la droite indéfinie AB. Étudier, en prenant OP pour variable, les variations de l'aire du triangle OPQ.

(*Bacc.*)

26. Sur une droite AB, de longueur a, on prend un point M variable ($AM = x$) ; on construit, d'un même côté de AB, le triangle équilatéral AMP et le carré MRSB ; étudier les variations de l'aire APRSB.

(*Arts et Métiers.*)

27. On donne la base $BC = a$ d'un triangle isocèle ABC, dont l'angle A vaut 120°. M étant un point de AC, étudier les variations de $\overline{MB}^2 + \overline{MC}^2$ si M se déplace de A en C ; construire la position de M qui correspond au minimum.

(*Bacc.*)

28. On considère un cône de révolution de sommet S, de rayon R et de hauteur h ; soit $AB = 2x$ une corde de la base ; A étant fixe, étudier les variations de l'aire du triangle SAB et construire, en supposant $h \leqslant R$, les triangles de surface maximum et minimum. Montrer que l'un d'eux est rectangle.

(*Bacc.*)

29. Deux sphères de rayons a et $2a$ sont tangentes extérieurement en A ; un cône de révolution a son sommet en A ; son axe est la ligne des centres et son angle au sommet vaut 60° ; il est supposé illimité des deux côtés du sommet.

On mène un plan variable perpendiculaire à l'axe du cône et on demande d'étudier les variations de l'aire de la couronne circulaire limitée aux sections des sphères et du cône.

30. Une pyramide SABCD a pour base ABCD un demi-hexagone régulier ; on donne $AB = 2a$, $AD = DC = CB = a$. La face SAB est un triangle équilatéral et son plan est perpendiculaire au plan de la base.

Par CD, on fait passer un plan rencontrant SA en A', SB en B' ($AA' = x$).

1° Calculer, en fonction de a et de x, l'aire de la section droite du tronc de prisme ADA'BCB', ainsi que son volume, et constater que, pour $x = 2a$, ce volume a même expression que celui de la pyramide.

2° Étudier les variations du volume et les représenter graphiquement en supposant $a = 2$.

(*Bacc.*)

31. Construire la courbe qui a pour équation $y = x^2 - 3x + 2$. Soient A et B ses points de rencontre avec la droite qui a pour équation $3y - x = 0$; calculer les coordonnées du milieu I de AB ; soit M le point de rencontre de la courbe avec la parallèle à Oy menée par I ; montrer que la parallèle à AB menée par M ne rencontre la courbe qu'au point M.

(*Arts et Métiers.*)

32. Montrer que toutes les courbes représentées par l'équation $y = m(x - 1)^2 + 3x$ passent par un point fixe quand m varie, et qu'en ce point, il existe une droite fixe qui coupe toutes les courbes en ce seul point.

(*Arts et Métiers.*)

CHAPITRE II

Variations de la fonction $\dfrac{ax+b}{a'x+b'}$.

214. Les expressions étudiées jusqu'ici étaient entières ; nous allons maintenant nous occuper d'une fraction rationnelle, donnant d'abord quelques exemples avant d'en aborder l'étude générale.

EXEMPLE I. — *Étudier la fraction* $y = \dfrac{1}{x}$.

Cette fraction existe pour toute valeur de x autre que zéro ;

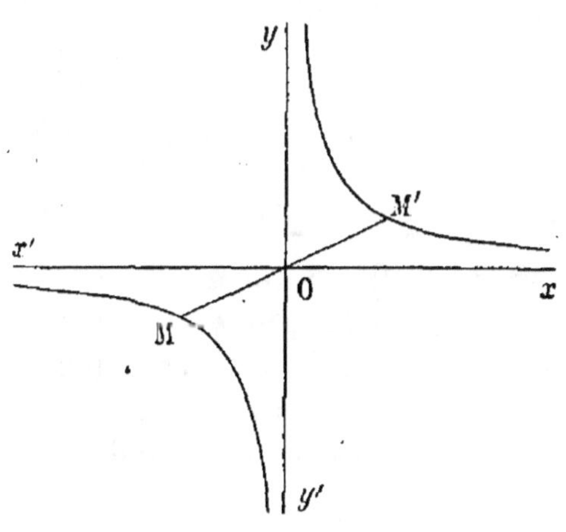

nous admettrons qu'elle varie d'une façon continue ; si x croît de $-\infty$ à un nombre négatif très petit en valeur absolue que nous désignerons par $-\varepsilon$, la fraction décroît de 0 à une valeur négative très grande en valeur absolue.

Si x croît du nombre $+\varepsilon$ à $+\infty$, la fraction décroît constamment d'une valeur positive très grande à 0 ; elle prend des valeurs opposées pour deux valeurs opposées de x.

La courbe représentative se compose de deux branches : la première, située dans l'angle $x'Oy'$, part très voisine de Ox' pour aboutir très voisine de Oy' ; la seconde part très voisine de Oy pour se terminer dans le voisinage de Ox.

Les droites $x'Ox$, $y'Oy$, avec lesquelles la courbe tend à se confondre, sont appelées les *asymptotes* de cette courbe.

On peut remarquer que, à deux valeurs opposées de x correspondent deux valeurs opposées de y, de sorte que les points M et M' correspondants sont symétriques par rapport au point O ; ce point est *centre* de la courbe.

Cette courbe est, comme on le verra plus tard, une *hyperbole*.

EXEMPLE II. — *Étudier la fraction* $y = \dfrac{x+1}{x-1}$.

Nous pouvons écrire cette fraction de la manière suivante

$$y = \frac{x-1+2}{x-1} = 1 + \frac{2}{x-1}.$$

La fraction varie alors dans le même sens que $\dfrac{2}{x-1}$; ces deux fractions existent pour toute valeur de x autre que

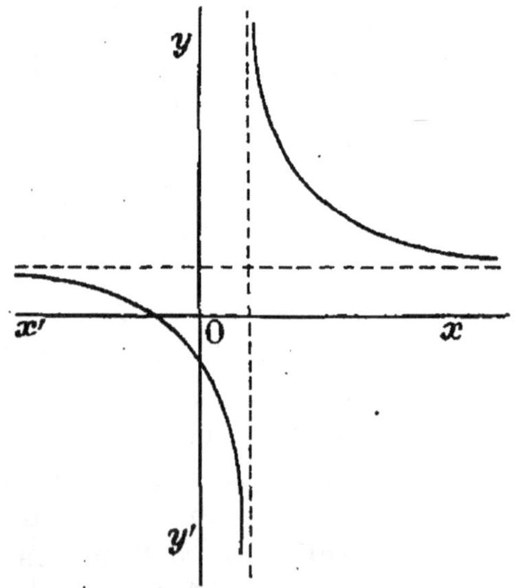

$x = 1$; nous ferons donc varier x de $-\infty$ à une valeur $1 - \varepsilon$ très peu inférieure à 1, puis de la valeur $1 + \varepsilon$ à $+\infty$.

$x - 1$ variant comme x, $\dfrac{1}{x-1}$ varie en sens inverse de x ; il en est de même de y, qui décroît de 1 (*) à $-\infty$, quand x varie de $-\infty$ à $1 - \varepsilon$; y décroît ensuite de $+\infty$ à 1, quand x varie de $1 + \varepsilon$ à $+\infty$.

La courbe représentative est analogue à la précédente ; elle a deux asymptotes, qui

---

(*) En réalité la fraction n'est jamais égale à 1, mais plus x est grand en valeur absolue, plus la fraction est voisine de 1 ; quand on dit qu'elle part de 1, on emploie une locution abrégée commode, analogue à celle qui est employée en parlant de l'infini.

sont les parallèles à $x'Ox$ et à $y'Oy$ d'abscisse et d'ordonnée 1.

On peut encore voir ici que le point de rencontre de ces asymptotes est centre de la courbe, en y transportant l'origine.

215. Variations de la fraction $\dfrac{ax + b}{a'x + b'}$. — Cette fraction existe pour toute valeur de x autre que la valeur $-\dfrac{b'}{a'}$ qui annule son dénominateur ; nous admettrons qu'elle est continue pour x différent de $-\dfrac{b'}{a'}$, et nous ferons varier x d'abord de $-\infty$ à une valeur $-\dfrac{b'}{a'} - \varepsilon$ très voisine de $-\dfrac{b'}{a'}$, et inférieure à $-\dfrac{b'}{a'}$, puis de $-\dfrac{b'}{a'} + \varepsilon$ à $+\infty$.

Cherchons si cette fonction est croissante ou décroissante ; soient x_1 et x_2 $(x_2 > x_1)$ deux nombres inférieurs ou supérieurs tous les deux à $-\dfrac{b'}{a'}$; la différence des valeurs correspondantes de la fraction est

$$\frac{ax_2 + b}{a'x_2 + b'} - \frac{ax_1 + b}{a'x_1 + b'} = \frac{(ab' - ba')(x_2 - x_1)}{(a'x_2 + b')(a'x_1 + b')}.$$

Les deux nombres x_1 et x_2 étant tous les deux inférieurs ou tous les deux supérieurs à $-\dfrac{b'}{a'}$, les deux facteurs qui figurent au dénominateur ont même signe et leur produit est positif ; la différence considérée a le signe de $ab' - ba'$; la fraction est donc toujours *croissante* si $ab' - ba'$ est positif, *décroissante* si $ab' - ba'$ est négatif.

Remarquons que si $ab' - ba'$ est nul, cette différence est nulle pour toute valeur de x, et la fraction a la valeur constante $\dfrac{a}{a'}$; nous laisserons ce cas de côté.

1° $ab' - ba' > 0$. — La fraction est croissante ; cherchons sa valeur quand x est très grand en valeur absolue ;

on peut écrire

$$\frac{ax+b}{a'x+b'} = \frac{a+\dfrac{b}{x}}{a'+\dfrac{b'}{x}}.$$

Si l'on donne à x des valeurs absolues très grandes, les rapports $\dfrac{b}{x}$ et $\dfrac{b'}{x}$ tendent vers zéro et la fraction diffère très peu

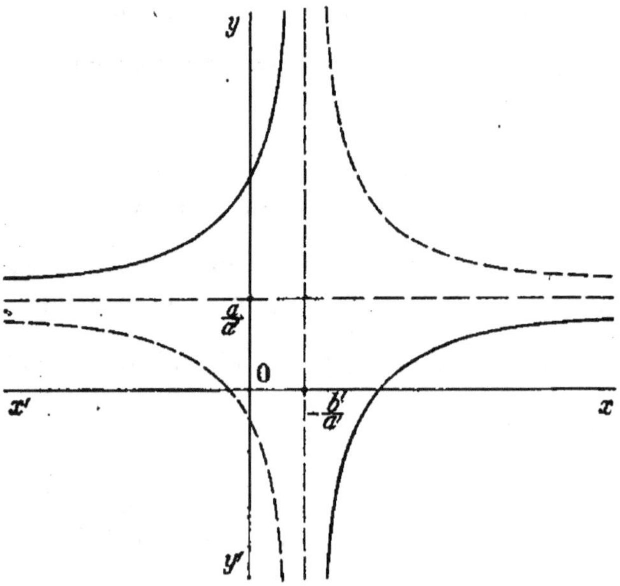

de $\dfrac{a}{a'}$; nous dirons qu'elle est égale à $\dfrac{a}{a'}$ pour x infini positif ou négatif. A partir de cette valeur, la fraction croît et quand x est très voisin de $-\dfrac{b'}{a'}$ et égal à $-\dfrac{b'}{a'} - \varepsilon$, la fraction est

égale à $\dfrac{-a\dfrac{b'}{a'}+b-a\varepsilon}{-a'\varepsilon}$ ou $\dfrac{ba'-ab'-aa'\varepsilon}{-a'^2\varepsilon}$; son numérateur est très voisin de la quantité négative $ba'-ab'$; son dénominateur est négatif et très voisin de zéro ; la fraction est donc positive et a une valeur absolue de plus en plus grande ; nous dirons qu'elle tend vers $+\infty$.

Si l'on part de $-\dfrac{b'}{a'}+\varepsilon$, la fraction devient négative, puisque son dénominateur seul est devenu positif, et sa valeur absolue est très grande : elle part de $-\infty$, croît constamment pour se rapprocher de plus en plus de la valeur $\dfrac{a}{a'}$ quand x augmente indéfiniment.

La courbe figurative se trace aisément ; elle a pour asymptotes la parallèle à $x'Ox$ d'ordonnée $\dfrac{a}{a'}$ et la parallèle à $y'Oy$ d'abscisse $-\dfrac{b'}{a'}$.

2° $ab'-ba'<0$. — Dans cette hypothèse, la fraction décroît constamment ; tous les résultats trouvés dans le cas précédent subsistent et la courbe est analogue à la précédente ; sa disposition seule change ; nous l'avons tracée en pointillé.

216. REMARQUE. — Le procédé qui vient d'être employé n'est que l'application de la définition d'une fonction croissante ou décroissante, tandis que les exemples numériques ont été traités de façon à mettre en évidence des expressions plus simples dont la variation était immédiate ; la théorie de la division algébrique conduit ici au même résultat ; mais on peut encore y parvenir sans avoir recours à cette théorie.

Écrivons la fraction sous la forme

$$\frac{\dfrac{a}{a'}(a'x+b')+b-\dfrac{ab'}{a'}}{a'x+b'}=\frac{a}{a'}+\frac{ba'-ab'}{a'(a'x+b')}.$$

Il suffira alors d'étudier la seconde partie et, par suite, l'expression $a'x+b'$ pour en conclure les variations de la fraction donnée.

Supposons, par exemple, a' positif ; le dénominateur $a'(a'x+b')$ varie dans le même sens que $a'x+b'$, c'est-à-dire est croissant (105) ; si le numérateur $a'b-ab'$ est positif, la seconde fraction et, par suite, la fraction donnée, décroît ; si $a'b-ab'$ est négatif, la fonction croît.

On verrait qu'il en est de même si a' est négatif. Remarquons toutefois qu'ici encore on ne peut pas donner à x la valeur $-\dfrac{b'}{a'}$, et qu'il faut faire varier x de $-\infty$ à $-\dfrac{b'}{a'}-\varepsilon$ et ensuite de $-\dfrac{b'}{a'}+\varepsilon$ à $+\infty$.

217. Les remarques faites au sujet du trinome du second degré et des fonctions dont l'étude peut se ramener à celle du trinome (205 à 208) sont de tous points applicables ici ; quelques exemples suffiront pour le montrer.

Exemple I. — *Étudier les variations de* $y=\dfrac{2x^2+2x-3}{x^2+x+1}$.

Les coefficients de x^2 et de x au numérateur et au dénominateur sont proportionnels ; c'est donc constamment la somme x^2+x qui intervient et nous sommes conduits à introduire une fonction intermédiaire :

$$z = x^2 + x.$$

y est alors la fonction de z :

$$y = \frac{2z-3}{z+1} = 2 - \frac{5}{z+1},$$

ou, en revenant à x,

$$y = 2 - \frac{5}{x^2+x+1}.$$

On voit, sous cette forme, que y existe toujours, le dénominateur x^2+x+1 n'étant jamais nul, et varie en sens inverse de $\dfrac{1}{x^2+x+1}$, c'est-à-dire dans le même sens que x^2+x+1 ; nous pouvons, en nous rappelant que x^2+x+1 passe par un minimum $\dfrac{3}{4}$ pour $x=-\dfrac{1}{2}$, dresser le tableau suivant :

x	$-\infty$		$-\dfrac{1}{2}$		$+\infty$
x^2+x+1	$+\infty$	↘	$\dfrac{3}{4}$	↗	$+\infty$
y	2	↘	$-\dfrac{14}{3}$	↗	2

y prend des valeurs de plus en plus voisines de 2 quand x augmente indéfiniment en valeur absolue, puisque le terme soustractif devient de plus en plus voisin de zéro.

Il est aisé de tracer la courbe représentative des variations de y ; on remarquera que $y = 2$ représente une asymptote de la courbe.

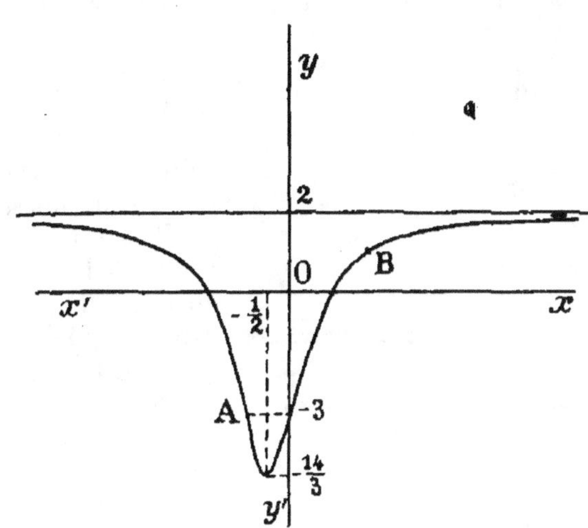

Pour apporter plus de précision au tracé, on peut noter que si

$$x = 0, \quad y = -3,$$

de sorte que la courbe rencontre $y'Oy$ au point dont l'ordonnée est -3, que si $y = 0$, x est racine de l'équation

$$2x^2 + 2x - 3 = 0$$

et a une des valeurs $\dfrac{-1 \pm \sqrt{7}}{2}$ ou, à peu près, $-1,82$ et $+0,82$.

Exemple II. — *Étudier les variations de* $y = \dfrac{2x^2 - 4x - 1}{x^2 - 2x - 3}$.

Les coefficients de x^2 et de x, qui figurent au numérateur et au dénominateur, étant proportionnels, on peut faire apparaître $x^2 - 2x - 3$ et écrire

$$y = \frac{2(x^2 - 2x - 3) + 5}{x^2 - 2x - 3} = 2 + \frac{5}{x^2 - 2x - 3}.$$

Cette fonction est définie pour toute valeur de x qui n'annule pas le dénominateur, c'est-à-dire pour toute valeur autre que -1 et $+3$; on fera varier x dans des intervalles dont sont exclus -1 et 3, c'est-à-dire que l'on considère successivement les intervalles

$$-\infty \text{ à } -1 - \varepsilon ; \quad -1 + \varepsilon \text{ à } 3 - \varepsilon ; \quad 3 + \varepsilon \text{ à } +\infty.$$

Dans un intervalle quelconque ainsi constitué, y varie en sens inverse des variations du trinome $x^2 - 2x - 3$; on est ainsi ramené à étudier dans chacun des intervalles indiqués comment varie ce trinome et à établir le tableau suivant, où figure 1 qui correspond au minimum du trinome :

x	$-\infty$	$-\varepsilon -1 + \varepsilon$	1	$-\varepsilon\ 3 + \varepsilon$	$+\infty$
$x^2 - 2x - 3$		$\searrow$	$\searrow\ -4\ \nearrow$		$\nearrow$
y	2	$\nearrow\ +\infty$ | $-\infty\ \nearrow$	$\dfrac{3}{4}$	$\searrow\ -\infty$ | $+\infty\ \searrow$	2

Ce tableau de variations ainsi établi, il reste à trouver les valeurs de y qui correspondent aux limites des intervalles.

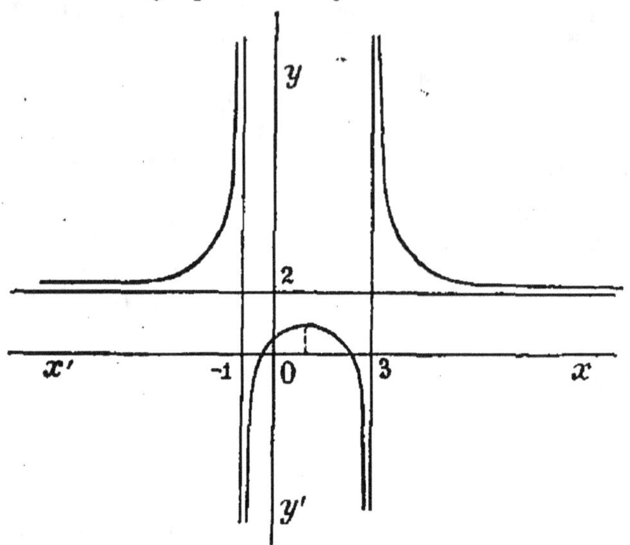

Si x est très grand en valeur absolue, il en est de même du trinome ; son inverse est aussi petit qu'on le veut et est, comme le trinome, positif ; y est donc très voisin de 2 et est un peu supérieur à 2.

Si x est voisin de — 1, le trinome est très voisin de zéro, le second terme, qui figure dans l'expression de y, est aussi grand qu'on le veut en valeur absolue ; pour des valeurs de x inférieures à — 1, il est positif, comme le trinome ; pour des valeurs de x supérieures à — 1, il est négatif, comme le trinome, ce que nous exprimons en écrivant que y est d'abord $+\infty$, puis $-\infty$. Les mêmes observations peuvent être faites pour la valeur $x = 3$.

Il est alors facile de tracer la courbe, qui admet pour asymptotes les droites dont les équations sont $y = 2$, $x = -1$, $x = 3$; elle présente un maximum, $\dfrac{3}{4}$, pour $x = 1$, rencontre $y'Oy$ au point dont l'ordonnée est $\dfrac{1}{3}$, $x'Ox$ aux points dont les abscisses sont $\dfrac{2 \pm \sqrt{6}}{2}$ ou, à peu près, — 0,22 et 2,22.

On peut d'ailleurs remarquer que, dans cet exemple, comme dans le précédent, si on donne à x des valeurs équidistantes de la valeur qui correspond au minimum du trinome, celui-ci prend des valeurs égales, ainsi que y ; les courbes représentatives sont, par suite, symétriques, dans le premier exemple, par rapport à la droite qui a pour équation $x = -\dfrac{1}{2}$, dans le second exemple, par rapport à la droite qui a pour équation $x = 1$.

218. Discussion d'équation. — Revenant sur ce sujet, déjà signalé (207, 213), nous allons, à propos du premier exemple.

montrer comment l'étude de la variation d'une fonction permet de discuter simplement une équation dans laquelle figure un paramètre variable du premier degré.

Supposons que l'on ait à rechercher pour quelles valeurs de m l'équation

$$x^2(2-m) + x(2-m) - 3 - m = 0$$

a des racines comprises entre -1 et 2.

Écrivons cette équation, en la résolvant par rapport à m :

$$\frac{2x^2 + 2x - 3}{x^2 + x + 1} = m,$$

et construisons la courbe qui a pour équation

$$y = \frac{2x^2 + 2x - 3}{x^2 + x + 1}.$$

Résoudre l'équation, c'est trouver pour quelles valeurs de x, $y = m$; autrement dit, c'est trouver les points de la courbe qui ont pour ordonnée m, c'est chercher l'intersection de la courbe et de la droite qui a pour équation $y - m = 0$.

Une parallèle à $x'Ox$ ne coupe la courbe que si son ordonnée est comprise entre $-\dfrac{14}{3}$ et 2 ; l'équation n'a donc de racines que si m est compris entre $-\dfrac{14}{3}$ et 2.

D'autre part, un seul point de la courbe a pour abscisse -1 : c'est le point $A(-1, -3)$, et un seul point a pour abscisse 2 : c'est le point $B\left(2, \dfrac{9}{7}\right)$.

Il est clair alors que si m est compris entre $-\dfrac{14}{3}$ et -3, la droite dont l'équation est $y = m$ coupe la courbe en deux points, dont les abscisses sont comprises entre -1 et 2 ; l'équation a deux solutions qui conviennent. Si m est compris entre -3 et $\dfrac{9}{7}$, la droite $y = m$ coupe la courbe encore en deux points, mais un seul de ces points a une abscisse comprise entre -1 et 2. Si m est supérieur à $\dfrac{9}{7}$, ou bien la droite $y = m$ ne coupe pas la courbe (si $m > 2$), ou bien la coupe en des points dont les abscisses sont, l'une inférieure à -1, l'autre supérieure à $+2$; aucun d'eux ne convient, et l'équation donnée n'a pas de solution satisfaisant aux conditions imposées.

On peut résumer la discussion dans le tableau suivant :

m	$-\infty$		$-\dfrac{14}{3}$		-3		$\dfrac{9}{7}$		2		$+\infty$
		0 sol.		2 sol.		1 sol.		1 sol.		0 sol.	

219. Plus grande et plus petite valeurs. — Dans la discussion d'un problème dont la solution dépend d'une équation du second degré renfermant un paramètre variable m, on est conduit à déterminer les valeurs m_1, m_2, ... du paramètre qui limitent les intervalles dans lesquels doit varier m pour que le problème soit possible et ait une ou plusieurs solutions. Ces nombres m_1, m_2, ... ne présentent pas tous le même caractère : les uns se rapportent à l'existence des racines de l'équation elle-même, les autres dépendent des conditions particulières imposées par l'énoncé. Ainsi, dans le problème II (195), le paramètre l doit être inférieur à $\dfrac{17r}{4}$ pour que l'équation ait des racines ; les valeurs 0, $2r$, $4r$, limites du paramètre l, se rapportent aux conditions particulières, qui font que ces racines, bien qu'elles existent, conviennent ou ne conviennent pas à la question posée.

Occupons-nous ici uniquement des limites de la première catégorie, qui fournissent les intervalles dans lesquels l'équation a des racines ; si le paramètre m entre au premier degré et si on résout l'équation par rapport à m, on peut dire que m apparaît comme une fonction de x ; si on sait étudier ses variations, on en connaîtra les maxima et les minima et la connaissance de ces variations pourra, comme on vient de le voir, être utilisée pour discuter le problème. Inversement, si on sait déterminer les limites dans lesquelles doit être m pour que l'équation en x ait des solutions, on en déduira la plus grande et la plus petite valeur, ou l'une des deux, que peut acquérir m quand on donne à x une valeur quelconque.

Il y a lieu de remarquer que plus grande et plus petite valeur ne sont pas synonymes de maximum et de minimum ; ainsi, dans l'exemple II (217), $\dfrac{3}{4}$, qui est un maximum, n'est pas la plus grande valeur que puisse prendre la fonction, puisque celle-ci peut acquérir des valeurs supérieures à 2 ; cela tient à ce que le maximum et le minimum se rapportent à un changement de sens de variation dans un certain intervalle, sans que cela préjuge rien sur ce qui se passe en dehors de cet intervalle.

Toutefois, la connaissance de la plus grande et de la plus petite valeur peut aider à étudier le sens des variations d'une fonction que nous ne pourrions étudier directement ; voici, à ce sujet quelques indications.

Étudier les variations de $y = \dfrac{a x^2 + b x + c}{a' x^2 + b' x + c'}$, et construire la courbe qui représente ces variations sont deux problèmes identiques ; construire cette courbe, c'est trouver les points dont les coordonnées vérifient l'équation

$$(1) \qquad y(a' x^2 + b' x + c') - (a x^2 + b x + c) = 0,$$

ou $\qquad (a' y - a) x^2 + (b' y - b) x + c' y - c = 0.$

Si on donne y, x est fourni par une équation du second degré, que l'on sait discuter ; suivant les cas, elle aura des racines pour toute valeur de y ou n'en aura que si y acquiert des valeurs limitées par la plus grande et par la plus petite valeur de y. On a ainsi une première indication sur la position des points de la courbe. Si le dénominateur de y ne peut s'annuler, l'étude de la position des racines de l'équation (1) par rapport aux valeurs de x qui correspondent aux valeurs limites de y, ainsi que celle du signe des racines, permettra de construire la courbe d'un trait continu. Si le dénominateur de y s'annule pour x_1 et x_2, y n'est pas défini pour x_1, ni pour x_2 ; on devra donc étudier séparément ce qui se passe quand x est dans l'intervalle (x_1, x_2) ou quand x est en dehors de cet intervalle, ce qui reviendra à comparer les racines de l'équation (1) à x_1 et x_2.

De la courbe ainsi construite, on déduira la variation de y.

220. Résolution d'inégalités. — La construction des courbes qui représentent les variations de la fonction $y = \dfrac{a x + b}{a' x + b'}$ ou de fonctions analogues permet de résoudre graphiquement des inégalités d'un nouveau type, celles dans lesquelles figure une variable y au premier degré et qui sont telles que l'on sache, comme dans les exemples donnés, construire la courbe dont l'équation est obtenue en remplaçant l'inégalité par une égalité ; nous nous bornerons au type

$$(a' x + b') y - (a x + b) \gtrless 0 ;$$

il est aisé de voir que ce que nous dirons ici est applicable à des inégalités de types analogues.

Pour que les procédés de résolution graphique que nous avons indiqués à propos de la droite et de la parabole soient applicables ici, il suffit d'établir l'existence, pour les courbes que nous considérons maintenant, d'une région positive et d'une région négative, étant entendu que ces régions sont relatives, non à la courbe elle-même, mais au premier membre de l'équation qui la représente.

La courbe représentée par

$$(1) \qquad (a'x + b')y - (ax + b) = 0,$$

ou

$$y = \frac{ax + b}{a'x + b'},$$

se compose de deux branches ayant des asymptotes parallèles aux axes $x'Ox$, $y'Oy$ (215).

Soit M_0 un point dont les coordonnées sont x_0, y_0 ; s'il n'est

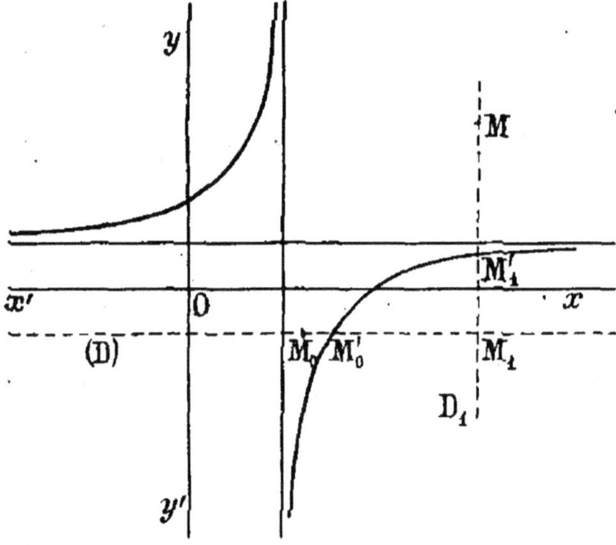

pas sur la courbe, l'expression $(a'x_0 + b')y_0 - (ax_0 + b)$ n'est pas nulle ; supposons, pour fixer les idées, qu'elle soit positive. Si on mène par M_0 une parallèle (D) à $x'Ox$, qui coupe la courbe en M'_0, le premier membre de (1), qui est du premier degré par rapport à x et dans lequel y a la valeur y_0, ne change de signe qu'en s'annulant, c'est-à-dire quand un point M variable sur (D) passe en M'_0, en sorte que pour tout point de (D) situé à gauche de M'_0 le premier membre de (1) est positif ; pour tout point de (D) situé à droite de M'_0 ce premier membre est négatif.

Le raisonnement qui vient d'être fait est manifestement

applicable à une parallèle à $y'Oy$, de sorte que l'on peut dire que *toute parallèle à un axe est partagée par la courbe en deux demi-droites ; pour tout point d'une de ces demi-droites, le premier membre de l'équation (1) est positif ; pour tout point de l'autre demi-droite, ce premier membre est négatif.*

Ceci posé, comparons les signes qui correspondent à M_0 et à un point quelconque M du plan ; pour aller de M_0 en M, on peut se déplacer sur (D) en allant de M_0 au point M_1, où la parallèle (D_1) à $y'Oy$ coupe (D), puis aller de M_1 en M ; puisqu'on se déplace ainsi sur des parallèles aux axes, il y a changement de signe si on traverse la courbe et non changement de signe si on ne la traverse pas. Or, si M est dans la région où est M_0, on va de M_0 en M sans traverser la courbe ou en la traversant deux fois ; M donne le même signe que M_0 ; si M n'est pas dans la région où est M_0, on va de M_0 en M en traversant une seule fois la courbe : M donne un signe autre que celui que donne M_0.

L'existence des régions positive et négative ainsi établie, tout ce qui a été dit précédemment (209) est applicable.

EXERCICES

1. Dans quel intervalle comprenant 1 doit-on prendre x pour être assuré que l'on ait

$$\left|\frac{1}{x-1}\right| > 10^6, \qquad \left|\frac{x+2}{x-1}\right| > 10^6, \qquad \left|\frac{x^2+x+1}{x-1}\right| > 10^6 \,?$$

On se bornera à la recherche d'un intervalle de la forme

$$\left(1 - \frac{1}{10^n}, \quad 1 + \frac{1}{10^n}\right).$$

2. Dans quel intervalle comprenant 0 doit-on prendre h pour que l'on ait

$$\left|\frac{1}{x+h+2} - \frac{1}{x+2}\right| < \frac{1}{1\,000}, \qquad \left|\frac{2x+2h-1}{x+h-2} - \frac{2x-1}{x-2}\right| < \frac{1}{1\,000},$$

quand on donne à x une des valeurs $1, -3$?

3. Étudier les variations de

$$\frac{1}{2x+3}, \qquad \frac{x+2}{x-2}, \qquad \frac{3x-1}{2x+1},$$

et construire les courbes représentatives.

GRÉVY. — ALGÈBRE.

★ **4.** Étudier les variations de

$$\frac{1}{x^2}, \qquad \frac{1}{2x^2+1}, \qquad \frac{x^2+3}{x^2}, \qquad \frac{x^2+1}{x^2-1},$$

et construire les courbes représentatives.

★ **5.** Étudier les variations de

$$\frac{2x^2-2x}{x^2-x+1}, \qquad \frac{3x^2+x-2}{3x^2+x+1}, \qquad \frac{4x^2-4x+5}{x^2-x},$$

et construire les courbes représentatives.

6. 1º Étudier les variations de la fonction

$$y=\frac{2x+1}{x-1}$$

et construire la courbe (C) qui représente ces variations.

2º On considère une droite qui passe en O et a pour équation $y=mx$. Pour quelles valeurs de m coupe-t-elle C en deux points, est-elle tangente à C ou ne coupe-t-elle pas C ? *(Bacc.)*

★ **7.** 1º Étudier les variations de la fonction $y=\left(\dfrac{x+1}{x-1}\right)^2$ et construire la courbe représentative (C).

2º Une droite (D), définie par l'équation $y=mx+1$, coupe la courbe C en un point dont l'abscisse est nulle ; trouver les valeurs de m pour lesquelles (D) coupe (C) en deux autres points P et P'.

3º Montrer que, si m varie, le milieu du segment PP' se déplace sur une droite fixe. *(Bacc.)*

★ **8.** La surface d'une toupie est engendrée par la rotation autour de l'axe Ox du contour OMTA composé : 1º de l'arc OMT d'une circonférence de cercle de rayon R, ayant son centre C sur Ox ; 2º par la tangente TA à cette circonférence et limitée au point A situé sur Ox. On demande :

1º de calculer, en fonction de la hauteur OA $=x$ de la toupie, l'aire S de la surface ;

2º de déterminer la hauteur x (le rayon R étant donné) de manière que l'aire S ait une valeur donnée k. Discuter suivant les valeurs données à k ;

3º de former le quotient $y=\dfrac{S}{x}$ et d'étudier les variations de y quand A se déplace sur Ox. *(Bacc.)*

9. Résoudre graphiquement les inégalités

$$y-\frac{x-1}{x+1}>0, \qquad y-\frac{2x+3}{x-2}<0, \qquad y+\frac{x-2}{x}<0.$$

10. Résoudre graphiquement les inégalités

$$xy+3x-y+4<0, \qquad 3xy-y+x-1<0, \qquad xy+2y-3x>0$$

11. Résoudre graphiquement les inégalités simultanées

$$\begin{cases} xy + y - x > 0, \\ y - 2x < 0; \end{cases} \qquad \begin{cases} xy + 2x - y + 3 < 0, \\ (x-2)(y-3) > 0; \end{cases} \qquad \begin{cases} xy - x - y > 0, \\ x^2 - y - x < 0. \end{cases}$$

12. Résoudre graphiquement les inégalités

$$(y - x^2)(x - y)(xy - 2x + y) > 0,$$
$$(x^2 + x - y)(xy + y - x)(x + y) < 0.$$

★13. Résoudre les inégalités

$$x^2 y + y - 2x^2 + 1 < 0, \qquad xy^2 < 3x + y^2 - 1,$$
$$(x^2 + 2x)\,y - 3x^2 - 6x + 1 > 0, \qquad x^2 + 2x - 2x^2 y - 4xy + 3 > 0.$$

14. On donne une sphère de rayon 2R et un plan P perpendiculaire à un diamètre AB ; étudier les variations du rapport des volumes des cônes ayant pour base la section de la sphère par le plan P, l'un de ces cônes ayant pour sommet A, l'autre étant circonscrit à la sphère et son sommet étant du même côté que B par rapport à A.

15. On donne deux axes rectangulaires $x'Ox$, $y'Oy$ et une longueur a. Soient A et B les points pris sur les demi-droites Ox, Oy à la distance a de O ; on prend sur $x'Ox$ un point variable M, dont l'abscisse est x ; la droite BM coupe en N la parallèle à Oy menée par A.

1° Calculer en fonction de x la différence des longueurs AM, AN ; cette différence a-t-elle une même expression algébrique, quelle que soit la position de M ?

2° Déterminer les positions de M pour lesquelles $AN - AM = \dfrac{a}{2}$.

3° Étudier comment varie la différence entre les longueurs AM et AN. *(Bacc.)*

★16. Discuter les équations suivantes, où y est un paramètre variable, et en déduire les courbes représentatives des variations des fonctions y de x :

$$y = \frac{x^2 + 3x + 1}{x^2 + 1}, \qquad y = \frac{2x^2 + 2x + 5}{x^2 + 2x + 3}, \qquad y = \frac{2x^2 - 4x - 7}{x^2 - 1},$$
$$y = 4 + \frac{2x^2 + x + 3}{x^2 - 4x + 3}, \qquad y = \frac{x^2 + 4x - 1}{(x - 1)^2}.$$

LIVRE IV

PROGRESSIONS ET LOGARITHMES

CHAPITRE I

Progressions arithmétiques.

221. Définition. — *On appelle* PROGRESSION ARITHMÉTIQUE *une suite de nombres telle que l'excès d'un terme de la suite sur le précédent soit un nombre constant appelé* RAISON *de la progression.*

La progression est dite *croissante* si la raison est positive, *décroissante* si la raison est négative.

EXEMPLES : La suite

$$1, 2, 3, \ldots,$$

des nombres entiers est une progression arithmétique croissante de raison 1.

La suite des nombres impairs

$$1, 3, 5, \ldots,$$

est une progression arithmétique croissante de raison 2.

Les mêmes suites sont des progressions arithmétiques décroissantes si on considère les termes dans l'ordre inverse,

$$10, 9, 8, 7, 6, 5, 4, 3, 2, 1,$$
$$11, 9, 7, 5, 3, 1 ;$$

les raisons sont alors — 1 et — 2.

222. Problème. — *Calculer le terme de rang n d'une progression arithmétique, connaissant le premier terme et la raison.*

Soient a le premier terme, r la raison : le second terme est égal au premier augmenté de r ; le troisième terme est égal au second augmenté de r, c'est-à-dire au premier augmenté de $2r$. D'une façon générale, le terme de rang n se déduit du premier par l'addition de $n-1$ fois la raison ; si u_n désigne ce terme, on a

$$u_n = a + (n-1)r.$$

Ainsi, le n^e nombre impair est

$$1 + (n-1)2 = 2n - 1.$$

223. Insertion de moyens arithmétiques. — *Insérer n moyens arithmétiques entre deux nombres a et b, c'est former une progression arithmétique de $n+2$ termes, le premier étant a et le dernier b.*

Cherchons la raison r de cette progression ; b occupe le $(n+2)^e$ rang ; on a donc

$$b = a + (n+1)r, \qquad \text{d'où} \qquad r = \frac{b-a}{n+1},$$

et les termes de la progression sont

$$a, \quad a + \frac{b-a}{n+1}, \quad a + 2\frac{b-a}{n+1}, \quad \ldots, \quad a + n\frac{b-a}{n+1}, \quad b.$$

Exemple. — Insérer 4 moyens arithmétiques entre 1 et 2. La raison est $\frac{1}{5}$ et la progression

$$1, \ \frac{6}{5}, \ \frac{7}{5}, \ \frac{8}{5}, \ \frac{9}{5}, \ 2.$$

224. Définition. — Si, entre deux nombres a et b, on insère un seul moyen arithmétique, on obtient le nombre

$$a + \frac{b-a}{2} = \frac{a+b}{2},$$

que l'on appelle *moyenne arithmétique* des nombres a et b.

225. Remarque. — Si, entre deux termes consécutifs quelconques d'une progression arithmétique, on insère constamment un même nombre de moyens, ces moyens et les nombres de la progression forment une nouvelle progression arithmétique.

Soit la progression

$$a, b, c, \ldots, k, l,$$

de raison r.

Insérons entre a et b, b et c, $\ldots$, n moyens ; on forme des progressions partielles de raison

$$\frac{b-a}{n+1}, \frac{c-b}{n+1}, \ldots, \frac{l-k}{n+1}.$$

Toutes ces raisons sont égales, car les différences $b-a$, $c-b, \ldots$ sont égales à r ; on a ainsi formé une progression de raison $\dfrac{r}{n+1}$.

EXEMPLE : Si l'on insère 4 moyens entre les termes de la progression $1, 2, 3,$
on forme la nouvelle progression

$$1, \frac{6}{5}, \frac{7}{5}, \frac{8}{5}, \frac{9}{5}, 2, \frac{11}{5}, \frac{12}{5}, \frac{13}{5}, \frac{14}{5}, 3.$$

226. Théorème. — *Dans une progression arithmétique limitée, la somme de deux termes équidistants des extrêmes est constante.*

Soit une progression arithmétique de raison r

$$a, b, \ldots, k, l.$$

Le terme de rang p à partir de a est

$$a + (p-1)r.$$

Si l'on considère la progression commençant par l, la raison est $-r$, et le terme de rang p à partir de l est

$$l + (p-1)(-r) \qquad \text{ou} \qquad l - (p-1)r.$$

La somme de ces termes est

$$a + l ;$$

elle ne dépend pas du rang des termes considérés.

227. Problème. — *Trouver la somme des termes d'une progression arithmétique limitée.*

Soit S cette somme ; on peut écrire la progression dans l'ordre où elle est donnée ou dans l'ordre inverse :

$$S = a + b + \ldots + k + l,$$
$$S = l + k + \ldots + b + a.$$

Ajoutant, on trouve

$$2S = (a + l) + (b + k) + \ldots + (k + b) + (l + a).$$

Chaque somme placée entre parenthèses est la somme de deux termes équidistants des extrêmes, elle est égale à $a + l$; le nombre de ces sommes est d'ailleurs égal au nombre n des termes, de sorte que l'on a

$$2S = (a + l)n,$$
$$S = \frac{(a + l)n}{2}.$$

EXEMPLE I. — La somme des n premiers nombres entiers est

$$\frac{(1 + n)n}{2}.$$

EXEMPLE II. — Cherchons la somme des n premiers nombres impairs ; la raison est 2, le premier terme 1 et le n^e terme $2n - 1$; la somme est

$$\frac{(1 + 2n - 1)n}{2} = n^2.$$

EXERCICES

1. Trouver les progressions arithmétiques dont la raison est un nombre entier et qui comprennent les nombres 7, 67 et 97.

2. Trouver la somme des nombres entiers de 195 à 327.

3. Trouver la somme des nombres impairs de 195 à 327.

4. Trouver la somme des dix premiers nombres qui sont dés multiples de 5 augmentés de 2.

5. Trouver la somme des n premiers nombres pairs ; en déduire la somme des n premiers nombre impairs.

6. Calculer le nombre des termes d'une progression arithmétique dont le premier terme est 5, la raison 3 et la somme S.

7. Trouver la valeur des groupes formés : 1° du premier nombre impair ; 2° des deux suivants ; 3° des trois suivants, etc. ; quelle est la valeur du p^e groupe ?

8. Trois termes consécutifs d'une progression arithmétique de raison r sont tels que le cube du terme du milieu est égal au produit du premier par le carré du second. Calculer ces termes.

(École de physique et chimie industrielles.)

9. Des arbres situés en ligne droite sont distants les uns des autres de 5^m ; un puits est distant du premier arbre de 13^m ; pour arroser ces arbres, on doit à chaque fois se rendre au puits. Quel est le nombre d'arbres, sachant que le jardinier, parti du puits pour arroser le premier arbre, y est revenu après avoir arrosé tous les arbres, ayant parcouru un chemin a. (Deux cas à examiner suivant la position du puits sur la ligne des arbres.)

10. Trois cercles tangents intérieurement en A ont leurs rayons en progression arithmétique ; la tangente au plus petit cercle au point situé sur la ligne des centres détermine dans les autres cercles deux cordes dont le rapport est indépendant des rayons.

11. Déterminer x de façon que les carrés de $1+x$, $q+x$, q^2+x soient les termes consécutifs d'une progression arithmétique.

(Arts et Métiers.)

12. Déterminer une progression arithmétique telle que, S_n désignant la somme des n premiers termes, on ait, quel que soit n, $S_n = (3n+1)n$.

(Arts et Métiers.)

13. Quelle condition doivent remplir a, a', r, r' pour que deux termes de même rang des progressions, dont les premiers termes sont a, a' et les raisons r, r' aient même valeur ; quel est leur rang ?

14. Calculer les côtés d'un triangle ABC, sachant : 1° que ces côtés sont en progression arithmétique ; 2° que la médiane issue du sommet opposé au côté moyen a une longueur m ; 3° que la distance des pieds des bissectrices issues de A sur le côté moyen est l. (On prendra BC pour inconnue.)

(Bacc.)

15. Quelle est la somme des nombres qui figurent dans une table de Pythagore donnant les produits de deux nombres d'un chiffre ?

16. Montrer que les différences entre les carrés de deux termes consécutifs d'une progression arithmétique forment une progression arithmétique.

CHAPITRE II

Progressions géométriques.

228. Définition. — *On appelle* PROGRESSION GÉOMÉTRIQUE *une suite de nombres telle que le rapport d'un terme au précédent soit un nombre constant, appelé* RAISON *de la progression.*

Nous supposerons essentiellement que le premier terme et la raison sont des nombres positifs ; tous les termes sont alors positifs ; la progression est dite *croissante* si la raison est plus grande que l'unité, et *décroissante* si la raison est plus petite que l'unité.

EXEMPLES : La suite

$$1, \ 2, \ 2^2 \ 2^3 \dots$$

forme une progression géométrique croissante de raison 2.

La suite
$$1, \ \frac{1}{2}, \ \frac{1}{2^2}, \ \dots$$

est une progression géométrique décroissante de raison $\frac{1}{2}$.

229. Problème. — *Calculer le terme de rang n d'une progression géométrique, connaissant le premier terme et la raison.*

Soient a le premier terme et q la raison ; le second terme est égal au premier multiplié par q ; le troisième terme est égal au second multiplié par q, c'est-à-dire au premier multiplié par q^2. D'une façon générale, le terme de rang n se déduit du premier par la multiplication de $n-1$ facteurs q ; si u_n désigne ce terme, on a

$$u_n = aq^{n-1}.$$

230. Insertion de moyens géométriques. — *Insérer n moyens géométriques entre deux nombres a et b, c'est former une progression géométrique de $n+2$ termes, le premier étant a et le dernier b.*

Cherchons la raison q de cette progression ; b occupe le $(n+2)^e$ rang ; on a donc

$$b = aq^{n+1},$$

$$q = \sqrt[n+1]{\frac{b}{a}},$$

et les termes de la progression sont

$$a, \quad a\sqrt[n+1]{\frac{b}{a}}, \quad a\left(\sqrt[n+1]{\frac{b}{a}}\right)^2, \quad \ldots, \quad a\left(\sqrt[n+1]{\frac{b}{a}}\right)^n, \quad b.$$

EXEMPLE. — Insérer 4 moyens géométriques entre 1 et 32. La raison est $\sqrt[5]{32}$ ou 2, et la progression

$$1, \ 2, \ 4, \ 8, \ 16, \ 32.$$

231. Définition. — Si, entre les nombres a et b, on insère un seul moyen géométrique, on obtient le nombre

$$a\sqrt{\frac{b}{a}} = \sqrt{ab},$$

que l'on appelle *moyenne géométrique* des nombres a et b.

232. REMARQUE. — Si, entre deux termes consécutifs d'une progression géométrique, on insère constamment un même nombre de moyens, ces moyens et les nombres de la progression forment une nouvelle progression géométrique.

Soit la progression

$$a, \quad b, \quad \ldots, \quad k, \quad l$$

de raison q.

Insérons entre a et b, b et c, $\ldots$ n moyens ; on forme des progressions partielles de raisons

$$\sqrt[n+1]{\frac{b}{a}}, \quad \sqrt[n+1]{\frac{c}{b}}, \quad \ldots, \quad \sqrt[n+1]{\frac{l}{k}}.$$

Toutes ces raisons sont égales, car les rapports $\dfrac{b}{a}$, $\dfrac{c}{b}$, $\ldots$ sont égaux à q ; on a donc formé une progression de raison $\sqrt[n+1]{q}$.

EXEMPLE : Si l'on insère deux moyens entre les termes de la progression   1,   8,   64,   512,
on forme la nouvelle progression

$$1, \quad 2, \quad 4, \quad 8, \quad 16, \quad 32, \quad 64, \quad 128, \quad 256, \quad 512.$$

233. Problème. — *Trouver la somme des termes d'une progression géométrique limitée.*

Soit S cette somme

$$S = a + b + c + \ldots + k + l.$$

Si q est la raison, on sait que $aq = b$, $bq = c$, $\ldots$, de sorte que, multipliant la somme précédente par q, on peut écrire

$$Sq = aq + bq + \ldots + kq + lq = b + c + \ldots + l + lq.$$

Il en résulte, en retranchant S de Sq, la relation

$$S(q - 1) = lq - a$$
$$S = \frac{lq - a}{q - 1},$$

en supposant $q \neq 1$; si la raison q est égale à 1, tous les termes sont égaux et leur somme est égale à n fois le premier terme, si n est le nombre des termes.

Remarquons que, si la progression est croissante, lq est plus grand que a, et q plus grand que 1 ; si la progression est décroissante, lq est plus petit que a et q plus petit que 1. Dans les deux cas

$$\frac{lq - a}{q - 1}$$

est positif, ce qui était évident ; pour éviter les nombres

négatifs, on écrira

$$S = \frac{lq - a}{q - 1} \quad \text{ou} \quad S = \frac{a - lq}{1 - q},$$

suivant que la progression est croissante ou décroissante.

EXEMPLES : La somme

$$1 + 2 + 2^2 + \ldots + 2^n$$

est égale à
$$\frac{2^{n+1} - 1}{2 - 1} = 2^{n+1} - 1.$$

La somme
$$1 + \frac{1}{2} + \frac{1}{2^2} + \ldots + \frac{1}{2^n}$$

est égale à
$$\frac{1 - \dfrac{1}{2^{n+1}}}{1 - \dfrac{1}{2}} = \frac{2^{n+1} - 1}{2^n}.$$

234. Problème. — *Trouver la somme des termes d'une progression géométrique décroissante illimitée.*

On entend par là trouver la limite de la somme des termes, quand on prend un nombre de termes de plus en plus grand.

La somme des n premiers termes est

$$S = \frac{a - lq}{1 - q} = \frac{a}{1 - q} - \frac{lq}{1 - q}.$$

Si on fait croître n, le numérateur lq devient de plus en plus petit, puisque les facteurs que l'on introduit sont plus petits que 1 ; il en résulte que la somme diffère de moins en moins de

$$\frac{a}{1 - q},$$

qui est la limite cherchée.

EXEMPLES : La somme des n premiers termes de

$$1 + \frac{1}{2} + \frac{1}{2^2} + \ldots$$

est
$$\frac{\dfrac{1}{1-\dfrac{1}{2}}}{} - \frac{\dfrac{1}{2^n}}{1-\dfrac{1}{2}} = 2 - \frac{1}{2^{n-1}}.$$

Si n augmente indéfiniment, le terme soustractif tend vers zéro et la limite de la somme est 2.

Soit encore la progression

$$\frac{3}{10} + \frac{3}{10^2} + \ldots + \frac{3}{10^n} + \ldots$$

La somme des n premiers termes est

$$\frac{\dfrac{3}{10}}{1-\dfrac{1}{10}} - \frac{\dfrac{3}{10^{n+1}}}{1-\dfrac{1}{10}} = \frac{1}{3} - \frac{1}{3.10^n}.$$

Sa limite est $\dfrac{1}{3}$, si n augmente indéfiniment.

235. Théorème. — *Dans une progression géométrique limitée, le produit de deux termes équidistants des extrêmes est constant.*

Soit une progression géométrique de raison q.

$$a, \quad b, \quad \ldots, \quad k, \quad l.$$

Le terme de rang p à partir de a est

$$aq^{p-1}.$$

Si l'on considère la progression commençant par l, sa raison est $\dfrac{1}{q}$, et le terme de rang p à partir de l est

$$l\left(\frac{1}{q}\right)^{p-1}.$$

Le produit de ces termes est

$$al ;$$

il ne dépend pas du rang des termes considérés.

236. Problème. — *Trouver le produit des termes d'une progression géométrique limitée.*

Soit P ce produit ; on peut écrire la progression dans l'ordre où elle est donnée ou dans l'ordre inverse :

$$P = a \cdot b \ldots k \cdot l.$$
$$P = l \cdot k \ldots b \cdot a.$$

Multipliant membre à membre, on a

$$P^2 = (al)(bk) \ldots (kb)(la) = (al)^n.$$

Exemple : Le produit des termes de la progression

$$1, \quad 2, \quad 2^2, \quad \ldots, \quad 2^9$$

est donné par $\quad P^2 = (2^9)^{10}, \quad P = 2^{45}.$

EXERCICES

1. Trouver les progressions géométriques dont la raison est un nombre entier et qui contiennent les nombres 2 et 128.

2. Trouver la somme et le produit des termes des progressions
$$1, \quad 3, \quad 3^2, \quad \ldots, \quad 3^{15},$$
$$1, \quad \frac{1}{5}, \quad \frac{1}{5^2}, \quad \ldots, \quad \frac{1}{5^{11}}.$$

3. Dans un carré de côté a, on inscrit un carré ayant pour sommets les milieux des côtés du premier ; on opère de même sur le second carré et ainsi de suite ; trouver le périmètre et l'aire du n^e carré ainsi formé, ainsi que la somme des périmètres et des aires de tous ces carrés ; vers quelles limites tendent ces sommes, si l'on répète indéfiniment l'opération ?

4. Montrer que si, dans une progression géométrique, on prend les termes de 2 en 2, on forme une nouvelle progression géométrique. Généraliser.

5. Étant données deux progressions géométriques, on forme les produits des termes de même rang ; montrer que ces produits forment une nouvelle progression géométrique.

6. Trouver la somme et le produit des carrés, des cubes des termes d'une progression géométrique.

7. Trouver la valeur de l'expression

$$\frac{1}{2} - \frac{1}{3} + \frac{1}{2^2} - \frac{1}{3^2} + \cdots + \frac{1}{2^n} - \frac{1}{3^n}$$

et sa limite quand n augmente indéfiniment.

8. Sur un côté Oy d'un angle de 60°, on prend un point A à la distance l de O et on le projette en A′ sur l'autre côté Ox; on projette A′ en A″ sur Oy ; A″ en A‴ sur Ox, et ainsi de suite; trouver la limite de la longueur de la ligne AA′A″...

9. Déterminer une progression géométrique de trois termes, connaissant leur somme a, ainsi que la somme b que l'on obtient en ajoutant les produits de ces termes, respectivement multipliés par 1, 2, 3. Application numérique : $a = 24$, $b = 68$.

(Institut agronomique.)

10. 1° Si S_n désigne la somme des n premiers termes d'une progression géométrique, calculer la somme

$$\Sigma = S_1 + S_2 + \cdots + S_n.$$

2° Montrer que l'on a la relation

$$S_n(S_{3n} - S_{2n}) = (S_{2n} - S_n)^2.$$

11. Simplifier l'expression

$$\frac{1 + x^2 + x^4 + \cdots + x^{2n}}{1 + x + x^2 + \cdots + x^n}.$$

12. Si trois nombres a, b, c font partie d'une progression arithmétique ou d'une progression géométrique, il existe trois nombres entiers positifs α, β, γ tels que l'on ait

$$\alpha(c - b) + \beta(a - c) + \gamma(b - a) = 0, \quad \text{ou} \quad a^\alpha b^\beta c^\gamma = a^\beta b^\gamma c^\alpha.$$

CHAPITRE III

Logarithmes.

237. Définition. — Considérons deux progressions, l'une géométrique et commençant par l'unité, l'autre arithmétique et commençant par zéro :

$$1, \ q, \ q^2, \ \ldots, \ q^n, \ \ldots,$$
$$0, \ r, \ 2r, \ \ldots, \ nr, \ \ldots,$$

les termes de la seconde progression sont appelés les *logarithmes* des termes de la première qui ont même rang ; r est le logarithme de q, $2r$ est le logarithme de q^2 ; on écrit

$$r = \log q, \qquad 2r = \log q^2.$$

REMARQUE. — Le logarithme d'un nombre dépend, d'après cela, du choix des progressions ; ainsi, dans le système

$$1, \ 2, \ 4, \ 8, \ \ldots,$$
$$0, \ 1, \ 2, \ 3, \ \ldots,$$

8 a pour logarithme 3 ; dans le système

$$1, \ 2, \ 4, \ 8, \ \ldots,$$
$$0, \ 2, \ 4, \ 6, \ \ldots,$$

8 a pour logarithme 6.

Il est donc indispensable, quand on parle des logarithmes, de donner les deux progressions ou, comme on dit d'ordinaire, de définir le *système de logarithmes*.

Remarquons que, dans tous les systèmes, 1 a pour logarithme zéro.

238. Logarithmes vulgaires. — Nous nous occuperons uniquement ici du système dans lequel le logarithme de 10 est l'unité ; on l'appelle système décimal ou système des *logarithmes vulgaires*.

Si l'on considère les deux progressions

$$1, 10, 100, \ldots,$$
$$0, 1, 2, \ldots,$$

on peut insérer entre deux termes consécutifs de chaque progression un même nombre n de moyens ; on constitue ainsi de nouvelles progressions ; on conçoit aisément que si le nombre des moyens est assez grand, les termes de la progression géométrique seront assez rapprochés les uns des autres pour que l'on ait dans cette progression tous les nombres dont on a besoin dans la pratique ; la raison q de cette progression sera très voisine de l'unité, et nous admettrons qu'on puisse la calculer de façon que 10 fasse partie de la progression ; on calculera de même la raison r de la progression arithmétique de façon que 1 y figure au rang qu'occupe 10 dans la progression géométrique ; les deux progressions étant

$$1, q, q^2, \ldots, 10, \ldots,$$
$$0, r, 2r, \ldots, 1, \ldots,$$

1 sera le logarithme de 10 ; on dit que la *base* du système est 10 ; 2 sera le logarithme de 100 ; 3, le logarithme de 1 000, et d'une façon générale n est le logarithme de 10^n.

239. Logarithme d'un nombre inférieur à l'unité. — La définition précédente ne donne que les logarithmes des nombres plus grands que l'unité ; il est facile d'étendre la définition aux nombres plus petits que l'unité ; prolongeons les deux progressions en sens inverse, en prenant pour raisons respectives $\dfrac{1}{q}$ et $-r$; nous formons ainsi deux séries de progressions, les unes croissantes, les autres décroissantes.

$$(1) \quad \frac{1}{q^n}, \ldots, \frac{1}{q^2}, \frac{1}{q}, 1, q, q^2, \ldots, q^n, \ldots,$$
$$(2) \quad -nr, \ldots, -2r, -r, 0, r, 2r, \ldots, nr, \ldots,$$

et nous appellerons *logarithme* d'un nombre qui figure dans la suite (1) le nombre de même rang qui figure dans la suite (2) ; il résulte de cette définition que *le logarithme d'un nombre plus grand que l'unité est positif et le logarithme d'un nombre plus petit que l'unité est négatif ; les logarithmes varient dans le même sens que les nombres.*

Propriétés des logarithmes.

240. Théorème I. — *Le logarithme d'un produit de deux facteurs est égal à la somme des logarithmes des facteurs.*

Nous distinguerons différents cas :

1° Les deux facteurs sont plus grands que l'unité ; soient $a = q^n$ et $a' = q^{n'}$; leur produit est $aa' = q^{n+n'}$. Les nombres a et a' occupent dans la progression géométrique croissante les rangs $n+1$ et $n'+1$; leurs logarithmes sont les termes de mêmes rangs de la progression arithmétique :

$$\log a = nr, \qquad \log a' = n'r.$$

Le nombre aa' occupe dans la progression géométrique le rang $n+n'+1$ et son logarithme occupe ce même **rang** dans la progression arithmétique :

$$\log aa' = (n+n')r.$$

L'égalité $\qquad (n+n')r = nr + n'r$

peut s'écrire $\qquad \log aa' = \log a + \log a'.$

2° Les deux facteurs sont plus petits que l'unité ; soient $a = \dfrac{1}{q^n}$ et $a' = \dfrac{1}{q^{n'}}$; leur produit est $aa' = \dfrac{1}{q^{n+n'}}\cdot$

Les logarithmes de ces nombres sont négatifs et égaux respectivement à

$$\log a = -nr, \qquad \log a' = -n'r, \qquad \log aa' = -(n+n')r.$$

L'égalité $\quad -(n+n')r = -nr + (-nr')$

entraîne l'égalité $\quad \log aa' = \log a + \log a'.$

3° L'un des facteurs est plus grand que l'unité, l'autre est plus petit que l'unité ; soient $a = q^n$ et $a' = \dfrac{1}{q^{n'}}$; si l'on suppose $n > n'$ le produit est $aa' = q^{n-n'}$ et les logarithmes de ces nombres sont

$$\log a = nr, \qquad \log a' = -n'r, \qquad \log aa' = (n - n')r.$$

L'égalité $\qquad (n - n')r = nr + (-n'r)$

entraîne l'égalité $\quad \log aa' = \log a + \log a'$.

La démonstration est la même si l'on suppose $n < n'$; un cas particulier intéressant est celui où $n = n'$; le quotient est alors l'unité et les logarithmes des deux nombres sont nr et $-nr$; leur somme est zéro, qui est bien le logarithme de l'unité.

Si deux nombres sont inverses l'un de l'autre, leurs logarithmes sont opposés.

241. Corollaire. — *Le logarithme d'un produit de plusieurs facteurs est égal à la somme des logarithmes des facteurs.*

Le théorème a été établi pour un produit de deux facteurs; nous allons admettre qu'il est exact pour un produit de $n - 1$ facteurs et démontrer qu'il est encore vrai pour un produit de n facteurs.

Soit le produit

$$a_1 a_2 \ldots a_{n-1} a_n = (a_1 a_2 \ldots a_{n-1}) a_n.$$

Appliquant le théorème démontré aux deux facteurs $a_1 a_2 \ldots a_{n-1}$ et a_n, on a

$$\log (a_1 a_2 \ldots a_{n-1}) \cdot a_n = \log (a_1 a_2 \ldots a_{n-1}) + \log a_n.$$

Mais, par hypothèse,

$$\log a_1 a_2 \ldots a_{n-1} = \log a_1 + \log a_2 + \cdots + \log a_{n-1} ;$$

remplaçant dans l'égalité précédente $\log a_1 a_2 \ldots a_{n-1}$ par sa valeur, on obtient

$$\log a_1 a_2 \ldots a_{n-1} a_n = \log a_1 + \log a_2 + \cdots + \log a_{n-1} + \log a_n.$$

Il résulte de ceci que le théorème, vrai pour deux facteurs, l'est également pour trois ; il est, par suite, vrai pour quatre facteurs, et ainsi de suite.

REMARQUE. — Le raisonnement qui vient d'être employé est essentiel à connaître ; on le retrouve à chaque instant en mathématiques.

242. Théorème II. — *Le logarithme d'une puissance d'un nombre est égal au produit du logarithme de ce nombre par l'exposant de la puissance.*

Le nombre a^m est le produit de m facteurs égaux à a ; son logarithme est donc la somme de m fois le logarithme de a :

$$\log a^m = m \log a.$$

243. Théorème III. — *Le logarithme d'un quotient de deux nombres est égal à la différence entre le logarithme du dividende et le logarithme du diviseur.*

Soit $y = \dfrac{a}{b}$ le quotient des nombres a et b ; a est alors le produit des nombres b et y et on peut écrire

$$\log a = \log b + \log y ;$$

on en déduit $\qquad \log y = \log a - \log b$

ou $\qquad \log \dfrac{a}{b} = \log a - \log b.$

244. Théorème IV. — *Le logarithme d'une racine d'un nombre est égal au quotient du logarithme du nombre par l'indice de la racine.*

Soit $y = \sqrt[m]{a}$ la racine m^e de a ; a est la puissance d'exposant m de y et les logarithmes de ces nombres sont liés par la relation $\qquad \log a = m \log y,$

ou $\qquad \log y = \dfrac{1}{m} \log a$

ou $\qquad \log \sqrt[m]{a} = \dfrac{1}{m} \log a.$

Tables de logarithmes.

245. REMARQUE. — Les théorèmes qui précèdent permettent de remplacer une *multiplication* par une *addition*, une *division* par une *soustraction*, une *élévation à une puissance* par une *multiplication* et une *extraction de racine* par une *division*.

Ainsi, pour extraire la racine cubique de 34786, on cherchera le logarithme de ce nombre, 4,5414 ; on en prendra le tiers, 1,5138 ; le logarithme 1,5138 correspond au nombre 32,644, qui est la racine cubique cherchée.

Pour que les opérations qui viennent d'être indiquées soient possibles, il faut que l'on puisse trouver les logarithmes des nombres qui y figurent ; on a construit des tables qui renferment ces logarithmes, ou plutôt leurs parties décimales ; les parties entières se calculent aisément comme nous allons l'indiquer.

246. Caractéristique positive. — Un nombre plus grand que l'unité a un logarithme positif ; on appelle *caractéristique* la partie entière du logarithme, *mantisse* sa partie décimale.

Les nombres compris entre 1 et 10 ont un seul chiffre à la partie entière ; leurs logarithmes, compris entre 0 et 1, n'ont pas de partie entière ; les nombres compris entre 10 et 100 ont deux chiffres à la partie entière ; leurs logarithmes, compris entre 1 et 2, ont 1 à la partie entière ; d'une façon générale, les nombres compris entre 10^{n-1} et 10^n ont n chiffres à la partie entière ; leurs logarithmes, compris entre $n-1$ et n, ont $n-1$ unités à la partie entière ; leur caractéristique est $n-1$.

La caractéristique positive du logarithme d'un nombre supérieur à l'unité contient autant d'unités qu'il y a de chiffres à la partie entière du nombre, moins un.

247. Caractéristique négative. — Un nombre plus petit que l'unité a un logarithme négatif ; il est commode pour la pratique du calcul de mettre ce logarithme sous la forme d'une somme algébrique, le premier terme de cette somme étant un entier négatif, le second terme étant positif et inférieur à l'unité ; ainsi, au lieu d'écrire

$$-3, 45,$$

on écrit

$$-4 + (1 - 0,45) \quad \text{ou} \quad -4 + 0,55.$$

On simplifie un peu l'écriture en écrivant sous la forme suivante

$$\overline{4},55,$$

qui représente la somme des nombres -4 et $0,55$.

Le nombre $\overline{4}$ est appelé la *caractéristique négative* : la partie décimale est la *mantisse*.

Un nombre compris entre $\dfrac{1}{10}$ et 1 a un chiffre significatif décimal du premier ordre ; son logarithme est compris entre -1 et 0 ; il est donc la somme de la caractéristique négative $\overline{1}$ et d'une mantisse, inférieure à l'unité ; un nombre compris entre $\dfrac{1}{100}$ et $\dfrac{1}{10}$ a un chiffre décimal du second ordre comme premier chiffre décimal significatif ; son logarithme est compris entre -2 et -1 ; il est donc la somme de la caractéristique négative $\overline{2}$ et d'une mantisse ; d'une façon générale, un nombre compris entre $\dfrac{1}{10^n}$ et $\dfrac{1}{10^{n-1}}$ a pour premier chiffre décimal significatif un chiffre d'ordre décimal n ; son logarithme, compris entre $-n$ et $-(n-1)$, est la somme de la caractéristique négative $\overline{n}$ et d'une mantisse.

La caractéristique négative du logarithme d'un nombre inférieur à l'unité contient autant d'unités que le rang qu'occupe, à partir de la virgule, le premier chiffre significatif du nombre.

248. Théorème. — *Le logarithme d'un nombre quelconque positif est égal à sa caractéristique augmentée de la mantisse,* *qui est le logarithme du nombre compris entre 1 et 10 et déduit du premier par un déplacement de la virgule.*

Supposons d'abord qu'il s'agisse d'un nombre plus grand que 10 ; soit 456,34 ; on a

$$456,34 = 4,5634 \times 10^2,$$
$$\log 456,34 = \log 4,5634 + 2.$$

2 est la caractéristique et log 4,5634, qui est un nombre plus petit que l'unité, est la mantisse.

Soit, en second lieu, un nombre inférieur à l'unité 0,043 ; on peut écrire

$$0,043 = \frac{4,3}{10^2},$$
$$\log 0,043 = \log 4,3 - 2.$$

$\bar{2}$ est la caractéristique négative, puisque 4 occupe le second rang après la virgule, et log 4,3 est la mantisse.

249. Disposition des tables. — On a dressé des tables donnant les mantisses des logarithmes avec 4 (*), 5 ou 7 décimales ; dans toutes ces tables, la disposition générale est la même ; si elles diffèrent par quelques détails, une notice qui accompagne la table indique les modifications qui en résultent ; nous décrirons ici les tables à 5 décimales de Dupuis (**).

La première page fournit les mantisses des logarithmes des nombres inférieurs à 100 ; elle comprend cinq séries de deux colonnes ; la première colonne de chaque série contient les nombres ; la seconde colonne contient les mantisses correspondantes ; en tête de la première colonne, on a inscrit la lettre N et en tête de la seconde colonne, le mot *log*.

Les pages suivantes sont constituées par onze colonnes, la première portant en tête la lettre N, les autres, les chiffres 0, 1, 2..., 9 ; la colonne N contient de dix en dix lignes les nombres successifs de trois chiffres terminés par zéro ; les

---

(*) Dans un grand nombre de calculs, il suffit de se servir de tables à 4 décimales, qui ont l'avantage de tenir en peu de pages ; nous les donnons à la fin de cet ouvrage.

(**) Hachette et Cie, éditeurs.

lignes intermédiaires comprennent les chiffres, 1, 2, ..., 9. Pour lire un nombre donné de 4 chiffres, on cherche d'abord le nombre de trois chiffres formé par ses deux premiers chiffres suivis de zéro, on descend dans la colonne N jusqu'à ce qu'on trouve le troisième chiffre et on lit le quatrième chiffre en tête d'une des dix colonnes qui suivent la première ; ainsi pour lire 3748, on prend page 11, dans la colonne N, le nombre 370, on descend jusqu'au chiffre 4 et on lit dans la dixième colonne le chiffre 8 qui est placé en tête de cette colonne.

Les dix dernières colonnes fournissent les mantisses ; leur disposition est la suivante : la première colonne contient des nombres de 5 ou de 3 chiffres, les autres contiennent des nombres de 3 chiffres. Pour lire une mantisse inscrite dans une colonne, on cherche le nombre qui figure dans la colonne 0 sur la même ligne ; s'il a 5 chiffres, on prend les deux premiers, que l'on fait suivre des 3 chiffres inscrits dans la colonne considérée ; si le nombre de la colonne 0 a 3 chiffres, on cherche en remontant cette colonne le premier nombre de 5 chiffres que l'on rencontre ; on en prend les deux premiers chiffres, que l'on fait suivre des chiffres inscrits dans la colonne considérée, si ces chiffres ne sont pas précédés d'un astérisque ; s'ils sont précédés d'un astérisque, les deux premiers chiffres sont ceux du premier nombre rencontré en descendant dans la colonne 0 ; ceci s'applique également au cas où le nombre de la colonne 0 aurait 5 chiffres.

Ainsi, page 11, on lit dans la troisième ligne de la colonne 4 le nombre 101, non marqué d'un astérisque ; le nombre de la colonne 0 de cette ligne est 57054 ; la mantisse lue sera 57101.

Dans la sixième ligne de la colonne 3, on lit 438 ; le nombre de la colonne 0 de cette ligne n'a que trois chiffres ; 438 n'étant pas marqué d'un astérisque, remontons jusqu'au premier nombre de cinq chiffres que l'on rencontre, c'est 57054 ; la mantisse lue sera 57438.

Prenons enfin dans la deuxième ligne de la colonne 7 le nombre *019 marqué d'un astérisque ; le nombre de la colonne 0 de cette ligne a trois chiffres ; en descendant, le premier nombre de cinq chiffres que l'on rencontre est 57054 ; la mantisse lue sera 57019.

11

II. Logarithmes des nombres de 1 à 10000.

N	0	1	2	3	4	5	6	7	8	9
370	56 820	832	844	855	867	879	891	902	914	926
1	937	949	961	972	984	996	* 008	* 019	* 031	* 043
2	57 054	066	078	089	101	113	124	136	148	159
3	171	183	194	206	217	229	241	252	264	276
4	287	299	310	322	334	345	357	368	380	392
5	403	415	426	438	449	461	473	484	496	507
6	519	530	542	553	565	576	588	600	611	623
7	634	646	657	669	680	692	703	715	726	738
8	749	761	772	784	795	807	818	830	841	852
9	864	875	887	898	910	921	933	944	955	967
380	978	990	* 001	* 013	* 024	* 035	* 047	* 058	* 070	* 081
1	58 092	104	115	127	138	149	161	172	184	195
2	206	218	229	240	252	263	274	286	297	309
3	320	331	343	354	365	377	388	399	410	422
4	433	444	456	467	478	490	501	512	524	535
5	546	557	569	580	591	602	614	625	636	647
6	659	670	681	692	704	715	726	737	749	760
7	771	782	794	805	816	827	838	850	861	872
8	883	894	906	917	928	939	950	961	973	984
9	995	* 006	* 017	* 028	* 040	* 051	* 062	* 073	* 084	* 095
390	59 106	118	129	140	151	162	173	184	195	207
1	218	229	240	251	262	273	284	295	306	318
2	329	340	351	362	373	384	395	406	417	428
3	439	450	461	472	483	494	506	517	528	539
4	550	561	572	583	594	605	616	627	638	649
5	660	671	682	693	704	715	726	737	748	759
6	770	780	791	802	813	824	835	846	857	868
7	879	890	901	912	923	934	945	956	966	977
8	988	999	* 010	* 021	* 032	* 043	* 054	* 065	* 076	* 086
9	60 097	108	119	130	141	152	163	173	184	195
N	0	1	2	3	4	5	6	7	8	9

Parties proportionnelles :

12	
1	1,2
2	2,4
3	3,6
4	4,8
5	6,0
6	7,2
7	8,4
8	9,6
9	10,8

11	
1	1,1
2	2,2
3	3,3
4	4,4
5	5,5
6	6,6
7	7,7
8	8,8
9	9,9

3700″ = 1º1′40″   S = 6,685 55 T . 62
3800 = 1 3 20   55   62
3900 = 1 5 0   55   63

250. Premier problème. — Trouver le logarithme d'un nombre.

Nous distinguerons trois cas, suivant que le nombre, abstraction faite de la virgule et des zéros placés au commencement ou à la fin, a moins de quatre chiffres, a quatre chiffres ou a plus de quatre chiffres.

Dans tous les cas, on commence par calculer la caractéristique, puis on cherche la mantisse dans la table.

251. 1er Cas. — *Le nombre a un, deux ou trois chiffres.*

Si le nombre a un ou deux chiffres, la première page de la table donne immédiatement la mantisse.

Si le nombre a trois chiffres, on cherche ce nombre dans la colonne N, comme nous l'avons indiqué, et on lit la mantisse qui se trouve dans la colonne 0 de la même ligne que le nombre lu.

EXEMPLE I. — *Trouver le logarithme de* 3,95.

La caractéristique est 0.

Page 11, dans la colonne N, nous trouvons 395 et sur la même ligne, dans la colonne 0, le nombre de trois chiffres 660 sans astérisque ; en remontant, on trouve 59 pour les deux premiers chiffres : la mantisse est 59660 et le logarithme 0,59660.

EXEMPLE II. — *Trouver le logarithme de* 0,0381.

La caractéristique est $\bar{2}$.

Page 11, dans la colonne N, nous trouvons 381 et, sur la même ligne dans la colonne 0, le nombre de cinq chiffres 58092 ; c'est la mantisse et le logarithme cherché est $\bar{2}$,58092.

252. 2e Cas. — *Le nombre a quatre chiffres.*

On lit ce nombre dans la table, comme il a été indiqué plus haut ; le nombre formé par les trois premiers chiffres étant dans la colonne N, on suit dans la ligne correspondante, jusqu'au nombre inscrit dans la colonne qui porte en tête le quatrième chiffre ; lisant alors la mantisse que l'on rencontre, on a la mantisse du nombre.

EXEMPLE I. — *Trouver le logarithme de* **0,3756.**

La caractéristique est $\overline{1}$.

Dans la colonne N, nous trouvons 375 ; suivant la ligne correspondante jusqu'à la colonne 6, nous lisons 473 non marqué d'un astérisque ; remontant alors dans la colonne 0, le premier nombre de cinq chiffres que l'on rencontre est 57 054 ; la mantisse est donc 57 473 et le logarithme est $\overline{1}$,57473.

EXEMPLE II. — *Trouver le logarithme de* **380,8.**

La caractéristique est **2**.

Dans la colonne N, nous trouvons 380 ; suivant la ligne correspondante jusqu'à la colonne 8, nous lisons *070, marqué d'un astérisque ; descendant alors dans la colonne 0, le premier nombre de cinq chiffres que l'on rencontre est 58 092 ; la mantisse est donc 58 070 et le logarithme est 2,58070.

253. 3ᵉ Cas. — *Le nombre a plus de quatre chiffres.*

Remarquons d'abord que si le nombre a plus de six chiffres il est inutile de tenir compte des chiffres qui suivent le sixième ; nous nous bornerons donc ici à des nombres ayant cinq ou six chiffres.

Si l'on considère le nombre a formé par les quatre premiers chiffres, sa mantisse sera inférieure (*) ou égale à celle du nombre donné ; la mantisse du nombre $a + 1$ qui figure dans la table est supérieure (**) ou égale à celle du nombre donné : on aurait donc un premier aperçu de la mantisse cherchée en cherchant les mantisses de ces deux nombres consécutifs de la table ; leur différence est appelée *différence tabulaire* ; mais on peut aller plus loin en admettant, ce qui est sensiblement exact en se bornant aux cinq premiers chiffres décimaux, que la variation de la mantisse est proportionnelle à la variation du nombre.

(*) Elle sera toujours inférieure, mais si on se borne aux cinq premiers chiffres, ces chiffres peuvent être les mêmes pour les deux mantisses, qui ne différeraient alors que par les chiffres suivants.

(**) Même remarque.

EXEMPLE I. — *Trouver le logarithme de* 38,146.

La caractéristique est 1.

La mantisse de 3814 est 58138; celle de 3815 est 58149; la différence de ces mantisses est 11 ; elle correspond à une différence de une unité entre les nombres ; la différence des nombres 3814,6 et 3814 est $\dfrac{6}{10}$; la différence des mantisses sera donc $11 \times \dfrac{6}{10} = 6,6$.

On obtiendra la mantisse cherchée en ajoutant 6,6 à 58138 ; on dispose les calculs comme ci-dessous

$$\begin{array}{lll} \log 38,14 & = 1,58138 & \delta = 11 \\ \text{pour} \quad 6 & \quad\quad 6,6 & \\ \hline \log 38,146 & = 1,58145. & \end{array}$$

Nous ne conservons que cinq chiffres décimaux et nous supprimons les suivants, en ayant soin de forcer le cinquième chiffre si le suivant est au moins égal à 5.

EXEMPLE II. — *Trouver le logarithme de* 0,390576.

La caractéristique est $\overline{1}$.

La mantisse de 3905 est 59162 ; celle de 3906 est 59173 ; la différence de ces mantisses est 11 ; elle correspond à une différence d'une unité entre les nombres ; la différence des nombres 3905,76 et 3905 est 0,76 ; la différence des mantisses sera donc $11 \times 0,76 = 8,36$; on pourra écrire

$$\begin{array}{lll} \log 0,3905 & = 1,59162 & \delta = 11 \\ \text{pour} \quad 76 = & \quad\quad 8,36 & \\ \hline \log 0,39057\,6 & = 1,59170. & \end{array}$$

254. REMARQUE. — On trouve quelquefois dans les tables des tables auxiliaires placées en marge et qui donnent les produits des différences tabulaires par $\dfrac{1}{10}, \dfrac{2}{10}, \ldots, \dfrac{9}{10}$; il est alors facile de calculer immédiatement les mantisses sans avoir à faire de multiplication ; ces tables auxiliaires sont dites *tables des parties proportionnelles*.

EXEMPLE. — *Trouver le logarithme de* 3 801,57.

La caractéristique est 3.

La mantisse de 3 801 est 57 990 ; celle de 3 802 est 58 001 ; la différence tabulaire est 11 ; dans la table des parties proportionnelles relative à 11, on trouve pour 0,5 un accroissement de 5,5 ; pour 0,7, un accroissement de 7,7 ; l'accroissement relatif à 0,07 est alors 0,77 et l'accroissement total relatif à 0,57 est la somme 5,5 + 0,77 = 6,27 ; on dispose le calcul comme ci-dessous

$$
\begin{aligned}
\log 3\,801 &= 3,57\,990 \\
\text{pour} \quad 5 &\qquad 5,5 \\
\text{pour} \quad 7 &\qquad 0,77 \\
\hline
\log 3\,801,57 &= 3,57\,996,
\end{aligned}
$$

255. Problème inverse. — Trouver un nombre connaissant son logarithme.

On calcule le nombre à l'aide des tables en ne tenant d'abord pas compte de la caractéristique ; puis, on place dans le nombre trouvé la virgule au rang indiqué par la caractéristique ; si elle est positive ou nulle et égale à n, on place la virgule après le $(n+1)^e$ chiffre, en ajoutant des zéros s'il le faut pour que le nombre ait $n+1$ chiffres à la partie entière ; si elle est négative, on place la virgule de façon que le premier chiffre significatif ait, après la virgule, le rang marqué par la valeur absolue de cette caractéristique.

Pour trouver le nombre à l'aide de la mantisse, nous distinguerons deux cas :

256. 1ᵉʳ Cas. — *La mantisse est dans la table.*

Dans ce cas, les trois premiers chiffres du nombre sont lus dans la colonne N et la ligne où se trouve la mantisse ; le quatrième chiffre est celui qui figure en tête de la colonne qui contient cette mantisse.

EXEMPLE I. — *Trouver le nombre dont le logarithme est* 2,58 456.

456 figure dans la quatrième ligne relative aux chiffres 58

et est dans la colonne 2 ; le nombre cherché est 3 842 ; tenant compte de la caractéristique, il faut placer la virgule après le troisième chiffre ; on trouve ainsi 384,2.

EXEMPLE II. — *Trouver le nombre dont le logarithme est* $\overline{1},60076$.

A partir des deux premiers chiffres 60, on trouve des nombres de trois chiffres supérieurs à 076 ; mais, dans la ligne précédente et dans la colonne 8 figure *076 marqué d'un astérisque ; le nombre correspondant a pour premiers chiffres 398 placés en avant de la ligne et pour quatrième chiffre 8 placé en tête de la colonne ; si l'on tient compte de la caractéristique, on trouve pour le nombre cherché 0,3988.

257. 2ᵉ Cas. — *La mantisse n'est pas dans la table.*

On cherche dans la table deux mantisses consécutives qui comprennent entre elles la mantisse donnée ; le nombre est compris entre les deux nombres consécutifs correspondants ; il suffit alors d'appliquer la règle de proportionnalité pour en déduire le nombre cherché.

EXEMPLE I. — *Trouver le nombre dont le logarithme est* 2,58843.

Dans la table, nous trouvons les mantisses consécutives 58838 et 58850 entre lesquelles est comprise la mantisse donnée ; le plus petit des nombres correspondants est 3876 et la différence tabulaire 12 ; la différence 58843 — 58838 est 5.

Pour une variation de mantisse égale à 12, la variation du nombre est 1 ; pour une variation de mantisse égale à 1, la variation du nombre serait $\dfrac{1}{12}$ et pour une variation de mantisse égale à 5, la variation du nombre sera $\dfrac{5}{12}$ ou 0,41 ; le nombre est donc, sans tenir compte de la virgule, 387641.

La caractéristique étant 2, le nombre est 387,641.

EXEMPLE II. — *Trouver le nombre dont le logarithme est* $\overline{1},58052$.

Dans la table, nous trouvons les mantisses consécutives 58047 et 58058, dont la différence tabulaire est 11 ; la première correspond au nombre 3806 ; la différence entre 58052 et 58047 est 5.

Pour calculer la différence correspondante des nombres nous pouvons nous servir de la table des parties proportionnelles ; dans cette table relative à 11, nous trouvons 4,4 qui correspond à une augmentation de nombre égale à 0,4 ; il reste une augmentation 0,6 de mantisse ; la table donne 5,5 qui correspond à un accroissement de nombre égal à 0,5 ; l'accroissement 0,55 correspond donc à l'accroissement 0,05 du nombre ; de sorte que si on augmente le nombre de 0,45, la mantisse est augmentée de 4,95 ou sensiblement 5 ; le nombre cherché est 3806,45 et si on tient compte de la caractéristique, 0,380645.

On dispose les calculs comme ci-dessous

$$\log 0{,}3806 \quad = \overline{1}{,}58047 \qquad \delta = 11$$
$$\text{pour} \qquad 4 \qquad\qquad 4{,}4$$
$$\text{pour} \qquad 5 \qquad\qquad 0{,}55.$$
$$\rule{6cm}{0.4pt}$$
$$\log 0{,}380645 = \overline{1}{,}58052.$$

258. Antilogarithmes. — On appelle *antilogarithme* d'un logarithme donné, le nombre qui correspond à ce logarithme ; la recherche d'un antilogarithme a été faite précédemment ; nous signalerons néanmoins certaines tables, celles de Bourget (*), par exemple, qui ont une disposition particulière, permettant de trouver un antilogarithme exactement comme un logarithme.

Après les explications détaillées données plus haut, il suffira d'indiquer en quelques mots l'usage de ces tables.

Une colonne A contient les nombres de 1 à 10000 ; c'est la colonne des *arguments* ; une colonne placée avant celle-ci est la colonne des *antilogarithmes* ; une troisième colonne placée après celle des arguments est la colonne des *logarithmes*.

(*) **Belin frères, éditeurs.**

4 500 — 4 560

D	Antilog.	A	Log.	D	D	Antilog.	A	Log.	D
	28.184-	4500	65.321			28.379	4530	65.610-	
6	190	4501	331-	10	7	386-	4531	619	9
7	197-	4502	341-		6	392	4532	629-	10
6	28.203	4503	65.350	9	7	28.399-	4533	65.639-	10
7	210-	4504	360-	10	6	405	4534	648	9
6	216	4505	369	9	7	412-	4535	658-	10
7	28.223-	4506	65.379	10	6	28.418	4536	65.667	9
6	229	4507	389-		7	425-	4537	677-	10
7	236-	4508	398	9		432-	4538	686	9
6	28.242	4509	65.408	10	6	28.438	4539	65.696	10
7	249-	4510	418-		7	445-	4540	706-	
6	255	4511	427	9	6	451	4541	715	9
7	28.262-	4512	65.437-	10	7	28.458-	4542	65.725-	10
6	268	4513	447-		6	464	4543	734	9
7	275-	4514	456	9	7	471-	4544	744-	10
6	28.281	4515	65.466-	10	6	28.477	4545	65.753	9
7	288-	4516	475	9	7	484-	4546	763-	10
6	294	4517	485	10	6	490	4547	772	. 9
7	28.301-	4518	65.495-	10	7	28.497	4548	65.782	10
6	307	4519	504	9		504-	4549	792-	
7	314-	4520	514-	10	6	510	4550	801	9
6	28.320	4521	65.523	9	7	28.517-	4551	65.811-	10
7	327-	4522	533	10	6	523	4552	820	9
6	333	4523	543-		7	530-	4553	830-	10
7	28.340	4524	65.552	9	6	28 536	4554	65.839	9
	347-	4525	562-	10	7	543	4555	849-	10
6	353	4526	571	9		550-	4556	858	9
7	28.360-	4527	65.581	10	6	28.556	4557	65.868-	10
6	366	4528	591-		7	563-	4558	877	9
7	373-	4529	600	9	6	569	4559	887-	10
6	379	4530	610-	10	7	576-	4560	896	9
D	Antilog.	A	Log.	D	D	Antilog.	A	Log.	D

Si on lit un argument, le nombre placé dans la troisième colonne est la mantisse de l'argument ; le nombre, placé dans la première colonne sur la même ligne, a pour mantisse l'argument.

Enfin, des colonnes D indiquent les différences tabulaires entre les nombres successifs de la première ou de la troisième colonne ; notons, de plus, que les logarithmes et antilogarithmes sont calculés tantôt par défaut, tantôt par excès ; dans ce dernier cas, ils sont suivis du signe —.

Problème I. — *Trouver le logarithme de* 45,143.

La caractéristique est 1.

Dans la table, nous trouvons l'argument 4514 dont la mantisse est 65,456, avec une différence tabulaire 9.

Nous pourrons écrire

$$\begin{array}{lll} \log 45,14 = 1,65\,456 & \qquad \delta = 9 \\ \text{pour} \qquad 3 \qquad\qquad 2,7 \\ \hline \log 45,143 = 1,65\,459. \end{array}$$

Problème II. — *Trouver l'antilogarithme de* 2,45 285.

Le nombre cherché aura 3 chiffres à la partie entière. Nous trouvons dans la table l'argument 4528 qui correspond à l'antilogarithme 28 366, c'est-à-dire au nombre 283,66.

La différence tabulaire est 7 ; la différence relative à 0,5 sera $7 \times 0,5 = 3,5$; nous écrirons :

$$\begin{array}{lll} \text{antilog } 2,4528 = 283,66 & \qquad \delta = 7 \\ \text{pour} \qquad 5 = \qquad 3,5 \\ \hline \text{antilog } 2,45285 = 283,69. \end{array}$$

Ici, on pouvait forcer le chiffre 9 à cause du 5 qui suit ; mais, comme la différence tabulaire a été forcée, le chiffre 5 inséré est trop fort ; il n'y a donc pas lieu de forcer le 9.

Opérations sur les logarithmes.

259. Les opérations que l'on effectue sur les logarithmes à caractéristique positive sont des opérations relatives à des nombres décimaux ; il n'y a donc aucune difficulté nouvelle ; il n'en est pas de même lorsqu'il s'agit de logarithmes à caractéristique négative, qui sont écrits à l'aide d'une notation nouvelle ; nous allons passer en revue les différents cas que l'on rencontre dans la pratique.

260. Addition. — 1° Soit d'abord à ajouter les logarithmes $2,57834$ et $\overline{1},67943$.

Ce dernier logarithme est le binome

$$-1 + 0,67943.$$

Pour l'ajouter à $2,57834$, nous ajouterons d'abord $0,67943$, ce qui donne $3,25777$, puis nous retrancherons 1 ; on a finalement $2,25777$.

Avec un peu d'habitude, on fait immédiatement l'addition comme dans le cas ordinaire

$$\begin{array}{r} 2,57834 \\ \overline{1},67943 \\ \hline 2,25777, \end{array}$$

en disant, lorsque l'on est arrivé aux entiers, 2 et 1 de retenue 3 et -1, 2.

2° Soit à ajouter $\overline{3},56789$ et $\overline{2},67432$.

Cela revient à faire la somme des binomes

$$-3 + 0,56789 \qquad \text{et} \qquad -2 + 0,67432.$$

Ajoutant les parties décimales, on trouve $1,24221$; la somme cherchée est alors

$$-3 - 2 + 1,24221 ;$$

elle peut s'écrire

$$-5 + 1 + 0,24221 = -4 + 0,24221$$

ou avec la nouvelle notation

$$\overline{4},24221.$$

Nous disposerons l'opération comme d'ordinaire :

$$\overline{3},56789$$
$$\overline{2},67432$$
$$\overline{4},24221,$$

en disant, lorsqu'on est arrivé à la partie entière, — 3 et 1 font — 2, — 2 et — 2 font — 4.

261. Multiplication par un nombre entier. — Soit à multiplier $\overline{2},67893$ par 3.

Cela revient à faire le produit

$$(-2 + 0,67893) \cdot 3 = -2 \times 3 + 0,67893 \times 3$$
$$= -6 + 2,03679.$$

Ce nombre peut s'écrire

$$-4 + 0,03679 \qquad \text{ou} \qquad \overline{4},03679.$$

Disposant l'opération comme dans le cas ordinaire,

$$\overline{2},67893$$
$$3$$
$$\overline{4},03679,$$

nous dirons, en arrivant à la partie entière, — 2 multiplié par 3 donne — 6 et 2 de retenue — 4.

262. Division par un nombre entier. — 1° Supposons d'abord que la valeur absolue de la caractéristique soit divisible par l'entier.

Soit à diviser $\overline{6},78534$ par 3.

Cela revient à diviser la somme

$$-6 + 0,78534$$

par 3 ; la première partie est divisible par 3 et donne — 2

comme quotient ; il suffit d'y ajouter le quotient de la mantisse par 3 ; on trouve ainsi

$$-2 + 0,26178 \qquad \text{ou} \qquad \bar{2},26178.$$

2° Supposons que la valeur absolue de la caractéristique ne soit par divisible par l'entier.

Soit à diviser $\bar{4},67832$ par 3.

On peut écrire le logarithme sous la forme

$$-4 + 0,67832$$

ou, en ajoutant et retranchant 2,

$$-6 + 2,67832.$$

La première partie est alors divisible par 3 et donne -2 comme quotient ; il suffira d'ajouter le quotient par 3 de la seconde partie 2,67832 ; on a ainsi $\bar{2},89277$.

Règle. — *Si la valeur absolue de la caractéristique n'est pas divisible par l'entier, on en fait le quotient par excès et on prend ce quotient avec le signe* —; *c'est la caractéristique négative du quotient cherché ; on ajoute l'excès à la mantisse et le quotient du nombre ainsi formé est la mantisse du quotient cherché.*

263. Cologarithmes. — Nous n'avons pas parlé de la soustraction parce que dans les calculs de logarithmes, on ne fait jamais de soustraction ; nous allons montrer que l'on peut, au lieu de retrancher un logarithme, en ajouter un autre que l'on appelle *cologarithme* (*) ; à vrai dire, pour obtenir le cologarithme, il faut calculer une différence, mais elle s'obtient très aisément et il y avantage à la calculer plutôt que de retrancher le logarithme.

Un logarithme est toujours la somme de deux nombres, l'un entier, positif, négatif ou nul, qui est sa caractéristique,

_____

(*) Ce mot signifie « complément du logarithme » ; on appelle en arithmétique complément d'un nombre A à un autre B la différence B — A.

l'autre inférieur à l'unité et qui est positif ; c'est la mantisse ; soit a la caractéristique et m la mantisse ; le logarithme est $a + m$; pour retrancher ce nombre, on doit retrancher successivement a et m ; mais on peut écrire

$$a + m = (a + 1) + (- 1 + m).$$

Il revient donc au même de retrancher $a + 1$ et $- 1 + m$ ou de retrancher $a + 1$ et d'ajouter $1 - m$; $a + 1$ est la caractéristique augmentée de 1 ; $1 - m$ est la différence entre l'unité et la mantisse ; finalement, on pourra retrancher la caractéristique augmentée de 1 et ajouter le complément à 1 de la mantisse ou encore ajouter le logarithme obtenu en ajoutant 1 à la caractéristique et en changeant son signe, et en faisant suivre du complément à 1 de la mantisse. Ainsi, pour retrancher $4,308$, on pourra ajouter -5 et $1 - 0,308$ ou -5 et $0,692$; pour retrancher $\overline{3},745$, on pourra ajouter $+2$ et $1 - 0,745$ ou $+2$ et $0,255$.

Les deux sommes que l'on a à ajouter peuvent s'écrire sous forme de logarithmes :

$$\overline{5},692, \qquad 2,255.$$

Ces logarithmes sont les *cologarithmes* des nombres qui ont pour logarithmes $4,308$ et $\overline{3},745$.

Ce qui précède suffit pour montrer que l'on obtient le cologarithme de la manière suivante : *on ajoute 1 à la caractéristique et on change le signe de la somme obtenue ; c'est la caractéristique nouvelle ; on retranche le dernier chiffre significatif de la mantisse de 10 et tous les autres de 9 ; le résultat obtenu est la mantisse nouvelle.*

Pour retrancher un logarithme, on ajoute son cologarithme.

Exemples. — Le cologarithme correspondant au logarithme $14,78536$ est $\overline{15},21464$.

Le cologarithme correspondant au logarithme $\overline{1},45072$ est $0,54928$.

Le cologarithme correspondant au logarithme $\overline{4},307890$ est $3,69211$.

Applications.

264. Nous allons maintenant montrer par quelques exemples l'utilité de l'introduction des logarithmes ; nous rappellerons, avant de passer aux applications, les théorèmes relatifs au calcul des logarithmes.

I. *Le logarithme d'un produit est égal à la somme des logarithmes des facteurs.*

II. *Le logarithme d'un quotient est égal à la différence des logarithmes du dividende et du diviseur.*

III. *Le logarithme de la puissance d'un nombre est égal au produit du logarithme du nombre par l'exposant de la puissance.*

IV. *Le logarithme de la racine d'un nombre est égal au quotient du logarithme du nombre par l'indice de la racine.*

265. Problème I. — *Trouver le côté d'un cube de fer pesant* $10^{kg},552$, *sachant que la densité du fer est* **7,78.**

x étant le côté du cube, son volume est mesuré par x^3 et son poids par $x^3 \times 7,78$; on a donc

$$10,552 = x^3 \times 7,78.$$

L'unité de poids étant ici le kilogramme, l'unité de volume sera le litre ou décimètre cube et l'unité de longueur le décimètre ; le nombre x représente des décimètres ; il est donné par la formule

$$x = \sqrt[3]{\frac{10,552}{7,78}},$$

$$\log x = \frac{1}{3} \log \frac{10,552}{7,78} = \frac{1}{3} \log 10,552 - \frac{1}{3} \log 7,78,$$

$$\log x = \frac{1}{3} \log 10,552 + \frac{1}{3} \operatorname{colog} 7,78.$$

CALCUL DE log 10,552.

$$\log 10,55 = 1,02\ 325 \qquad \delta = 41$$
$$\text{pour} \qquad 2 = \qquad\qquad 8,2$$
$$\overline{\rule{6cm}{0.4pt}}$$
$$\log 10,552 = 1,02\ 333.$$

CALCUL DE colog 7,78.

$$\log\ \ 7,78 = 0,89\ 098$$
$$\mathrm{colog}\ 7,78 = \bar{1},10\ 902.$$

CALCUL DE log x

$$3 \log x = \log 10,552 + \mathrm{colog}\ 7,78$$
$$\log 10,552 = 1,02\ 333$$
$$\mathrm{colog}\ \ 7,78 = \bar{1},10\ 902$$
$$\overline{\rule{6cm}{0.4pt}}$$
$$3 \log x \qquad = 0,13\ 235$$
$$\log x \qquad = 0,04\ 412$$

en forçant le dernier chiffre.

CALCUL DE x

$$\log\ \ 1,106 \quad = 0,04376 \qquad\qquad \delta = 39$$
$$\text{pour} \qquad 9 \qquad\qquad 35,1$$
$$\text{pour} \qquad 2 \qquad\qquad\quad 78$$
$$\overline{\rule{6cm}{0.4pt}}$$
$$\log\ \ 1,10692 = 0,04412.$$

Le côté cherché est $1^{\mathrm{dm}},107$ à un dixième de millimètre près.

266. Problème II. — *Trouver la durée de l'oscillation du pendule de longueur $0^{\mathrm{m}},20$.*

t étant cette durée exprimée en secondes, π le rapport de la circonférence au diamètre, l la longueur du pendule et g l'accélération due à la pesanteur, on a, suivant la formule connue,

$$t = \pi \sqrt{\frac{l}{g}},$$

avec $\pi = 3,1416$, $l = 0^{\mathrm{m}},2$, $g = 9,8089$.

Le calcul de t à l'aide des logarithmes résulte de la relation

$$\log t = \log \pi + \frac{1}{2} \log l + \frac{1}{2} \operatorname{colog} g.$$

Calcul de $\log \pi$.

$$
\begin{array}{lll}
\log 3, 141 = 0, 49\ 707 & \qquad \delta = 14 \\
\text{pour} \qquad 6 \qquad\qquad 8,4 \\
\hline
\log \pi \qquad\quad = 0, 49\ 71\dot{5}.
\end{array}
$$

Calcul de $\frac{1}{2} \log 0,2$.

$$\log 0,2 = \overline{1},30.\ 103$$
$$\frac{1}{2} \log 0,2 = \overline{1},65\ 0515.$$

Calcul de $\frac{1}{2} \operatorname{colog} 9,8089$.

$$
\begin{array}{lll}
\log 9,808 = 0,99\ 158 & \qquad \delta = 4 \\
\text{pour} \qquad 9 \qquad\qquad 36 \\
\hline
\log g = 0,99\ 1616 \\
\operatorname{colog} g = \overline{1},00\ 8384 \\
\frac{1}{2} \operatorname{colog} g = \overline{1},50\ 4192.
\end{array}
$$

Calcul de $\log t$.

$$\log \pi = 0,49\ 715$$
$$\frac{1}{2} \log l = \overline{1},65\ 0515$$
$$\frac{1}{2} \operatorname{colog} g = \overline{1},50\ \dot{4}192$$
$$\hline$$
$$\log t = \overline{1},65\ 186.$$

Calcul de t.

$$\log 0,4486 = \overline{1},65\ 186$$
$$t = 0^{s},4486.$$

EXERCICES

1. Calculer l'aire d'un cercle de rayon 45678^m.

2. Calculer la longueur d'une circonférence de cercle, sachant que l'aire est 468375^{m2}.

3. Le volume d'une sphère est 36785^{m3} ; trouver son rayon et sa surface.

4. Trouver la longueur d'un pendule dont la durée de l'oscillation est à Paris 1^s ; on appliquera la formule $t = \pi \sqrt{\dfrac{l}{g}}$ avec $g = 9,8089$.

5. Calculer l'expression

$$x = \frac{\sqrt[3]{(45875)^2}}{\sqrt[5]{(3278)^3}}.$$

6. Calculer la valeur de l'expression

$$x = \frac{\sqrt[4]{(a^3 - b^3)\,c}}{\sqrt{a^2 + \sqrt{a^3\,b} - c^4}}.$$

$a = 45872, \quad b = 25845, \quad c = 18758$.

(On calculera a^3 et b^3 à l'aide des logarithmes, on fera la différence $a^3 - b^3$ et, à l'aide des logarithmes, on obtiendra le numérateur ; même remarque pour le dénominateur.)

7. Si l'on désigne par a, b, c, $2p$ les côtés et le périmètre d'un triangle, la surface est donnée par la formule

$$S = \sqrt{p(p - a)(p - b)(p - c)}.$$

Appliquer cette formule en supposant :

1° $a = 752^m$, $b = 1023^m$, $c = 845^m$;

2° $a = 5^{dam},071$, $b = 2^{dam},354$, $c = 4^{dam},431$;

3° $a = 54322^m$, $b = 20733^m$, $c = 47678^m$.

8. Si l'on désigne par a, b, c, d, $2p$ les côtés et le périmètre d'un quadrilatère inscriptible, la surface est donnée par la formule

$$S = \sqrt{(p - a)(p - b)(p - c)(p - d)}.$$

Appliquer cette formule en supposant :

1° $a = 45^m,7$, $b = 66^m,8$, $c = 78^m,4$, $d = 105^m$;

2° $a = 175^m,4$, $b = 86^m,5$, $c = 113^m.7$, $d = 205^m,8$;

3° $a = 458^m,75$, $b = 213^m,85$, $c = 317^m,40$, $d = 705^m,2$.

9. Si a et b sont tels que $a^2 + b^2 = 7ab$, on a la relation

$$\log \frac{a+b}{3} = \frac{1}{2} (\log a + \log b).$$

(Arts et Métiers.)

10. Sachant que $\log 2 = 0,30103$, $\log 3 = 0,47712$, calculer $\log 5$, $\log 125$, $\log 16$, $\log 243$, $\log 18$, $\log 720$.

11. Trouver les couples de nombres entiers a et b tels que la somme de leurs logarithmes soit 1, 2, 3 ou 4.

12. Résoudre le système

$$\log x + \log y = 3,$$
$$x - y = 30.$$

13. Résoudre l'équation

$$\log (x^2 - 1) - \log (x^2 - 7x + 12) = \log 4.$$

14. Résoudre l'équation

$$\log (49x - 9)^2 + 2 \log (3x - 4) = 2.$$

CHAPITRE IV

Intérêts composés.

267. Définitions. — Lorsque l'on prête un *capital*, il est convenu en général que, chaque année, le débiteur versera au créancier une somme fixe, appelée *intérêt* ; dans d'autres circonstances, on peut déposer chez un banquier un capital qui rapporte chaque année un intérêt, mais, au lieu de retirer cet intérêt, on le laisse chez le banquier et il est alors ajouté, au capital et rapporte intérêt pendant les années suivantes ; on dit que le capital est placé à *intérêts composés*.

Le problème qui se pose est alors le suivant :

268. Problème. — *On a placé un capital à intérêts composés pendant une certaine période et à un taux déterminé ; quelle somme touchera-t-on à l'expiration de la période ?*

Désignons par A le capital primitif, par r le taux par franc, c'est-à-dire l'intérêt simple rapporté par 1 franc en 1 an et par n le nombre d'années.

A la fin de la première année, le capital A a été augmenté de son intérêt ; cet intérêt, étant proportionnel au capital, est Ar et la somme totale possédée à la fin de l'année est

$$A + Ar = A(1 + r).$$

C'est cette somme qui rapportera intérêt pendant la seconde année ; elle rapportera un intérêt $A(1 + r)r$ et, à la fin de l'année, on possédera

$$A(1 + r) + A(1 + r)r = A(1 + r)(1 + r) = A(1 + r)^2.$$

D'une façon générale, à la fin de chaque année, on possède une somme égale au produit par $(1 + r)$ de la somme possédée à la fin de l'année précédente ; il en résulte que les sommes dont on dispose à la fin des années successives sont les termes d'une progression géométrique de raison $1 + r$; le $(n + 1)^{\text{ème}}$ terme de cette progression est

$$A(1 + r)^n\ ;$$

c'est la somme que l'on retire au bout des n années ; soit C cette somme ; on a

$$C = A(1 + r)^n.$$

269. Remarque. — Nous avons supposé que le placement était fait pendant une période formée d'un nombre entier d'années ; examinons ce qui arrive si la période se compose de n années et d'une fraction $\dfrac{p}{q}$ d'année.

À la fin de la $n^{\text{ème}}$ année, on dispose d'un capital

$$A(1 + r)^n.$$

Ce capital, placé pendant la fraction $\dfrac{p}{q}$ d'année, rapportera un intérêt

$$A(1 + r)^n \frac{p}{q} r,$$

de sorte qu'à l'expiration de la période la somme totale sera

$$C = A(1 + r)^n + A(1 + r)^n \frac{p}{q} r = A(1 + r)^n \left(1 + \frac{p}{q} r\right).$$

Telle est la formule qu'il faudrait appliquer en conservant la convention faite pour le calcul de l'intérêt simple ; mais cette convention est arbitraire et il est naturel qu'on puisse la modifier ; c'est ce que l'on a fait ici et le calcul de l'intérêt composé pendant la période $n + \dfrac{p}{q}$ se fait à l'aide d'une formule qui se prête mieux au calcul et qui diffère d'ailleurs assez peu de la précédente ; on étudiera plus tard ce cas et nous nous bornerons au cas où la période de placement est un nombre entier d'années.

270. La formule

$$C = A(1 + r)^n$$

permet de calculer une des quantités C, A, r, n, quand on connaît les trois autres ; ce calcul se fait à l'aide des logarithmes ou plutôt, dans la pratique, en utilisant des tables dressées à cet effet. Celles de l'*Annuaire du Bureau des Longitudes* fournissent les valeurs de $(1 + r)^n$ pour les taux de 0,045 à 0,06 et pour les valeurs de n qui s'étendent de 1 à 100 (*).

La disposition de ces tables est très simple ; les nombres d'années sont inscrits dans une première colonne ; les valeurs de $(1 + r)^n$ sont écrites sur les lignes correspondant à ces nombres et dans des colonnes en haut desquelles on a marqué les taux correspondants ; ainsi, dans la ligne 9 et dans la colonne $5\frac{1}{2}$, on lit 1,619 094 ; c'est la valeur de $(1 + 0,055)^9$.

271. Problème I. — *On place* 18 000^{fr} *à intérêts composés pendant* 15 *années ; quelle somme recevra-t-on à la fin de cette période, le taux étant* 6 °/₀ ?

La formule générale donne ici

$$C = 18\,000 \times 1,06^{15}.$$

Prenant les logarithmes, on a

$$
\begin{aligned}
\log C &= \log 18\,000 + 15 \log 1,06,\\
\log 18\,000 &= 4,25\ 527,\\
\log\ \ 1,06 &= 0,02\ 531,\\
15 \log\ \ 1,06 &= 0,37\ 965.
\end{aligned}
$$

Les tables plus étendues ne sont guère utilisées que par ceux qui s'occupent de grandes opérations financières.

Calcul de log C.

$$\log 18\,000 = 4,25\ 527$$
$$15 \log\ \ 1,06 = 0,37\ 965$$
$$\overline{\log C\ \ \ \ \ \ = 4,63\ 492.}$$

Calcul de C.

$$\log 43\,140 = 4,63\ 488 \qquad\qquad \delta = 10$$
$$\text{pour}\qquad 4\qquad\qquad\quad 4$$
$$\overline{\log 43\,144 = 4,63\ 492}$$
$$C = 43\,144^{\text{fr}}.$$

En utilisant les tables qui fournissent $(1 + r)^n$, on trouve de suite

$$1,06^{15} = 2,396\ 558\ ;$$

il suffit alors de multiplier ce nombre par $18\,000$; on trouve $C = 43\,138^{\text{fr}}$; la faible différence trouvée s'explique aisément par ce fait que la moindre erreur commise sur le logarithme de 1,06 connu avec 5 décimales étant multipliée par 15, peut altérer le résultat de façon sensible.

272. Problème II. — *Quelle somme faut-il placer à intérêts composés pour constituer au bout de 40 ans un capital de $100\,000^{\text{fr}}$, le taux étant 5 °/₀ ?*

La formule générale donne

$$100\,000 = A \times 1,05^{40}.$$

Prenons les logarithmes :

$$\log 100\,000 = \log A + 40 \log 1,05.$$
$$\log A \qquad = \log 100\,000 - 40\quad \log 1,05,$$
$$\log A \qquad = \log 100\,000 + 40\ \text{colog}\ 1,05.$$

Calcul de 40 colog 1,05.

$$\log 1,05 = 0,02119,$$
$$\text{colog}\ 1,05 = \overline{1},97881,$$
$$40\ \text{colog}\ 1,05 = \overline{1},1524.$$

Calcul de log A.

$$\begin{aligned}
\log 100\,000 &= 5 \\
40 \ \text{colog} \ 1,05 &= \overline{1},1524 \\
\hline
\log A &= 4,1524.
\end{aligned}$$

Calcul de A.

$$\begin{aligned}
\log 14\,200 &= 4,15229 \qquad \delta = 30 \\
\text{pour} \qquad 36 &\qquad \quad 11 \\
\hline
\log 14\,236 &= 4,1524, \\
A &= 14\,236^{\text{fr}}.
\end{aligned}$$

273. Problème III. — *A quel taux faut-il placer* 20 000^{fr} *à intérêts composés pour constituer en* 29 *années un capital de* 41 000^{fr} ?

La formule générale donne

$$41\,000 = 20\,000 \times (1 + r)^{29},$$

et, en prenant les logarithmes,

$$\log 41\,000 = \log 20\,000 + 29 \log (1 + r),$$

$$\log (1 + r) = \frac{\log 41\,000 + \text{colog} \ 20\,000}{29},$$

$$\begin{aligned}
\log 41\,000 &= 4,61\,278, \\
\text{colog} \ 20\,000 &= \overline{5},69\,897 \\
\hline
29 \log (1 + r) &= 0,31\,175, \\
\log (1 + r) &= 0,01\,075.
\end{aligned}$$

Calcul de $1 + r$.

$$\begin{aligned}
\log 1,025 &= 0,01\,072, \qquad \delta = 43 \\
\text{pour} \qquad 07 &\qquad \quad 301 \\
\hline
\log 1,02507 &= 0,01075.
\end{aligned}$$

Le taux est donc 2,5 %.

Remarquons qu'il est inutile de tenir compte des $\dfrac{7}{10\,000}$;

d'ailleurs le problème actuel ne se présente jamais dans la

pratique, le taux étant toujours fixé par des conventions particulières qui dépendent des circonstances et non de la volonté
du débiteur et du créancier ; nous n'avons traité ce problème
qu'à titre d'exercice.

274. Problème IV. — *Pendant combien de temps faut-il
placer* 14 000^{fr} *à intérêts composés pour constituer un capital
de* 25 000^{fr}, *le taux étant* 3,5 %?

La formule générale donne

$$25\,000 = 14\,000 \times 1,035^n,$$

en supposant que le temps soit un nombre entier d'années. On
en déduit

$$\log 25\,000 = \log 14\,000 + n \log 1,035,$$

$$n = \frac{\log 25\,000 + \operatorname{colog} 14\,000}{\log 1,035} = \frac{N}{\log 1,035}.$$

$$\log 25\,000 = 4,39\,794,$$

$$\operatorname{colog} 14\,000 = \overline{5},85\,387$$

$$N = 0,25\,181$$

$$\log 1,035 = 0,01\,494.$$

$$n = \frac{0,25\,181}{0,01\,494}.$$

n n'est pas un nombre entier ; mais si on laisse les 14 000
francs placés pendant 16 années, le capital constitué sera inférieur à 25 000 francs et si la période est de 17 années, ce
capital sera supérieur à 25 000 francs ; on verra plus tard
comment on peut trouver la période nécessaire pour avoir un
capital de 25 000 francs.

EXERCICES

1. Une somme de 42 500^{fr} est placée à intérêts composés à 4,5 %
pendant 18 années ; quel capital retire-t-on à l'expiration de cette
période ?

2. Quelle somme faut-il placer à intérêts composés à 5,5 % pour constituer en 30 ans un capital de 100 000^{fr} ?

3. Pendant combien de temps faut-il placer 20 000^{fr} à intérêts composés pour constituer un capital de 45 000^{fr} ? Trouver les limites exprimées en nombres d'années, ainsi que les capitaux constitués exactement après ces nombres d'années, le taux étant 5 %.

4. Deux capitaux sont placés à intérêts composés : le premier de 25 000^{fr} à 5 % pendant 30 années, le second de 30 000^{fr} à 4 ½ % pendant 20 années : quelle est la différence des sommes que l'on retire ?

5. Quelle serait la formule de l'intérêt composé, en supposant que les intérêts sont capitalisés tous les 6 mois ?

Tables de logarithmes à 4 décimales.

	0	1	2	3	4	5	6	7	8	9
10	0000	0043	0086	0128	0170	0212 *	0253	0294 *	0334	0374
1	0414 *	0453	0492	0531 *	0569	0607 *	0645 *	0682 *	0719 *	0755
2	0792 *	0828 *	0864 *	0899	0934	0969	1004 *	1038	1072	1106 *
3	1139	1173 *	1206 *	1239 *	1271	1303	1335	1367	1399 *	1430
4	1461	1492	1523 *	1553	1584 *	1614 *	1644 *	1673	1703 *	1732 *
5	1761 *	1790 *	1818	1847 *	1875	1903	1931	1959 *	1987 *	2014 *
6	2041	2068	2095	2122 *	2148	2175 *	2201	2227	2253	2279 *
7	2304	2330 *	2355	2380	2405	2430	2455	2480 *	2504	2529 *
8	2553 *	2577 *	2601 *	2625 *	2648	2672 *	2695	2718	2742 *	2765 *
9	2788 *	2810	2833	2856 *	2878	2900	2923 *	2945 *	2967 *	2989 *
20	3010	3032 *	3054 *	3075 *	3096	3118 *	3139 *	3160 *	3181 *	3201
1	3222	3243 *	3263	3284 *	3304	3324	3345 *	3365 *	3385 *	3404
2	3424	3444 *	3464 *	3483	3502	3522 *	3541	3560	3579	3598
3	3617	3636	3655 *	3674 *	3692	3711 *	3729	3747	3766 *	3784 *
4	3802	3820	3838	3856	3874 *	3892 *	3909	3927 *	3945 *	3962 *
5	3979	3997 *	4014	4031	4048	4065	4082	4099	4116	4133 *
6	4150 *	4166	4183	4200 *	4216	4232	4249 *	4265	4281	4298 *
7	4314 *	4330 *	4346 *	4362 *	4378 *	4393	4409	4425 *	4440	4456
8	4472 *	4487	4502	4518 *	4533	4548	4564 *	4579 *	4594 *	4609 *
9	4624 *	4639 *	4654 *	4669 *	4683	4698	4713 *	4728 *	4742	4757 *
30	4771	4786 *	4800	4814	4829 *	4843 *	4857	4871	4886 *	4900 *
1	4914 *	4928 *	4942 *	4955	4969	4983	4997 *	5011 *	5024	5038 *
2	5051	5065	5079 *	5092	5105	5119 *	5132	5145	5159 *	5172 *
3	5185	5198	5211	5224	5237	5250	5263	5276	5289	5302 *
4	5315 *	5328 *	5340	5353 *	5366 *	5378	5391 *	5403	5416 *	5428
5	5441 *	5453	5465	5478 *	5490	5502	5514	5527 *	5539 *	5551 *
6	5563	5575	5587	5599	5611	5623 *	5635 *	5647 *	5658	5670
7	5682	5694 *	5705	5717	5729 *	5740	5752 *	5763	5775 *	5786
8	5798 *	5809	5821 *	5832 *	5843	5855 *	5866 *	5877	5888	5899
9	5911 *	5922 *	5933 *	5944 *	5955 *	5966 *	5977 *	5988 *	5999 *	6010 *
40	6021 *	6031	6042	6053	6064 *	6075 *	6085	6096 *	6107 *	6117
1	6128 *	6138	6149 *	6160 *	6170	6180	6191 *	6201	6212 *	6222
2	6232	6243 *	6253	6263	6274 *	6284 *	6294	6304	6314	6325 *
3	6335 *	6345 *	6355 *	6365 *	6375 *	6385 *	6395 *	6405 *	6415 *	6425 *
4	6435 *	6444	6454	6464	6474 *	6484 *	6493	6503	6513 *	6522
5	6532	6542 *	6551	6561 *	6571 *	6580	6590 *	6599	6609 *	6618
6	6628 *	6637	6646	6656 *	6665	6675 *	6684 *	6693	6702	6712 *
7	6721 *	6730	6739	6749 *	6758 *	6767 *	6776	6785	6794	6803
8	6812	6821	6830	6839	6848	6857	6866	6875	6884	6893
9	6902 *	6911 *	6920 *	6928	6937	6946	6955 *	6964 *	6972	6981
50	6990 *	6998	7007	7016 *	7024	7033 *	7042 *	7050	7059 *	7067
1	7076 *	7084	7093 *	7101	7110 *	7118	7126	7135 *	7143	7152 *
2	7160	7168	7177 *	7185	7193	7202 *	7210 *	7218	7226	7235 *
3	7243 *	7251 *	7259	7267	7275	7284 *	7292 *	7300 *	7308 *	7316 *
4	7324 *	7332 *	7340 *	7348 *	7356	7364 *	7372 *	7380 *	7388 *	7396 *

Tables de logarithmes à 4 décimales.

	0	1	2	3	4	5	6	7	8	9
55	7404*	7412*	7419	7427	7435	7443*	7451*	7459*	7466	7474
6	7482*	7490*	7497	7505	7513*	7520	7528	7536*	7543	7551
7	7559*	7566	7574*	7582*	7589	7597*	7604	7612*	7619	7627*
8	7634	7642*	7649	7657*	7664	7672*	7679*	7686	7694*	7701
9	7709*	7716*	7723	7731*	7738*	7745	7752	7760*	7767	7774
60	7782*	7789*	7796*	7803	7810	7818*	7825*	7832*	7839	7846
1	7853	7860	7868*	7875*	7882*	7889*	7896*	7903*	7910*	7917*
2	7924*	7931*	7938*	7945*	7952*	7959*	7966*	7973*	7980*	7987*
3	7993	8000	8007	8014	8021*	8028*	8035*	8041	8048	8055
4	8062*	8069*	8075	8082	8089*	8096*	8102	8109	8116*	8122
5	8129	8136*	8142	8149	8156*	8162	8169	8176*	8182	8189*
6	8195	8202	8209*	8215	8222*	8228	8235*	8241	8248*	8254
7	8261*	8267	8274*	8280	8287*	8293	8299	8306*	8312	8319*
8	8325	8331	8338*	8344	8351*	8357*	8363	8370*	8376*	8382
9	8388	8395*	8401	8407	8414*	8420*	8426	8432	8439*	8445*
70	8451*	8457	8463	8470*	8476*	8482*	8488	8494	8500	8506
1	8513*	8519*	8525*	8531*	8537*	8543	8549	8555	8561	8567
2	8573	8579	8585	8591	8597	8603	8609	8615	8621	8627
3	8633	8639	8645	8651	8657*	8663*	8669*	8675*	8681*	8686
4	8692	8698	8704	8710*	8716*	8722*	8727	8733	8739	8745*
5	8751*	8756	8762	8768*	8774*	8779	8785	8791*	8797*	8802
6	8808	8814*	8820*	8825	8831*	8837*	8842	8848*	8854*	8859
7	8865*	8871*	8876	8882*	8887	8893	8899*	8904	8910*	8915
8	8921*	8927*	8932	8938*	8943	8949*	8954	8960*	8965	8971*
9	8976	8982*	8987	8993*	8998	9004*	9009	9015*	9020	9025
80	9031*	9036	9042*	9047	9053*	9058*	9063	9069*	9074	9079
1	9085*	9090	9096*	9101*	9106	9112*	9117*	9122	9128*	9133*
2	9138	9143	9149*	9154*	9159	9165*	9170*	9175	9180	9186*
3	9191*	9196	9201	9206	9212*	9217*	9222	9227	9232	9238*
4	9243*	9248*	9253	9258	9263	9269*	9274*	9279*	9284*	9289
5	9294	9299	9304	9309	9315*	9320*	9325*	9330*	9335*	9340*
6	9345*	9350	9355	9360	9365	9370	9375	9380	9385	9390
7	9395	9400	9405	9410	9415	9420	9425	9430*	9435*	9440*
8	9445*	9450*	9455*	9460*	9465*	9469	9474	9479	9484	9489
9	9494*	9499*	9504*	9509*	9513	9518	9523	9528*	9533*	9538*
90	9542	9547	9552	9557*	9562*	8566	8571	9576	9581*	9586*
1	9590	9595	9600*	9605*	9609	9614	9619*	9624*	9628	9633
2	9638*	9643*	9647	9652	9657*	9661	9666	9671*	9675	9680
3	9685*	9689	9694	9699*	9703	9708	9713*	9717	9722	9727*
4	9731	9736*	9741*	9745	9730*	9754	9759*	9763	9768	9773*
5	9777	9782*	9786	9791*	9795	9800	9805*	9809	9814*	9818
6	9823*	9827	9832*	9836	9841*	9845	9850*	9854	9859*	9863
7	9868*	9872	9877*	9881	9886*	9890	9894	9899*	9903	9908*
8	9912	9917*	9921	9926*	9930*	9934	9939*	9943	9948*	9952*
9	9956	9961*	9965	9969	9974*	9978	9083*	9987*	9991	9996*
100	0000	0004	0009*	0013	0017	0022*	0026*	0030	0035*	0039*

TABLE DES MATIÈRES

REVISION
DES NOTIONS DE CALCUL ALGÉBRIQUE

  Pages.

Nombres positifs et nombres négatifs. 1

  Définitions.. 1
  Somme.. 1
  Différence. 3
  Inégalités. 4
  Produit de deux nombres. 5
  Produit de plusieurs facteurs. 6
  Puissance d'un nombre. 7
  Racines des nombres positifs ou négatifs. 7
  Quotient de deux nombres. 8
  Fractions. 8

Applications. 8

  Vecteur.. 8
  Abscisse. 10
  Changement d'origine. 10
  Mouvement uniforme. 12

Expressions algébriques. 15

Opérations. 18

  Addition. 18
  Réduction des termes semblables. 19
  Polynomes ordonnés. 19
  Soustraction. 19
  Multiplication.. 20
  Division.. 22
  Fractions rationnelles.. 24
  Exercices. 28

LIVRE I
ÉQUATIONS DU PREMIER DEGRÉ

Chapitre I. — Généralités. 33

  Egalité. 33
  Egalité numérique. — Identité. 33
  Equation. 34
  Inconnues. — Racines ou solutions. 34
  Equations équivalentes. 35

Chapitre II. — Transformations d'une équation. 36

Chapitre III. — Equation du premier degré à une inconnue.. 48

Equation générale. 50
Equations qui se ramènent au premier degré. 51
Exercices. 54

Chapitre IV. — Inégalités. 56

Inégalités numériques.. 56
Inégalités numériques simultanées. 60
Inégalités renfermant des inconnues.. 64
Résolution de l'inégalité du premier degré à une inconnue. 67
Exemples. 68
Exercices. 71

Chapitre V. — Variations de la fonction $ax + b$. . . . 73

Coordonnées d'un point. 77
Représentation graphique. 77
Equation d'une droite.. 82
Coefficient angulaire. 83
Droite passant par deux points. 84
Exercices. 85

Chapitre VI. — Problèmes du premier degré à une inconnue.. 88

Mise en équation. 88
Discussion.. 88
Remarque sur les solutions négatives. 96
Exercices. 98

Chapitre VII. — Equations du premier degré à deux inconnues.. 102

Une équation du premier degré à plusieurs inconnues admet une infinité de solutions. 102
Méthode de substitution. 103
Résolution de deux équations à deux inconnues. . . . 104
Impossibilité. 106
Indétermination. 107
Méthode par addition. 108
Résolution d'un système d'équations à deux inconnues. . 110
Artifices de calcul. 112
Exercices. 114

Chapitre VIII. — Formules générales pour la résolution de deux équations à deux inconnues. . . . 117

Interprétation géométrique. 122
Intersection de deux droites. 122
Inégalités. 124
Région positive et région négative d'une droite. . . . : 128
Exercices. 131

Chapitre IX. — Problèmes du premier degré à plusieurs inconnues. 134

Exercices. 142

LIVRE II

ÉQUATIONS DU SECOND DEGRÉ

Chapitre I. — Résolution de l'équation du second degré. 147

Résolution de l'équation générale du second degré. . . 151
Relations entre les coefficients et les racines. 155

Chapitre II. — Équations qui se ramènent au second degré. 158

Équation bicarrée. 158
Équations irrationnelles. 160
Exercices. 161

Chapitre III. — Trinome du second degré. 165

Inégalité du second degré. 169
Place d'un nombre par rapport aux racines. 170
Applications. 171
Exercices. 175

Chapitre IV. — Problèmes du second degré. 178

Systèmes d'équations simultanées. 178
Problèmes. 179
Exercices. 185

LIVRE III

VARIATIONS DES FONCTIONS

Chapitre I. — Variations du trinome du second degré. 191

Continuité. 193
Représentation graphique. 197
Applications. Résolution d'inégalités. 203

Variation d'une grandeur géométrique. 206
Discussion d'une équation. 209
Exercices. 209

CHAPITRE II. — **Variations de la fonction** $\dfrac{ax+b}{a'x+b'}$ . . . 213

Discussion d'équation. 220
Plus grande et plus petite valeurs. 222
Résolution d'inégalités. 223
Exercices. 225

LIVRE IV

PROGRESSIONS ET LOGARITHMES

CHAPITRE I. — **Progressions arithmétiques.** 229
Insertion de moyens arithmétiques. 230
Exercices. 232

CHAPITRE II. — **Progressions géométriques** 234
Insertion de moyens géométriques. 235
Exercices. 239

CHAPITRE III. — **Logarithmes.** 241
Propriétés des logarithmes. 243
Tables de logarithmes.. 246
Opérations sur les logarithmes. 259
Applications. 263
Exercices. 266

CHAPITRE IV. — **Intérêts composés..** 268
Exercices. 273
TABLES DE LOGARITHMES A 4 DÉCIMALES. 275

CHARTRES. — IMPRIMERIE DURAND, RUE FULBERT (8-1927).